海洋环境
科学概论

Haiyang Huanjing Kexue Gailun

胡劲召 卢徐节 徐功娣◎编著

华南理工大学出版社
SOUTH CHINA UNIVERSITY OF TECHNOLOGY PRESS
·广州·

图书在版编目(CIP)数据

海洋环境科学概论/胡劲召，卢徐节，徐功娣编著 . —广州：华南理工大学出版社，2018.8（2022.1重印）

ISBN 978－7－5623－5383－6

Ⅰ . ①海… Ⅱ . ①胡… ②卢… ③徐… Ⅲ . ①海洋环境－高等学校－教材 Ⅳ . ①X21

中国版本图书馆 CIP 数据核字（2017）第 203856 号

海洋环境科学概论

胡劲召 卢徐节 徐功娣 编著

出 版 人：卢家明

出版发行：华南理工大学出版社

（广州五山华南理工大学 17 号楼，邮编 510640）

http://hg. cb. scut. edu. cn E-mail: scutc13@ scut. edu. cn

营销部电话：020－87113487 87111048（传真）

责任编辑：张 颖

印 刷 者：佛山市浩文彩色印刷有限公司

开 本：787mm×1092mm 1/16 印张：18 字数：450 千

版 次：2018 年 8 月第 1 版 2022 年 1 月第 2 次印刷

印 数：1 001～2 000 册

定 价：38.00 元

前　言

21世纪是海洋的世纪，作为一个海洋大国，我国已正式将"实施海洋开发"作为新时代经济和社会发展的一项重要战略部署，并提出了"建设海洋强国"的战略目标。面对全球竞争的大舞台，认识了解海洋及其环境对于我国乃至世界是一个重要课题，要求我们进一步强化海洋意识，发展海洋科学技术，在海洋资源、海洋污染以及海洋军事与法律等领域都要求对海洋的特殊性质与规律有基本而全面的了解。

本书主要内容包括海洋环境学绪论、海洋地学环境、海洋资源、海水的物理化学特性、海洋生态环境、海洋环境问题、海洋调查、海洋监测、海洋灾害、海洋环境管理等。写作过程中广泛参考了国内外相关的文献资料，并引入近几年的新理论、新知识和新技术，内容深入浅出。在此，向所引用参考文献的作者致以深切的谢意；也衷心感谢所有为本书审定、修改、出版付出了辛勤劳动的各位同志；同时本书在编著过程中还得到了海南热带海洋学院"海南省普通本科高校应用型试点转型专业建设项目"的资助，在此一并致谢。

本书由胡劲召编著第一、二、三、五、六章，徐功娣编著第四章，卢徐节编著第七、八、九、十章，最后由胡劲召统稿定稿。

由于本书内容涉及领域广泛，限于作者水平有限，在内容选取和文字表述方面难免有疏漏之处，恳请广大读者批评指正。

编著者

2017年6月25日

目　录

第1章 绪 论

1.1 环境科学

1.1.1 环境

环境通常是相对于某一中心事物而言的，是能够对该中心事物产生影响的所有外部因素的总和。环境科学研究的环境是以人类为主体的外部世界，即人类赖以生存和发展的各种因素的综合体。《中华人民共和国环境保护法》中关于环境的定义是："本法所称环境，是指影响人类生存和发展的各种天然和经过人工改造的自然因素的总体，包括大气、水、海洋、土地、矿藏、森林、草原、野生动物、自然遗迹、人文遗迹、自然保护区、风景名胜区、城市和乡村等"。

1.1.2 环境问题

地球是人类的家园，它诞生于大约46亿年前，而人类的出现只有近200万年的时间，而且都是在采集狩猎的原始社会中度过的，有文字记载的历史也不过几千年。在漫长的原始社会和农业社会中，由于地球人口数量较少、生产力水平低下，人类生产生活活动对自然的影响很小，并且这种影响没有超出自然界的自我修复能力，这一时期人类–自然的关系基本是和谐的。

18世纪下半叶到19世纪末，产生了以蒸汽机的发明和广泛应用为标志的第一次工业革命和以电力的广泛应用为标志的第二次工业革命。两次工业革命促进了人类社会的极大发展，但这种发展是建立在对自然资源大量消耗的基础上的不可持续的发展方式。仅在19世纪末最后30年间，世界工业总产值就增加了两倍多，其中钢产量增长55倍、石油产量增长5倍，对其他自然资源的利用也增加很多。近200年来，科学技术飞速发展，人类征服自然、改造自然的能力极大提高，在消耗大量自然资源的基础上创造了极大丰富的物质财富，但同时也带来了严重的环境问题。20世纪初到中叶，随着燃煤造成的环境污染加剧、内燃机的发明和使用、石油的开发和炼制、金属冶炼业和有机化学工业的发展，环境污染问题逐步显现并不断恶化，出现了比利时马斯河谷烟雾事件（1930年12月1—5日）、日本富山痛痛病事件（1955—1968年）、美国多诺拉烟雾事件（1948年10月26—30日）、英国伦敦烟雾事件（1952年12月5—8日）、美国洛杉矶光化学烟雾事件（1943年5—10月）、日本熊本县水俣病事件（1953—1968年）、日本四日市哮喘病事件（1955—1961年）、日本爱知县米糠油事件（1968年3月）这些世界著名的环境污染"八大公害"事件。

1.1.3 环境科学的任务

环境科学是以"人类 – 环境系统"作为研究对象，运用系统论的研究方法，探讨人类社会的生产生活活动对环境的影响及环境质量的发展变化规律，从而为控制污染、遏制生态破坏、改善环境和人类社会的可持续发展提供科学依据。环境科学的基本任务是揭示"人类 – 环境系统"本质，掌握人类社会发展过程中与环境之间的物质、能量交换关系，改善环境质量，促进人类社会的可持续发展。具体任务表现为：

第一，探索在人类改造自然的过程中，全球范围内环境演化的规律，了解人类环境变化的过程、环境的基本特性、环境结构和演化机理等，使环境向有利于人类的方向发展。

第二，揭示人类活动同自然生态之间的关系。人类生产和消费系统中物质和能量的迁移、转化过程是异常复杂的，但排入环境的废弃物不能超过环境自净能力，以免造成环境污染，损害环境质量，从环境中获取可更新资源也不能超过它的再生增殖能力，以保障永续利用。因此，人类社会在发展的同时，必须保护好自然生态环境，做到可持续发展。

第三，探索环境变化对人类生存的影响。环境变化是由于物理、化学、生物、社会因素相互作用所引起的。因此，研究污染物在环境中物理和化学变化过程、在生态系统中的迁移转化机理，以及进入生物体后可能产生的各种作用，可为保护人类生存环境、制定各项环境标准、控制污染物的排放量提供科学依据。

第四，研究区域环境污染综合防治的技术措施和管理措施。环境保护需要综合运用多种工程技术措施和管理手段，从区域环境的整体出发，调节并控制人类和环境之间的相互关系，利用系统分析和系统工程的方法寻找解决环境问题的最优方案。

1.2 海洋科学

1.2.1 海洋科学的定义和研究内容

海洋科学是认识海洋自然属性和社会属性的学科，是"研究海洋的自然现象、变化规律及其与大气圈、岩石圈、生物圈的相互作用以及开发、利用、保护海洋有关的知识体系"。其具体研究内容包括：海洋巨大的水体部分、海岸带特别是河口和滨海湿地；对海气之间物质和能量交换产生重大影响的海洋 – 大气界面；海底与沉积物界面及海底岩石圈等。

海洋科学是具有高度综合性的一门学科，它与物理、化学、生物、数学等基础学科存在密切联系，同时也与地理学、地质学、地球物理和空间科学、地球化学和大气科学存在密切的交叉联系。例如，海洋科学与大气科学的主要交叉点在于海洋 – 大气的相互作用，与地理科学的交叉点主要在于海岸带陆海相互作用等。

1.2.2　海洋科学体系和分支学科

海洋科学体系既有基础理论研究，也有应用技术研究，还有海洋管理和开发研究。

海洋科学基础理论研究的分支学科有物理海洋学、海洋地质学与地球物理学、海洋生物和海洋化学四大主要学科。

海洋应用技术研究的分支学科有卫星海洋学、渔场海洋学、军事海洋学、航海海洋学、海洋声学、光学与电磁探测技术、海洋生物工程、海洋环境预报、工程海洋学等。海洋管理和开发研究的分支学科包括海洋环境科学、河口海岸学、海洋管理学、海洋监测与环境评价、海洋资源学、海洋经济学、海洋法学等。

此外，海洋与气候变化、环境演变、生命起源、资源能源开发及国家安全等有着密不可分的关系，形成了一系列重大学科和交叉领域。

当代海洋科学发展的基本任务是认识海洋在全球气候变化中的作用；海洋环境的演变规律及其与全球环境演变的关系；海洋资源能源形成机制与可持续利用和保护等。

1.2.3　国际海洋科学的发展趋势

1992 年，联合国环境与发展大会通过的《21 世纪议程》强调了"对海洋环境及其资源进行保护和可持续发展"，提出海洋是全球生命支持系统一个基本组成部分。21 世纪海洋是人类社会发展巨大的潜在的资源开发基地，海洋经济将成为经济的新增长点。海洋领域的竞争实质是科技竞争，目前国际海洋科学的发展趋势如下：

1. 重大综合海洋科学研究活动活跃

例如：海洋环境及其在气候变化中的作用，海洋生态系统动力学整合与食物系统，海洋生物地球化学与生态系统，海洋有害藻华与环境修复，深海和地壳内微生物，海底构造动力学与成矿机制，海洋与地球多圈层相互作用等。

2. 海洋环境科技研究持续稳定发展

海洋面积辽阔、环境复杂多变，海洋环境又是海洋生态、渔业、赤潮、污染物运移、军事海洋学等其他海洋学科的基础，海洋环境信息的获取是一个长期、持续性工作的过程。

3. 海洋生物技术竞争激烈

海洋生物资源可持续开发利用的生物技术、信息技术、监管技术及设施渔业技术等成为世界各国竞相发展的海洋高技术领域，发达国家纷纷投入巨资加强研究。

4. 深海技术发展迅速

正在迅速发展的深海技术包括深水技术，深海生物基因资源开发研究，天然气水合物资源勘探开发技术研究，海洋环境探测技术等。

总体上看，21 世纪是海洋的世纪，国际海洋科学技术将会迅猛发展，海洋科技研究重点将集中于资源、环境、气候等与人类生存发展密切相关的重大问题上；研究方法趋向于多学科交叉、渗透和综合；研究方式趋向于全球化和国际化；研究手段不断采取高新技术，并趋向于全覆盖、立体化、自动化和信息化。

　　海洋科学研究将从宏观和微观两个方面向纵深发展，宏观上将着重围绕全球和区域的科学问题展开研究，进行系统性建模，并借助大型计算机进行模拟和预测；微观上将借助新型观测和实验手段，进行机制方面的研究，揭示一些新的自然现象。涉及维护海洋权益、争夺海洋空间等与国家安全有关的海洋学研究将更加受到重视；海洋科学与社会科学的交叉将成为一大特色；深海大洋研究受到普遍重视，已形成深海大洋和近海研究齐头并进的局面；由于技术手段的不断发展和改进，海底科学将成为热点学科之一；广泛的国际合作仍将是推动全球性海洋科学发展的有效方式之一。在海洋技术方面，海洋高技术在海洋资源开发中的作用越来越大；海上采油技术向着深海遥控自动化方向发展；深海采矿技术向着实用化方向发展；海水增养殖技术正向着农牧化方向发展；海洋观测和卫星遥感技术、海水淡化和海水直接利用技术发展更为迅速。海洋科学技术与海洋经济的结合更加紧密。

1.3　海洋环境科学

　　海洋环境科学是综合应用海洋科学各分支学科知识，研究人类活动引起的海洋环境变化及造成的影响，结合社会、法律、经济因素，实施保护海洋环境及其资源的一门综合性新兴学科。保护海洋环境是人类持续开发利用海洋资源的前提和保证，是海洋科学技术领域的重大研究课题。

1.3.1　海洋环境科学概述

1.3.1.1　形成与发展

　　第二次世界大战之后，随着现代海洋开发的迅猛发展，海洋环境污染事件多有发生。20世纪50年代以来，海洋环境问题逐渐为人们重视，大规模、系统的海洋环境科学研究工作才开展起来。随着人们对海洋环境问题认识的深化，海洋环境科学逐步形成，到了20世纪70年代，已基本确定了本学科的地位。1983年，比尔的《环境海洋学》面世。

　　海洋环境科学是继物理海洋学、化学海洋学、海洋地质学和海洋生物学之后发展起来的又一重要的综合性学科。海洋环境科学的兴起虽然时间很短，但却显示了其强大的生命力。比如用海洋环境科学的知识改造濑户内海，已使"死海"恢复了生机。海洋环境科学的发展依赖于海洋科学的各学科。同样地，海洋环境科学的研究成果又不断地充实和促进各有关学科的发展。例如，对污染物入海后的稀释、扩散、迁移和转化规律的研究，对物理海洋学、海洋化学、海洋生物学、海洋环境物理学、海洋环境工程学、海洋环境法学等分支学科的发展就产生了明显的促进作用。这些分支学科，在综合防治、评价海洋环境时互相协作、互相渗透，又进一步推动了整个海洋环境科学的发展。

1.3.1.2　研究内容

　　海洋环境科学是从研究海洋污染开始的，有关全球（或局部）海洋的污染状况、污染物入海途径和行为变化以及影响与防治是海洋环境科学的研究重点。但随着海洋开发事业向纵深方向的发展，以及对海洋环境认识的不断加深，海洋环境科学研究的领域和内容势必不断扩大和深化。海洋处于生物圈的最低部位，所容纳的废弃物无法排往他处。表层海水、沿岸海域、江河出口,往往都最先受到污染。海洋污染在某种意义上说,比河流、湖泊和大气污染更具有广泛性和复杂性,其污染源广,持续性强,危害性大,扩散范围不易控制。鉴于上述特点,海洋环境科学研究的范围是全球海洋,但重点是沿岸的海域、港湾、河口。研究的对象是海水、底质、生物以及在这三种介质中积蓄的污染物。

海洋环境科学研究的主要内容包括:

(1)研究海洋环境系统及环境要素的性质、分布特点和变化规律;

(2)探索人类活动对海洋环境及全球变化的影响规律,如温室效应、臭氧层空洞等对海洋环境的影响,海洋对全球环境变化的调控作用等;

(3)研究进入海洋的污染物种类、数量、输入方式和特点,以及海洋净化各种污染物的过程、机制和能力,为合理利用海洋自净能力提供科学依据。

(4)研究人类活动与海洋生态系统之间的关系,通过保护海洋生物多样性、保护海洋生态系统的健康,使海洋生物资源得以持续开发利用。

(5)揭示海洋环境变化对人类本身的影响,保护占全球表面积71%的海洋是维护生物圈生命系统的重要内容。

(6)研究海洋污染的综合防治技术和管理措施等。

1.3.2　海洋环境的定义和一般特征

海洋环境是指影响人类生存和发展的海洋各种因素的总体,根据《海洋科技名词2007(第2版)》(全国科学技术名词审定委员会公布),海洋环境的定义为:"地球上海和洋的总水域,按照海洋环境的区域性可分为河口、海湾、近海、外海和大洋等,按照海洋要素可分为海水、沉积物、海洋生物和海面上空大气等。"

海洋环境是一个非常复杂的系统,海洋是人类消费和生产所不可缺少的物质和能量的源泉。随着科学和技术的发展,人类开发海洋资源的规模越来越大,对海洋的依赖程度越来越高,同时海洋对人类的影响也日益增大。古代人类只是在沿海捕鱼、制盐和航行,主要是向海洋索取食物。现代人类则进一步发展了远洋渔业、海产养殖业、海洋采矿业、海洋石油开采业、海水淡化、海洋能利用等,海洋已成为人类生产活动非常频繁的区域。海洋自然环境是在海 – 陆、海 – 气长期相互作用下形成的相对平衡状态,人类在开发利用海洋的活动中,必然影响海洋自然环境,其中那些不当的盲目的活动往往会对自然环境起到破坏作用,造成严重的环境问题。例如,对滩涂盲目围垦造成滩涂生态系统的破坏,滥采矿物和红树林资源使海岸遭受侵蚀后退,过度捕捞生物资源对海洋生态系统的破坏,不科学的养殖使海水富营养化形成赤潮灾害等。海洋环境研究工作的主要任务之一,就是探索保护海洋环境的途径和方法。

海洋约占地球表面积的71%,海洋环境的物理、化学特征与大陆环境差别很大。在海岸带,由潮汐、波浪和海流引起的海水运动比较显著。潮汐主要在沿岸区,波浪可以影响到浅海区。一般来说,海水温度比大陆水体低,海水温度变化也比较小。含盐量是海水的重要特征之一,海水含盐度对海洋生物、沉积物性质具有非常大的影响。海水的 pH 值一般介于7.2～8.4之间,呈弱碱性,而大陆湖盆的水体一般呈弱酸性。

海洋具有三大环境梯度,即从赤道到两极的纬度梯度,从海面到深海海底的深度梯度,从沿岸到开阔大洋的水平梯度。它们对海洋生物的生活、生产力时空分布等具有重要影响。

纬度梯度主要表现为赤道向两极的太阳辐射强度逐渐减弱，季节差异逐级增大，每日光照持续时间不同，从而直接影响光合作用的季节差异和不同纬度海区的温跃层模式。

深度梯度主要由于光照只能投入海洋的表层（最多不超过200m），其下方只有微弱的光或是无光世界。同时，温度也有明显的垂直变化，底层温度很低且恒定，压力也随深度增加而不断提高，有机物在深层很少。

在水平方向上，从沿海向外延伸到开阔大洋的梯度主要涉及深度、营养物含量和海水混合作用的变化，也包括其他环境因素（如温度、盐度）的波动呈现从沿岸向外洋减弱的变化。

1.3.3 海洋环境分类

海洋是一个连续整体，但在海洋的不同区域，其环境要素有很大差别。对于自由运动的海洋生物，温度、盐度和深度是主要的影响因素。不同生境栖息着不同种类的生物，没有一种生物能生活在海洋的所有类型的环境中。海洋环境按照不同的分类标准，有不同的分类结果。

1.3.3.1 按照海水深度、海底地形和生物群的分布标准进行划分

按照海水深度、海底地形和生物群的分布标准进行划分可将海域分为海岸带（滨海带）、浅海带、半深海带和深海带（图1-1）。

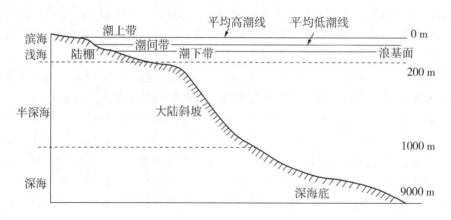

图1-1 海洋环境分带示意图

1. 海岸带（滨海带）

海岸带位于高潮线到正常浪基面之间，深度一般在20m以内，是海陆交互作用的地带。水动力条件、水化学状况以及海底地形地貌都十分复杂。以河流作用为主的地段形成三角洲，以潮汐和波浪作用为主的地段则形成海滩砂坝及障壁砂坝。

海岸带是海洋系统与陆地系统相连接，复合与交叉的地理单元，既是地球表面最为活跃的自然区域，也是资源与环境条件最为优越的区域，是海岸动力与沿岸陆地相互作用、具有海陆过渡特点的独立环境体系，与人类的生存与发展的关系最为密切。

2. 浅海带

浅海带是指正常浪基面到水深 200m 的区域。如果陆棚区的下界也为 200m，则浅海带相当于陆棚区（大陆架）。一般情况下，浅海环境只是陆棚区的一部分。浅海带底部地形平坦，坡度一般不超过 4°，缓慢向海洋方向倾斜至转折处。浅海带位于浪基面之下，通常波浪和海流作用不强，沉积颗粒细小，主要为粉砂和粘土质沉积。在有河流、潮流、风暴流和浊流等活动的地区，可形成砂质沉积。

3. 半深海带

半深海带是指水深 200～2000m（或 3000m）的区域，处于大陆斜坡区。海底地形起伏较大，常被峡谷所切割，形成峡谷和海山相间的海底地貌特征，其坡度较陡（4°～7°）。该带沉积物较细，发育浊流和滑塌堆积时可形成粗粒沉积物。

4. 深海带

深海带海水深度大于 2000m（或 3000m）。海底地势一般比较平坦，属大洋盆地。沉积物多为黏土或深海软泥。在大陆斜坡的坡角附近，常有海底扇或者海沟的粗碎屑沉积发育。

1.3.3.2　按照地理标准进行划分

1. 大陆架

在地理学意义上，大陆架指从海岸起在海水下向外延伸的一个地势平缓的海底地区的海床及底土，在大陆架范围内海水深度一般不超出 200m，海床的坡度很小，一般不超过 0.1°。大陆架简称陆架，亦称大陆浅滩或陆棚。

沿海国的大陆架包括其领海以外依其陆地领土的全部自然延伸，扩展到大陆边外缘的海底区域的海床和底土，如果从测算领海宽度的基线量起到大陆边的外缘的距离不到 200 n mile，则扩展到 200 n mile 的距离。大陆边包括沿海国陆块没入水中的延伸部分，由陆架、陆坡和陆基的海床和底土构成，它不包括深洋洋底及其洋脊，也不包括其底土。

沿海国为勘探大陆架和开发其自然资源的目的，对大陆架行使主权权利，此处所指的自然资源包括海床和底土的矿物和其他非生物资源，以及属于定居种的生物，即在可捕捞阶段在海床上或海床下不能移动或其躯体须与海床或底土保持接触才能移动的生物。

沿海国对大陆架的权利不影响上覆水域或水域上空的法律地位。沿海国对大陆架权利的行使，绝对不得对航行有所侵害，或造成不当的干扰。所有国家都有在大陆架上铺设海底电缆和管道的权利。

大陆架有丰富的矿藏和海洋资源，已发现的有石油、煤、天然气、铜、铁等 20 多种矿产；其中已探明的石油储量占整个地球石油储量的三分之一。大陆架的浅海区是海洋植物和海洋动物生长发育的良好场所，全世界的海洋渔场大部分分布在大陆架海区。这些资源属于沿海国家所有。

2. 大陆坡或大陆边缘

在大陆架外是大陆坡，从大陆架向外倾斜度突然加大，一般为 4°～5°，在较深处可达 20°～30°，水深一般在 200～1500m 之间。大陆坡介于大陆架和大洋底之间，大陆架是大陆的一部分，大洋底是真正的海底，因而大陆坡是联系海陆的桥梁，它一头连接着陆地的边缘，一头连接着海洋。大陆坡的表面极不平整，而且分布着许多巨大、深邃的海底峡谷。

3. 大洋底部

大洋底部是指大陆坡以外，深度为 2000 ~ 3000m 以上。有些区域紧接大陆架边缘即为深度可达10 000m 以上的深海海沟。

1.3.3.3 按照区域标准划分

1. 近岸海域

根据中华人民共和国国家环境保护标准《近岸海域环境监测规范》（HJ 442—2008），近岸海域是指与沿海省、自治区、直辖市行政区域内的大陆海岸、岛屿、群岛相毗连，《中华人民共和国领海及毗连区法》规定的领海外部界限向陆一侧的海域。渤海的近岸海域，为自沿岸低潮线向海一侧 12 n mile 以内的海域。

根据《近岸海域环境功能区管理办法》（国家环境保护总局令第 8 号，1999），近岸海域环境功能区分为四类：

一类近岸海域环境功能区包括海洋渔业水域，海上自然保护区，珍稀濒危海洋生物保护区等；二类近岸海域环境功能区包括水产养殖区，海水浴场，人体直接接触海水的海上运动或娱乐区，与人类食用直接有关的工业用水区等；三类近岸海域环境功能区包括一般工业用水区，海滨风景旅游区等；四类近岸海域环境功能区包括海洋港口水域，海洋开发作业区等。

2. 近海海域

近海海域是指近岸海域外部界限平行向外 20 n mile 海里的海域。

3. 远海海域

远海海域是指近海海域外部界限向外一侧的全部我国管辖海域。

1.3.3.4 按照《联合国海洋法公约》主权标准划分

1. 内水

除《联合国海洋法公约》另有规定外，领海基线向陆一面的水域构成国家内水的一部分。

2. 领海

领海是指沿海国的主权及与其陆地领土及其内水以外邻接的一带海域，在群岛国的情形下则指与群岛水域以外邻接的一带海域。领海的上空及其海床和底土均属沿海国主权管辖。每一国家有权确定其领海的宽度，直至从按照《联合国海洋法公约》确定的基线量起不超过 12 n mile 的界限为止，领海的外部界限是一条其每一点同基线最近点的距离等于领海宽度的线。除《联合国海洋法公约》另有规定外，测算领海宽度的正常基线是沿海国官方承认的大比例尺海图所标明的沿岸低潮线。

3. 毗连区

毗连区从测算领海宽度的基线量起，不得超过 24 n mile。沿海国可在毗连区内，对下列事项行使必要的管制：①防止在其领土或领海内违犯其海关、财政、移民或卫生的法律和规章；②惩治在其领土或领海内违犯上述法律和规章的行为。

4. 专属经济区

专属经济区是指领海以外并邻接领海的一个区域。沿海国在专属经济区内有以勘探和开发、养护和管理海床上覆水域和海床及其底土的自然资源（不论为生物或非生物资源）为目的的主权权利，以及关于在该区内从事经济性开发和勘探，如利用海水、海流和风力生产能源等其他活动的主权权利，同时沿海国对专属经济区内的人工岛屿和设施结构的建造使用、海洋科学研究、海洋环境的保护和保全这些事项享有管辖权。

专属经济区从测算领海宽度的基线量起，不应超过 200 n mile。在专属经济区内，所有国家，不论是沿海国或内陆国，在《联合国海洋法公约》有关规定的限制下，享有航行和飞越的自由、铺设海底电缆和管道的自由，以及与这些自由有关的海洋其他国际合法用途，诸如船舶和飞机的操作及海底电缆和管道的使用等。沿海国应决定其专属经济区内生物资源的可捕量。

5. 公海

公海是指沿海国内水、领海、群岛水域或专属经济区以外不受任何国家主权管辖和支配的所有海域。公海对所有国家开放，不论其为沿海国或内陆国。对沿海国和内陆国而言，公海自由包括：航行自由；飞越自由；铺设海底电缆和管道的自由；建造国际法所容许的人工岛屿和其他设施的自由；捕鱼自由；科学研究的自由。

公海应只用于和平目的，任何国家不得有效地声称将公海的任何部分置于其主权之下。每个国家，不论是沿海国或内陆国，均有权在公海上行驶悬挂其旗帜的船舶。

内水、领海、毗连区、专属经济区、公海的关系如图 1 – 2 所示。

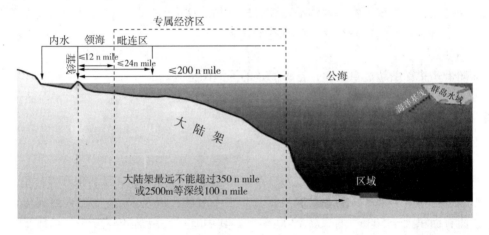

图 1 – 2　《联合国海洋法公约》规定的内水、领海、毗连区、专属经济区、公海的关系

1.3.3.5　按照水底标准划分

海洋的水底环境包括所有海底以及高潮时海浪所能冲击到的全部区域。栖息这一区域的生物对海底的形成及其性质起着很大的作用。

1. 潮间带

潮间带是指高、低潮之间随潮汐涨落淹没或露出的地带。其宽度受海岸坡降和潮差的控制，海岸坡降越平缓、潮差越大，宽度越大。反之，越狭窄。平均高潮位与较大潮或风暴潮时海浪能作用到的陆上最高处之间的地带，称为潮上带。潮间带光线充足、潮汐和波浪的作用强烈，其最显著的特点是潮汐的规律性涨落，海底时而被淹没时而暴露出来，生境类型多样化，对人类活动的影响也十分显著。

广义潮间带还包括浪花水雾所及的潮上带及喜光藻类能生长的潮下带，有人甚至将潮下带扩展到大陆架的外缘。

2. 潮下带

潮下带是指介于平均大潮低潮位与波浪作用能作用到的水下最深处之间的地带。此区域水浅、阳光足、O_2 含量丰富、波浪作用频繁，从陆地及大陆架带来丰富的饵料使海洋底栖生物丰富，有大量鱼类、虾及蟹、珊瑚、苔藓动物、棘皮动物、海绵类、腕足类及软体动物等，进行光合作用的钙藻也大量繁殖。

3. 深海带

深海带是指深度在 2000～6000m 的大洋底部，包括从大陆坡底部以下的所有地区，但不包括深海沟。深海海底也可以定义为大洋底部，但不包括水温从来不高出 4℃ 的海沟的那部分洋底。深海带的总面积在 5 亿平方公里以上，超过地球表面任何其他地形所占的面积。由于所处部位非常深，环境条件非常严酷，生活在这里的生物对这里的环境条件具有特殊的适应性。总的来说，这里的环境条件相当均一。这里的水温很低(0～4℃)，没有季节变化，盐度是稳定的，为海洋中的平均盐度，即千分之三十五。海洋深处的压力为海洋表层压力的数千倍。生命所需要的食物和氧是来自于海洋的上层。冷的水体的下沉是氧的唯一来源，海洋上层沉落下来的有机体残片是食物的主要来源。在深海带的最深处，生命也是很丰富的。已发现在这里有种类繁多的生物，包括海绵、腔肠动物、各种类型的蠕虫、甲壳动物、棘皮动物、软体动物和脊椎动物。这里的生物个体都较小，呈呆板的褐黄色。几乎所有类型的生命在这里都有它的代表。

4. 深渊带

深渊带是指深度超过 6000m，轮廓清楚的深海凹地区。

1.4　我国海洋自然状况

1. 自然地理

我国由北向南依次濒临渤海、黄海、东海和南海，拥有大陆岸线 1.8 万多公里，有辽东、山东、雷州三个半岛，渤海、琼州、台湾三个海峡，以及 17 条主要入海河流和众多港湾；拥有面积大于 500m² 的海岛 7300 多个，其中有居民海岛 400 多个，总体呈无人岛多、有人岛少，近岸岛多、远岸岛少，南方岛多、北方岛少的特点。我国海岛生物种类繁多，具有相对独立的生态系统和特殊生境。

2. 自然资源

我国拥有海洋生物 2 万多种，其中海洋鱼类 3000 多种；海洋石油和天然气资源储量分别约 240 亿吨和 16 万亿立方米，滨海砂矿资源储量超过 30 亿吨，海洋可再生能源理论蕴藏量 6.3 亿千瓦，自然深水岸线 400 多公里，深水港址 60 多处。

3. 自然环境

我国海域自北向南纵跨温带、亚热带和热带三个气候带，南北温差冬季约为 30℃，夏季约为 4℃；年降水量 500～3000mm。我国海域季风特征显著，热带气旋影响大。海水表层水温年均 11～27℃，渤海和黄海北部沿岸冬季海面有结冰。沿海潮汐类型复杂，潮差变化显著。近岸海域潮流状况复杂多变。

4. 生态系统

我国拥有世界海洋大部分生态系统类型，包括入海河口、滨海湿地、珊瑚礁、红树林、海草床等浅海生态系统以及岛屿生态系统，具有各异的环境特征和生物群落。

5. 自然灾害

我国海洋灾害种类多，包括海啸、风暴潮、海浪、海冰、赤潮、绿潮，以及海平面上升、海水入侵、土壤盐渍化和咸潮入侵等。2011 年以来，我国共发生风暴潮、海浪、海冰等海洋灾害 470 多次，平均每年有 7 个热带气旋登陆，直接经济损失约 130 亿元。

6. 存在问题

当前和今后一个时期，是我国全面建成小康社会的关键时期，也是建设海洋强国的重要阶段。随着用海规模扩大和用海强度提高，在满足工业化、城镇化快速发展对海洋空间需求的同时，保障海洋空间安全面临诸多问题和严峻挑战。

开发方式粗放。海洋产业以资源开发和初级产品生产为主，产品附加值较低，结构低质化、布局趋同化问题突出。近岸海域围填海规模较大，2002 年至 2014 年，围填海造地面积达 1339km^2。

开发不平衡。海洋开发活动集中在近岸海域，可利用岸线、滩涂空间和浅海生物资源日趋减少，近海大部分经济鱼类已不能形成渔汛，近岸过度开发问题突出。深远海开发不足问题需要重视。

环境污染问题突出。入海河流污染物排放总量大，近岸海域水质恶化趋势没有得到遏制，局部海域污染严重，主要分布在辽东湾、渤海湾、胶州湾、长江口、杭州湾、闽江口、珠江口及部分大中城市近岸海域。

生态系统受损较重。受全球气候变化、不合理开发活动等影响，近岸海域生态功能有所退化，生物多样性降低，海水富营养化问题突出，赤潮等海洋生态灾害频发，一些典型海洋生态系统受损严重，部分岛屿特殊生境难以维系。

资源供给面临挑战。随着沿海地区经济社会的快速发展，生产、生活、生态用海需求日趋多样化，对传统海洋资源供给方式提出新的挑战。

第2章 海洋地学环境

2.1 地球基础知识

2.1.1 地球内部圈层结构

地球是太阳系九大行星之一，九大行星围绕太阳的顺序从内到外依次是水星、金星、地球、火星、木星、土星、天王星、海王星和冥王星。地球与太阳的平均距离为149 597 870 km，地球与其他行星一样，既绕太阳公转，又绕地轴自转，还随太阳系绕银河系中心的轨道运行。地球平均半径为6371km，由于组成物质和物理性质不同，由地表到地心呈圈层状分布的现象。过去一般把它划分为地壳、地幔、地核三个圈层。

地壳厚度极不均匀，洋壳平均厚度约6km，大陆地壳厚度为20～70km(青藏高原最厚)。由于地壳体积仅占地球总体积的0.5%，故取地壳平均厚度为33km(A层)。地壳与地幔以M界面(莫霍面)分界。地幔分为上地幔(B层)、过渡层(C层)和下地幔(D层)。地幔和地核之间以古登堡间断面分界。地核分为外核(E层)、过渡层(F层)和内核(G层)。外核呈液态，内核为固态。地幔和地核分别占地球总体积的83.2%和16.2%。

2.1.2 地球的形状

地球为不规则的椭球体，其表面高低不平，最高山峰海拔达到8844.43m，最深的海沟深达海平面之下11 035m。地球平均半径为6371 km，体积为$1.083 \times 10^{21} m^3$。地球自然表面积约为$5.11 \times 10^{14} m^2$，赤道周长为40 075.04 km，地球表面积约有71%被海洋覆盖。与地球大地水准面形状和大小近似的旋转椭球，一般用长半径(a)和扁率(α)表示。观测结果表明，大地水准面和地球椭球面非常接近。我国1978年决定采用1975年16届国际大地测量与地球物理协会推荐的地球椭球参数：

$a = 6378.140km$，$\alpha = 1 : 298.257 = 0.003 352 98$

地球表面高低不平，假设将静止的平均海水面延伸到大陆内部，则形成一个连续不断的与地球近似的形体，其表面(大地水准面)并不规则。根据人造卫星测定，地球的形状并非标准椭球体，而是近似梨形，故称地球梨状体(图2-1)。

地球南极凹进25.8m，北极高出18.9m，中纬度南半球突出，北半球收进7.5m，北半球的半径比

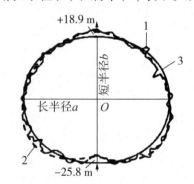

图2-1 地球梨状体

1—自然表面(曲线)；2—大地水准面(虚线)；

3—旋转椭球体(实线)

南半球的半径平均长约 31.8m。

2.1.3　地球起源

宇宙的年龄为 137 亿年左右，太阳系约形成于 100 亿年前，地球大约有 46 亿年的历史。地球起源必须置于广阔的行星范围之中加以思考。以太阳为中心的气态星云冷凝聚积起源说，得到了大量资料的支持。地球的起源有非均匀聚积和均匀聚积两种模型，非均匀聚积模型强调冷凝和聚积同时发生，均匀模型则强调冷凝完成于聚积开始之前。在许多均匀聚积模型中，行星和月球是从冷的（小于 100℃）、均匀混合的、氧化的太阳星云中聚积而成的。地球和其他行星由于后来的地幔熔融而出现圈层。下面就非均匀聚积模型和均匀聚积模型分别做一简单介绍。

2.1.3.1　非均匀聚积模型

该模型认为，当宇宙温度下降到原始太阳星云的温度时，原始太阳星云冷凝和聚积，行星开始生长。具有铁镍核心，为硅酸盐地幔所包围的地球，便可能是从冷却的太阳星云中冷凝和聚积而成的。行星发育于旋转的碟状星云之中。原始地球是由巨星子（直径大于 3000km）聚积而成，它们是由成分相当于铁陨石和低铁球粒陨石所构成的，在聚积过程中，体积缩小、压力增大、温度升高，使其发生分异和广泛的熔融，从而导致形成以铁镍为主的地核和以硅酸盐为主的原始地幔及地壳。

2.1.3.2　均匀聚积模型

该模型认为，地球起源具有以下五个演化阶段：

第一阶段，聚积能量小，温度保持在 700℃ 以下，形成冷的、氧化的和富挥发物的小核心（地球质量的 5%～10%），含有硅酸盐、含水硅酸盐和铁镍硫化物。

第二阶段，聚积继续进行，地外天体冲击能量增加，使表层变热，含碳物质使氧化铁还原为金属铁，排气作用导致原始还原大气圈的形成。

第三阶段，当聚积物的质量达到地球质量的 20% 时，温度升至 1200℃，大气圈中的氧化铁还原成金属铁；温度再升至 1500℃ 时，挥发元素自地球逸出而进入大气圈；聚积物质为铁镍金属的混合物。

第四阶段，聚积能量增加，温度继续升高（>1500℃），使硅酸盐相物质在聚集的微星中还原和挥发，硅（呈 SiO 的形式）和少量 MgO 部分地挥发而进入原始大气圈。

第五阶段，地球浅部开始熔融，铁（同 FeO 或 FeS 混合）降低熔点，集中向地球中心移动，形成地核；这一过程是高度放热的，使地球外部蒸发而进入大气圈；蒸发物集中形成沉淀环，月球即从中聚积而成。

2.2　海水的起源

2.2.1　太阳系物质的含水量

从化学热力学角度判断，宇宙中各种元素的丰度如果根据相互反应的自由能变化来考

虑，则下列两个反应

$$H_2(g) + O_2(g) \rightleftharpoons 2OH(g) \quad 或 \quad H_2(g) + O(g) \rightleftharpoons H_2O(g)$$

发生的可能性最大，现代科学已经证实太阳表面薄层上存在 OH。

科学研究表明，H_2O 或 OH 在恒星生成初期就一直有存在(表 2–1 太阳系物质的密度及含水量)。含有大量有机物的碳质球粒陨石含水量很高，且主要以含水矿物形式存在。有些碳质球粒陨石类型 I 中水的重氢浓度比地球上任何地方的都高很多，可以证明这类陨石中所含的水为地球以外物质所含之水。

表 2–1　太阳系物质的密度及含水量

物体	密度($\times 10^3$ kg/m^3)	含水量(质量分数,%)
碳质球粒陨石(类型 I)	2.2	约 20
碳质球粒陨石(类型 II)	2.6～2.9	约 13
碳质球粒陨石(类型 III)	约 3.4	约 0.69(<0.1)
普通球粒陨石	3.2～3.6	0.27
地球(仅地壳部分)	5.52	3.2×10^{-2}($<4 \times 10^{-2}$)
金星(仅大气部分)	5.12	5×10^{-5}
火星(仅冰)	4.42	2×10^{-4}
月球(表层物质)	3.35	1.5×10^{-2}

2.2.2　海洋的形成

海水的形成，一般认为海水是地球内部物质排气作用的产物，即水汽和其他气体是通过岩浆活动和火山作用不断从地球内部排出的。地球是由太阳星云分化出来的星际物质聚合而成的，固体尘埃聚集结合形成地球的内核，外面围绕着大量气体。地球刚形成时，结构松散，质量不大，引力也小，温度很低。后来，由于地球不断收缩，内核放射性物质产生能量，致使地球温度不断升高，其水合物可能会慢慢分解，分解出来的水会向地球上方移动，开始向地表层供水，最后聚集在地球表面，形成海洋的"雏形"。

在原始地球的上层，引起橄榄岩熔融的温度约 1200℃。硅酸盐类物质熔融后，金属相物质不论是否熔化，都会沉降形成地核。地核形成之后，因重力位能等的作用使地球达到最高温度，使地球基本上以流体形式存在。在地核形成过程中和终结时，地球的脱气作用在地球形成史上是最为活跃的。在地球表面逐渐固化构成地壳后，脱气作用慢慢减弱。固化地壳的温度是不均匀的，于是水在低温部分冷凝和集聚，最后形成海洋。地球的固化地壳上一旦形成海洋，其温度就不会升到水的沸点以上，地壳的不均匀性对原始海洋的流动和形成具有重要作用。

地球上的水在开始形成时，不论湖泊或海洋，其水量不是很多，随着地球内部产生的水蒸气不断被送入大气层，地面水量也不断增加，经历几十亿年的地球演变过程，最后终于形成我们现在看到的江河湖海。

2.2.3 地球水圈层

水圈是连续包围地球表层的水体，是地表水的总称，包括海洋、河流、湖泊、沼泽、冰川和地下水。其中主要是海洋，占水圈总体积的 97.1%，陆地水不到 3%，大气中的水仅占 0.001%。海洋水体积为陆地水体积的 33 倍，总质量 1.3499×10^{24} g。陆地水的 77% 在冰盖(格陵兰和南极)和冰川中，其余是江河、湖泊和地下水。水圈与大气圈和地壳互相渗透，没有明确界限。

海水并非纯水，其中含盐(氯化钠)和许多溶于水的化合物，约占海水质量的 3.45%。在全部溶解物中，Cl^-、Na^+、SO_4^{2-}、Mg^{2+}、Ca^{2+}、K^+ 所占的质量比分别为 55%、31%、7.7%、3.7%、1.2%、1.1%。除氢和氧外，每千克海水中含量超过 1mg 的元素有氯、钠、镁、硫、钙、钾、溴、锶、硼、碳、氟 11 种，它们的含量占海水全部元素含量的 99.8%～99.9%，称为海水的主要元素。其他 60 多种元素的含量在每千克海水 1mg 或 1mg 以下，称为海水的微量元素。在微量元素中，氮、磷、硅等元素的盐类为海洋生物供给营养，称为"营养元素"。海洋中的这些溶解性物质主要来源于火山排气、火山灰和岩石化学溶解作用等。河流每年也把约 3.5×10^{12} kg 的溶解物带入海洋。现在海洋中溶解物质的总量约为 5×10^{19} kg，各大洋中溶解物的比例大致相同。

海水中含有铜、银、镍、金、铀、钴等几十种微量元素，其中含量较高的金可达到 0.001～60mg/t，铀可达到 3.3mg/t。海水中溶解的气体主要有氧和 CO_2，但海水中氧含量远比大气低，而 CO_2 含量是大气的 60 倍。海洋表面温度因地理位置不同而不同，赤道附近海水温度可达 30℃，极区冰盖在冰点以下，海面 1000m 以下地方的海水温度基本不随地区和季节变化。海洋上部海水(厚度小于 1000m)通过与热或冷的邻近陆块接触，形成海流和大洋环流。

地球表面的水是十分活跃的。海洋蒸发的水汽进入大气圈，经气流输送到大陆、凝结后降落到地面，部分被生物吸收，部分下渗为地下水，部分成为地表径流。地表径流和地下径流大部分回归海洋。水在循环过程中不断释放或吸收热能，调节着地球上各层圈的能量，还不断地塑造着地表的形态。水圈中的地表水大部分在河流、湖泊和土壤中进行重新分配，除了回归于海洋的部分外，有一部分比较长久地储存于内陆湖泊和形成冰川。这部分水量交换极其缓慢，周期要几十年甚至千年以上。从这些水体的增减变化，可以估计出海陆间水热交换的强弱。大气圈中的水分参与水圈的循环，交换速度较快，周期仅几天。由于水分循环，使地球上发生复杂的天气变化。海洋和大气的水量交换，导致热量与能量频繁交换，交换过程对各地天气变化影响极大。水在大气圈、生物圈和岩石圈之间相互置换，关系极其密切，它们组成了地球上各种形式的物质交换系统，形成千姿百态的地理环境。

2.3　海与洋

海洋是指地球上围绕大陆和岛屿的广阔连续的咸水水域，是洋和海的统称。

2.3.1　海

海是指海洋的边缘部分。其比河口海湾大而比洋小得多，被岛屿、半岛与大洋隔开，或为大陆所环绕的咸水区域。海约占海洋总面积的11%，其温度、盐度受大陆影响较大，有显著的季节性变化；水色低、透明度小，无独立的潮汐和海流系统，主要受邻近大洋的影响。在缺乏淡水流入而蒸发性又非常强烈的内海海水盐度较高，如红海盐度高达4.1%；而与大洋相通，有大量河水流入的边缘海则盐度较低，一般在3.2%以下。沉积物多为泥、砂等陆源碎屑。按地理位置不同，可分为陆缘海和地中海两种。

2.3.1.1　陆缘海

位于大陆的外缘，一般多为岛屿或半岛与大洋隔开的咸水水域。其水文特征主要受到陆地河流与相邻大洋的影响，无独立的潮汐和海流系统。通常具有广阔的大陆架，以较厚的陆源沉积物为主。海底地壳大多为大陆型地壳或过渡型地壳，如太平洋西部的东海和黄海都属于大陆型地壳；具有大洋型地壳者称为边缘海，如菲律宾海和日本海，鄂霍茨克海则具有大陆型和大洋型两种地壳特征。

2.3.1.2　地中海

狭义的地中海专指为欧洲、非洲和亚洲大陆所包围的、从直布罗陀海峡至达达尼尔海峡及苏伊士运河之间的地中海。广义的地中海指内海，受大陆包围，但有海峡与大洋相通的咸水水域，分为内陆海和陆间海两种。

1. 内陆海

内陆海包括两种：

(1)指海洋深入大陆内部，周围为陆地所环绕，仅有海峡与大洋或其他海域相通的咸水水域。如果沿岸陆地和出海通道均属同一个国家，即可视为该国的内水，享有内水的主权权利，如中国的渤海、日本的濑户内海、俄罗斯和乌克兰的亚速海等；如果沿岸陆地和通海海峡由多个国家所有，如地中海、黑海和里海，则应由沿岸国家共同制定相关的管辖协定。

(2)指处于大陆之内，完全没有通海出口的内海。如果沿岸都由一个国家的陆地所包围，则可视为该国领土的一部分，享有完全的主权权利。

2. 陆间海

陆间海指位于两个以上大陆之间，两端有狭窄水道与相邻大洋或海相通的咸水水域。如欧洲、非洲和亚洲大陆之间的地中海(总面积251万平方公里，是世界最大的陆间海)，非洲与亚洲大陆之间的红海等。

2.3.2　洋

洋又称大洋，是海洋的中心部分，具有广阔的咸水水域。其有独立的潮汐和海流系统，海水温度和盐度不受大陆影响，盐度平均为 3.5%，水色高、透明度大；沉积物多为红黏土、钙质软泥及硅质软泥等生物软泥，并常见深海砂等陆源碎屑物质。洋底主要由硅镁质的大洋型地壳构成。全球有太平洋、大西洋、印度洋和北冰洋四大洋（表 2 - 2 世界主要大洋面积、体积和深度）。海沟是海洋的最深之处，其中菲律宾以东的马里亚纳海沟最深，达到 11 034m，全球海洋的平均深度为 3795m。

表 2 - 2　世界主要大洋面积、体积和深度

海洋名称	面积及百分比		体积及百分比		平均深度	最大深度
（包括所属海）	$\times 10^4$ km^2	%	$\times 10^4$ km^3	%	m	m
太平洋	17 968	49.8	72 370	52.8	4028	11 034
大西洋	9336	25.9	33 770	24.7	3627	9219
印度洋	7492	20.7	29 195	21.3	3897	7729
北冰洋	1310	3.6	1698	1.2	1205	5527
总计	36 106	100	137 033	100	3795	

数据来源：地球科学大辞典（基础学科卷）[M]．北京：地质出版社，2005．

从海岸到大洋依次出现大陆架、大陆坡、大陆隆、海沟、深海盆地和大洋中脊等地形单元，如图 2 - 2 所示。通常把海和洋的底部分别称为海床和洋底。

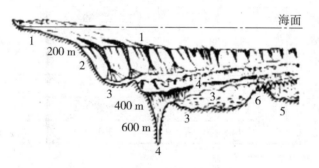

图 2 - 2　海洋地形断面示意图
1—大陆架；2—大陆坡；3—海底平原；4—海沟；
5—深海丘陵；6—大洋中脊

2.3.3　地球表面海陆分布

地球表面积约为 5.10 亿平方公里，其中陆地面积约 1.49 亿平方公里、海洋面积约为 3.61 亿平方公里，海洋面积约占地球表面积的 71%。海洋与陆地的分布随纬度不同差别

很大，详见表 2-3，在北半球，陆地占其总面积的 67.5%；在南半球，陆地占其总面积的 32.5%。

表 2-3　不同纬度带内海与陆的面积及其比率

（据日本理科年表，1975）

半球	纬度	面积		比率	
		陆（×10⁶m²）	海（×10⁶m²）	陆（%）	海（%）
北半球 N	90°～80°	0.383	3.524	10	90
	80°～70°	3.348	8.156	27	73
	70°～60°	13.326	5.579	71	29
	60°～50°	14.678	10.929	57	43
	50°～40°	16.474	15.023	52	48
	40°～30°	15.570	20.835	43	57
	30°～20°	15.097	25.101	38	62
	20°～10°	11.244	31.534	26	74
	10°～0°	10.068	34.016	23	77
	90°～0°	100.278	154.695	39.4	60.6
南半球 S	0°～10°	10.394	33.690	24	76
	10°～20°	9.420	33.358	22	78
	20°～30°	9.310	30.888	23	77
	30°～40°	4.140	32.265	11	89
	40°～50°	0.971	30.526	3	97
	50°～60°	0.213	25.394	1	99
	60°～70°	1.788	17.117	9	91
	70°～80°	8.468	3.126	73	27
	80°～90°	3.908	0.000	100	0
	0°～90°	48.612	206.364	19	81
	90N～90S	148.890	361.059	29.2	70.8

　　资料来源：据日本理科年表，1975。

2.4　海岸地貌

　　海岸地貌在其形成过程中，其形态结构受到海岸带陆地地形、地质构造、海面升降以及河流、生物的影响，是在海岸带由波浪、潮汐、海流、沿岸流等各种作用力下形成的地表形态，其包括海蚀作用形成的海蚀崖、海蚀台、海蚀穴等各种海蚀地貌和海积作用形成的海滩及沙坝凹槽等海积地貌。海岸地貌主要涉及：

　　海岸，是海洋和陆地交接带的陆地部分，自低潮线向陆地到达波浪作用上界之间的陆上狭长地带，包括海蚀崖和上升阶地以及海滨以内的低地等陆上围绕海洋的狭长地带。它处于陆地、海洋、大气和生物四个圈层相互交汇的特殊地理环境。

海岸带，按照《海洋学术语 海洋地质学》（GB/T18190—2000）是指海陆交互作用的地带，其上限起自海水能够作用到陆地的最远点，下限为波浪作用影响海底的最深点。海岸带分为潮上带、潮间带和潮下带。广义海岸带可向陆延伸至毗邻平原，向海延伸至大陆架边缘。海岸类型主要有平原海岸、三角洲海岸、火山海岸、断层海岸、砂质海岸、粉砂淤泥质海岸、基岩海岸、生物海岸、珊瑚礁海岸、红树林海岸、下沉海岸、上升海岸、港湾海岸等。

海岸线，是海岸与海滨间的分界线，即海岸陡崖基部的纵向连线，一般指海边在多年的大潮时高潮所到达的界线，它随海水的涨落而向陆或向海移动。中国东部临海，仅大陆海岸线就长约 1.8 万公里。海岸线有高潮海岸线和低潮海岸线之分。

海滨，也称滨，是由任何物质组成的海水边缘地带。

后滨，也称潮上带，是从高潮线向陆地延伸到生长植物或自然地理特征改变的地方。

前滨，是指高潮线至低潮线之间的地带。

内滨，也称潮下带，指低潮线至破浪带外界之间的地带。

外滨，是破浪带外侧至大陆架边缘之间的地带，又称滨外。

潮间带，指高潮线与低潮线之间随潮汐涨落淹没或露出的地带，相当于前滨。其宽度受海岸坡降和潮差的控制，海岸坡降越平缓，潮差越大，潮间带宽度就越大，反之，则越窄。我国具体指海岸线与海图零米线之间的地带。

潮上带，是指平均高潮位与较大潮或风暴潮时海浪能作用到的陆地上最高处之间地带。

潮下带，指介于平均大潮低潮位与波浪能作用到的水下最深处之间的地带。

激浪带，又称破浪带，是自波浪开始变形产生破浪的地点到岸边之间的地带。其宽度受水下岸坡坡度的制约，通常在 100～200m 之间，坡降平缓的海底则可达数百米。在激浪带由于激浪反作用常形成沿岸沙堤。

水下岸坡，是海岸带的水下倾斜部分，其范围自低潮线以下一直到波浪作用下界（相当于二分之一波长的深处）之间的地带。一般海滨所见大浪，波长为 40～80m，亦即波浪作用的下界为 20～40m。其地质作用一般以冲刷侵蚀为主，但在下降海岸沉积作用也很显著。

2.5　海底地貌形态

海底又称海床，指海的底部。洋底，又称大洋底部。海水的深度一般为 4000～6000m，由于地壳运动和火山活动等地质作用，在洋底形成海山、海底丘陵、海岭（又称水下山脉、海底山脉）等地形。洋底的广大地区为大洋中脊和深海盆地所占据，其中沉积有红黏土和生物软泥。其地壳厚度比大陆地壳厚度小，太平洋和大西洋为 4000～6000m，印度洋为 3000～7000m。

被海水覆盖下的海洋底部的地貌形态，典型的由三大地形单元构成：大陆边缘、大洋中脊或中央海岭、大洋盆地。

2.5.1 大陆边缘

大陆边缘是大陆与大洋之间的过渡带，按构造活动性分为稳定型和活动型两大类。稳定型大陆边缘以大西洋两侧的美洲和欧洲、非洲大陆边缘比较典型，故也称大西洋型大陆边缘。稳定型大陆边缘包括大陆架、大陆坡、大陆隆、边缘海盆、岛弧及海沟。

大陆架，又称陆架、大陆棚，是大陆的自然延伸，通常指大陆周围倾斜较缓的海底地带，即从海岸起逐渐向海洋方向延伸，直到坡度显著增大的转折点为止。水深一般为 50～550m，平均水深220m，坡度平均 0°07′、内侧部分为 0°12.4′。世界各海域大陆架的宽度变化很大，有的宽度达 1000 多公里，有的很窄甚至缺失（如南美洲海岸）。其上发育有大陆架（棚）谷、海底阶地和浅海地形，沉积物主要为陆源碎屑物质，还有生物碎屑和少量化学沉积。一些边缘海和内海的海底多属大陆架的范围，如欧洲沿海的巴伦支海、挪威海（东部）、北海、爱尔兰海、比斯开湾和内海——波罗的海，亚洲的喀拉海、黄海、东海、爪哇海、北部湾、泰国湾、渤海和波斯湾等。大陆架约占海洋总面积的 7.5%，是世界三大渔场所在地。

大陆坡，又称大陆斜坡，简称陆坡。1900 年，魏格纳（H. Wagner）针对陆架坡折与深海大洋底之间的整个地区而提出。是大陆边缘的中央部分，一般位于陆壳与洋壳的过渡带上。在地貌上陆坡开始于陆架坡折处，指从大陆架外缘向深海倾斜的较陡坡面。上界在陆架坡折，下界往往是渐变的，位于 1400～3200m 的水深范围内，局部位于更大的水深之中。大陆坡倾角一般为 3°～6°，有些地段超过 15°，甚至达 35°，平均 4°17′，是很窄的海底区域，宽仅 20～100km，上覆水深 100～3200m，其上常有许多深海谷和海底阶地，沉积物主要为陆源碎屑。坡面由基岩或很厚的沉积岩层构成。

大陆隆，又称大陆裙、路基、大陆基、大陆脚，简称陆隆、陆基。是位于大陆坡与深海平原或深海丘陵之间的平缓斜面，坡度为 1:40～1:2000，平均坡度 0.1°～0.6°，宽度 0～600km，水深 1400～5100m。陆隆是由陆源粉砂和黏土堆积而成的海底扇或沉积裙，其纵向剖面呈楔形。全球陆隆面积 $19×10^6 km^2$，占洋底总面积的 6%。

边缘海盆是被岛弧与大洋盆地分开的、最大水深超过 2000m 的弧后张裂盆地。

岛弧，又称岛链、弧形列岛。是呈弧形线性分布的列岛，分布在两个板块边缘，其由俯冲带的前端在地幔熔融上升为入侵岩体或火山而形成的，也有部分是由于弧后扩张从大陆板块分离出来的。岛弧大多位于大陆与大洋的边界地带，弧凸向大洋，但也有例外。大多分布于西太平洋地区，构成环太平洋岛弧系的主体，呈链状排列，由北向南有阿留申岛弧、千岛岛弧、日本岛弧、琉球岛弧和菲律宾岛弧等，延伸达 9500km。

深海沟，简称海沟，是位于大陆边缘，现代板块俯冲作用形成的、沿岛弧或大陆海岸山脉外侧延伸的、狭长的深海凹地。深度大多超过 6000m，长达几千千米，宽约一百千米。大多具有不对称的 V 字型横断面，靠大陆一侧斜面较陡，靠大洋一侧斜面较缓，向大洋过渡处有平缓隆起，称边缘隆起。斜面上常出现阶梯形台地，称海坪，底部有厚度不大的沉积物，通常几百米，最厚1500m。海沟与岛弧构成现代地壳的活动地带，即岛弧 - 海沟系，常与火山带和地震带伴随，多集中发育于太平洋边缘。

2.5.2　大洋中脊

大洋中脊，又称中央海岭，是由地幔物质对流上涌所形成的，多位于其中部呈线状延伸的巨大海岭，总长可达 84 000 多公里。大西洋中脊地形最为复杂，中央裂谷发育，宽达数十千米，较两侧下凹 2000～4000km；印度洋中脊呈倒 Y 字形；太平洋海岭位于东南部，宽达 2000～4000km，高出洋底 2000～4000km。

2.5.3　大洋盆地

大洋盆地，简称洋盆，是位于大陆边缘和大洋中脊之间，水深在 4000～6000m，地形起伏较小，具有相对稳定的大洋地壳的深海海底。包括中央海岭、海山、深海平原、深海丘陵等地形。

2.5.4　海底地形地貌调查

1. 调查目的与内容

根据任务的要求实施调查，获取海底地形地貌数据，通过对调查数据的校正，进行数据分析、处理和成图，编制调查区海底地形图和海底地貌图，揭示调查区海底地形地貌变化特征和规律，为经济建设、国防建设和海底科学研究提供基础资料。

海底地形地貌调查作业内容包括：技术设计、仪器校验、测前准备、海上测量、数据处理与成图、资料检查验收与归档。

2. 资料收集

所收集的资料应包括：

①最新海底地形数据和最新出版的海底地形图、海图；

②最新侧扫声呐、浅地层剖面数据和最新出版的海底地貌图；

③潮位资料及其他与测量有关的资料；

④助航标志及航行障碍物的情况；

应对所收集资料的可靠性及准确度进行全面分析，并作出对资料采用与否的结论。

3. 技术设计

技术设计的主要内容：

①任务来源及测区概况；

②前人调查研究状况及调查区地形地貌基本特征；

③测区范围与调查比例尺；

④测线布设与预计测线工作量；

⑤调查船、仪器以及仪器检验项目和要求；

⑥海上测量的技术要求；

⑦数据处理、成图的技术要求；

⑧进度安排、人员分工与质量保障措施；

⑨预期成果与调查报告内容；

⑩资料验收与经费概算；

⑪相关图表(航行计划示意图、测线布设示意图、测线端点坐标表等)。

技术设计书需装订成册，由设计人员签名，测量单位主管业务负责人签署意见后报批，经上级业务主管部门或任务下达单位审查批准后方可实施。

4. 调查的基本方式和基本内容

调查的基本方式：走航连续测量。测量项目有单波束测深、多波束测深、侧扫声呐测量、浅地层剖面测量。根据调查的目的和任务，采用不同比例尺的测线网方式调查或全覆盖方式调查。调查中应尽量采用多项目的综合调查；同一测区的调查，测线或测网布设应统一，使调查资料相互印证，以提高综合解释水平。

海底地形调查的基本内容：导航定位、水深测量、水位测量以及数据处理和成图，水深测量包括深度测量和一些必要的改正(吃水改正、声速改正、船姿改正、升沉改正和水位改正等)。

海底地貌调查的基本内容：在海底地形调查的基础上，进行海底侧扫声呐测量和浅地层剖面测量，结合其他地质地球物理资料进行数据处理、分析和成图。

5. 调查报告内容

任务要求与技术设计：调查任务的来源和目的，调查海区的范围和地理位置、海区的自然状况、调查项目内容和测线布设、工作量和内外业工作安排、组织分工和协作情况等；

海上调查与资料整理：海上调查的工作方法、仪器设备性能及检验情况、导航定位手段和保障情况、工作量统计和工作完成情况、原始资料的完整性、调查数据的准确度和质量评估、调查资料的整理方法、成果资料的质量评价等；

资料分析与解释：资料分析方法及其依据、各要素的分布特征、规律和综合分析等；

结论与建议。

2.6　海洋沉积

2.6.1　海洋沉积相关术语

1. 一般术语

① 底质：组成海底表面的物质。

② 砂：粒径为 0.0625～2.00mm 的松散沉积物。

③ 粉砂：粒径为 0.0039～0.0625mm 的松散沉积物。

④ 黏土：粒径小于 0.0039mm 的松散沉积物。

⑤ 沉积通量：单位时间内通过垂直于沉积物运移方向上单位宽度的沉积物数量。

⑥ 沉积速率：单位时间内沉积的沉积物厚度。

⑦ 海水－沉积物界面：海水与海底表层沉积物的交界面。

⑧ 沉积作用：形成沉积物的全过程。

⑨ 海解作用：海底沉积物与接触的底层海水之间的化学反应过程，即海底风化作用。

⑩ 进积作用：由于沉积物堆积或海面下降，海岸线向海推进的沉积过程。

⑪ 退积作用：由于沉积物堆积或海面上升，海岸线向陆推进的沉积过程。

2. 沉积环境与沉积相关术语

① 潮滩沉积：以潮汐动力为主，在潮间带形成的沉积物。

② 滨海沉积：也称沿岸沉积，水深小于 20m 的近岸海底沉积物。

③ 浅海沉积：水深在 20～200m 范围内的海底沉积物，也称陆架沉积。

④ 半深海沉积：水深在 200～2000m 范围内的海底沉积物，相当于陆坡沉积。

⑤ 深海沉积：水深大于 2000m 的海底沉积物。

⑥ 远洋沉积：由浮游生物骨屑及少量风输入的陆源细粒物质组成的开阔大洋底沉积物。

⑦ 半远洋沉积：由原地浮游生物碎屑及平流缓慢扩散输入的陆源悬浮物质组成的、分布在大陆边缘的沉积物。

⑧ 陆源沉积：来源于陆地表面，经各种营力搬运到海底沉积的沉积物。

⑨ 生物沉积：主要由海洋生物遗体和遗物构成的沉积物。

⑩ 海底风成沉积：经过风搬运的粉尘（粉砂、粘土等）飘落到海面，再沉降到海底形成的沉积物。

⑪ 冰川海洋沉积：含相当数量由冰川搬运或冰筏运来的海底沉积物。

⑫ 火山沉积：来源于火山活动的海底碎屑沉积物。

⑬ 宇宙沉积物：来源于宇宙空间的海底沉积物。

⑭ 自生沉积：在海底环境中，由于化学和生物化学作用形成的海底沉积物。

3. 事件沉积术语

① 事件沉积：在地质环境演化上，凡能记录到的某种特殊环境因子变化且偏离正常过程的沉积物。

② 风暴沉积：风暴作用将正常天气条件下形成的常态沉积物重新搅动，悬浮、搬运和再沉积形成的具有独特的沉积特征和沉积环境的堆积物。

4. 重力沉积术语

① 滑坡沉积：由滑移或崩塌带进深水区的碎屑物质。

② 沉积物重力流：也称异重流，由重力向下拖移的沉积物运动。

③ 碎屑流：又称泥石流，由重力引发的砂、砾石级的浆状流体沿坡向下缓慢蠕动运动。

5. 深海粘土与软泥术语

① 深海粘土：分布在深海的、粒径不大于 0.0039mm 的沉积物。

② 褐色粘土：在大洋深部由缓慢的沉积作用形成的、粒径不大于 0.0039mm 的红褐色沉积物。

③ 软泥：钙质或硅质生物遗体占 30% 以上的深海粘土质沉积物。

④ 钙质软泥：钙质生物遗体含量大于 30% 的软泥。根据所含钙质生物，分别称为有孔虫软泥或抱球虫软泥或颗粒石藻软泥、翼足虫软泥，主要分布在海山、海岭的碳酸盐补偿深度之上。

⑤ 硅质软泥：硅质生物遗体含量大于 30% 的软泥。根据所含生物种类，分别称为放射虫软泥和硅藻软泥，前者主要分布在太平洋赤道一带，后者则主要分布在南极和北极高纬度带海域。

⑥ 硅藻软泥：硅藻遗体含量超过 30% 的硅藻软泥。主要分布在南极周围的海底和太平洋北部寒带水深 1100～4700m 的深海底，占海洋总面积的 9%。

2.6.2 海洋沉积物分类

海洋沉积物是以海水为介质沉积在海底的物质。

2.6.2.1 按成因分类

1. 陆源沉积物

大陆侵蚀的产物被河水、冰川及风力的搬运作用在海底的沉积物，如石英、长石、云母、角闪石、辉石、磁铁矿、锆石、石榴子石等陆源碎屑矿物及岩屑和陆地生物碎屑。大陆架和大陆坡的沉积物即主要由陆源沉积物构成，河流或浊流搬运的部分陆源碎屑物质，在大陆或大陆隆的海底谷口可形成深海扇，主要成分为岩屑和矿物碎屑。

2. 生物成因沉积物

由海洋生物碎屑和遗体在海底沉积而成，如有孔虫软泥、硅藻软泥、放射虫软泥、颗石藻软泥和贝壳碎屑等。

3. 化学成因或自生沉积物

海水溶液中的物质经化学反应沉淀在海底，包括沉积成因和成岩作用两种，前者的自生矿物有方解石、镁方解石、文石、铁氢氧化物、水锰矿、钠水锰矿、钡镁锰矿、硫化铁、裂谷中重金属软泥及硅的氢氧化物等，后者的自生矿物包括铁锰氢氧化物、碳酸盐、铁绿泥石、磷酸盐矿物、浮石、钙十字沸石、蒙脱石和坡缕石等。

4. 火山成因的沉积物

有火山玻璃、角闪石、辉石、绿帘石等。

5. 宇宙成因的物质

陨石等天体物质陨落到海底沉积的，含量很少，偶见于红粘土和生物软泥中，如宇宙尘粒或球粒。

2.6.2.2　按分布分类

1. 滨海沉积物(0～20m)

滨海沉积物,又称沿岸沉积物。受波浪、潮汐和激浪流的作用,在潮间带及激浪带附近形成的沉积物。其类型与来源物质、水动力条件以及海岸地形等密切相关:在基岩岬角海岸,由于激浪流、拍岸浪等作用强烈,通常在高潮位形成砾石或沙砾沉积;在半封闭的港湾地区,波浪作用较弱,沉积物主要为泥、细砂和粉砂;在河口附近或丘陵地带的滨海,多以砂为主,且常形成沙堤、沙嘴和沙洲等地貌;平原大河口的砂、粉砂及泥质沉积物则多形成三角洲前缘和滨海平原。在砂砾质海岸地区往往形成滨海沙矿。

2. 浅海沉积物(20～200m)

又称陆架沉积物。陆架处于陆地和海洋营力的相互作用地带,其沉积物非常复杂,主要为砂砾、粉砂、泥等陆源沉积,其次为浮游生物和底栖生物遗骸等生物沉积。按沉积时期,可分为全新世和前全新世两套系统。根据成因,可分为自生的(海绿石、磷块岩)、生物的(有孔虫、贝壳)、残余的(基岩风化产物)、残留的(更新世低海平面时产生的沉积物)、碎屑的(河流、海岸侵蚀、冰川或风成沉积物)等几种类型。

3. 半深海沉积物(200～2000m)

相当于陆坡区的沉积物,主要是青泥、红泥、珊瑚泥、火山泥等细粒物质,有时还有浊流或海底滑动所携带的粗陆源碎屑物质,如砂和粉砂。

4. 深海沉积物(2000m 以上)

主要由有孔虫软泥、放射虫软泥、硅藻软泥、珊瑚泥、火山泥和红粘土等组成,有的地区还有大量锰结核和多金属泥,偶见深海砂。

2.7　海底构造和大地构造学说

20 世纪 60 年代诞生于海洋地质领域的海底扩张－板块构造学说,以活动论观点为主导,对奠基于大陆的传统地质学理论提出了挑战,引发了一场"地球科学革命"。目前,板块构造理论已影响到地球科学的几乎所有领域,是研究海底构造的理论核心和指导思想。板块构造学说是多学科相互交叉,渗透发展起来的全球构造学理论,它吸取了魏格纳大陆漂移说的精髓——活动论思想,以海底扩张说为基础,经过 Wilson(1965)、Morgan(1968)、Le Pichon(1968)等一大批科学家的综合而确立的。

2.7.1　大陆漂移

大陆漂移学说是由德国学者魏格纳(A. L. Wegener)于 1912 年提出的。其理论要点为:

(1)石炭纪以前地球上的大陆是一个统一的大陆,即泛大陆,其四周为大洋包围。

(2)从中生代以来泛大陆逐步解体,大陆块在海底(硅镁质的岩浆)上进行漂移。

(3)陆地上的高褶皱山系是陆块受洋底阻力被挤压而成的。

(4)大陆块由较轻的硅铝质组成,漂浮在较重的粘性的硅镁质的大洋底之上。

（5）地壳的硅铝层可以在硅镁层之上自由运动，运动的动力源主要来自地球自转产生的向赤道的离极力和潮汐摩擦力。他发现有许多现象可以证明这种漂移。例如，大洋两岸（特别是大西洋两岸）的海岸线形状、地层、构造、岩相、古生物群、古气候、地球物理特征等具有相似性和连续性；又如在澳大利亚、印度、非洲、南美广泛分布的晚古生代舌羊齿植物群以及这一时期在这些地区发生了一次大冰期等，但在北半球其他地区却未发现可靠的遗迹；所有这些，特别是南半球的晚古生代冰川，说明它们原先是连接在一起的，原本位于极地位置，是以后才发生分裂漂移的。图 2-3 为魏格纳大陆漂移示意图、图 2-4 为中龙化石分布图。

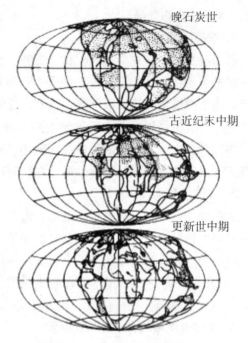

晚石炭世

古近纪末中期

更新世中期

图 2-3　魏格纳大陆漂移示意图

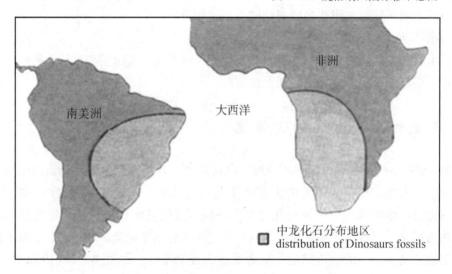

图 2-4　中龙化石分布图（引自魏格纳，2006）

　　限于当时的科技水平，魏格纳的大陆漂移学说在移动力机制是否合理和硅铝层能否在硅镁层上做自由运动等方面引起了极大争议，长期以来大多数学者都持反对态度。直到 20 世纪 60 年代，随着海底扩张说和板块学说的问世，新的大陆漂移观念（即大陆作为岩石圈板块的组成部分而漂移）才得到了普遍的认同。

2.7.2　海底扩张

海底扩张是地幔物质沿洋中脊或裂谷系上升，充填裂谷，产生新的海底，并逐渐向洋中脊或裂谷两侧扩张的过程，是由赫斯(H. H. Hess)和迪茨(R. S. Dietz)于 20 世纪 60 年代提出的一种关于大洋岩石圈生长和运动方式的学说，是对大陆漂移学说的重要发展，也是板块构造学说的最主要的理论基础。该学说认为：大洋岩石圈由对流上升岩浆形成于扩张的洋中脊，并以每年 1～10cm 的速度垂直于洋中脊向两侧扩张运动，然后在俯冲带又沉入地幔，从而导致大洋岩石圈一面生长、一面消亡、不断更新。海底扩张现象最重要的证据是海底洋壳存在平行排列的对称磁异常条带和数十万年为周期的地磁场倒转。横向上正、负磁异常随时间的更替与地球磁极倒转一致。近年来还证明，海底扩张作用不仅存在于大洋中脊，同样也发生于边缘海盆地中。

2.7.3　板块构造

现代板块边界主要是根据全球地震活动带和各种地质、地球物理资料划分的，因为构造地震意味着两侧地质体发生相互错移。沿全球洋中脊分布的张性浅源地震带反映了两侧板块在背向运动；沿大陆边缘分布的倾斜地震带(贝尼奥夫带)代表两侧板块相向汇聚。由此得出全球板块分布，见图 2-5。

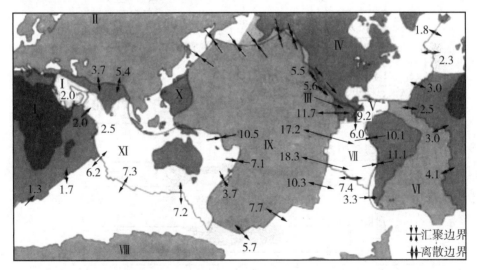

图 2-5　全球板块构造(据 D. P. McKenzie and F. Richter, 1976)

箭头和数字表示相邻板块运动的方向和速度，单位 cm/a

Ⅰ. 阿拉伯板块；Ⅱ. 欧亚板块；Ⅲ. 可可斯板块；Ⅳ. 北美板块；Ⅴ. 加勒比板块；Ⅵ. 南美板块；

Ⅶ. 纳兹卡板块；Ⅷ. 南极洲板块；Ⅸ. 太平洋板块；Ⅹ. 菲律宾海板块；Ⅺ. 澳大利亚-印度板块；Ⅻ. 非洲板块

板块构造学说是当前最有影响关于全球构造形成、演化的学说。沿着断裂带海底磁条带受到垂直错断的现象被发现后，人们曾设想这些磁条带原来是连续的，是后来为断裂带所错断。1965年，威尔逊(J. T. Wilson)则认为这种垂直错断从一开始就存在了，并将这种断层称为转换断层，这是地质科学中板块构造理论赖以建立的重要飞跃。从前的大地构造模式均假定各个大地构造单元之间皆以平滑曲线关系接触。但在威尔逊模式中，它们则多呈直角相交。转换断层和板块构造概念的提出，产生了板块构造学说。该学说认为：地球表层岩石圈分为若干个"刚性板块"，板块间以洋中脊、转换断层、沟－弧－盆体系、造山带、缝合带等为边界；"刚性板块"浮于上地幔软流圈之上，进行大规模水平运动，使板块间发生离散、汇聚和走滑作用，导致大洋的扩张与大陆裂解和碰撞造山闭合，并使板块边界发生地震、火山活动等。一般认为板块运动的动力来自地幔对流和海底扩张作用。

　　在板块构造学说中，威尔逊旋回是其中一个重要理论。1968年，威尔逊在研究了大陆裂解到大洋开闭的过程后，将大洋盆地的形成及其构造演化归纳为六个阶段(见图2-6)，人们称之为威尔逊旋回。这六个阶段是：

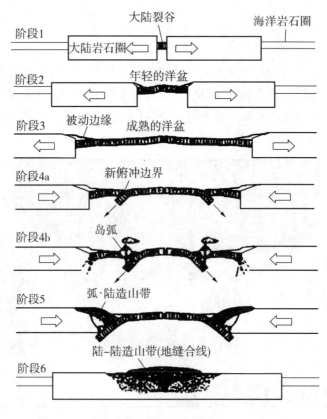

图2-6　威尔逊旋回的六个阶段(Strahler, 1997)

　　(1)胚胎期：地壳上拱、岩石圈破裂，形成大陆裂谷，如东非大裂谷；
　　(2)幼年期：地幔物质上涌、溢出，岩石圈进一步破裂，开始出现洋壳，红海、亚丁湾为其代表；
　　(3)成年期：洋盆扩大，洋中脊形成，出现成熟的大洋盆地，大西洋为其典型代表；
　　(4)衰退期：随着海底扩张，洋盆一侧或两侧出现海沟，俯冲消减作用开始进行，洋盆缩小，边缘发育沟 – 弧体系，太平洋为其实例；

（5）终了期：随着俯冲消减作用的进行，两侧大陆靠近，发生碰撞，边缘发育年轻的造山带，其间残留狭窄的海盆，地中海即处于此阶段；

（6）遗痕期：两侧大陆直接碰撞拼合，海域完全消失，形成年轻造山带，阿尔卑斯 – 喜马拉雅山脉即其代表。

威尔逊认为一个大洋的演化周期可以在 2 亿～3 亿年内完成。这一旋回主宰了地球表层构造活动和演化的全局，在某种程度上，威尔逊旋回可以说是板块构造学说的一个总纲，体现了板块构造学说的精髓。

第3章 海洋资源

海洋资源是海岸带和海洋中一切能供人类利用的天然物质、能量和空间的总称，海洋资源是相对陆地资源而言的。狭义上讲，海洋资源是指形成和存在于海水或海洋中的有关资源，包括海水中生存的生物、溶解于海水中的化学元素、海水波浪和潮汐以及海流所产生的能量和贮存的热量、滨海和大陆架以及深海海底所蕴藏的矿产资源、海水形成的压力差和浓度差等。广义的海洋资源还包括海洋能提供给人们生产、生活和娱乐的一切空间和设施。

海洋资源根据其不同特点而有多种类型的划分。按其属性分为海洋生物资源、海底矿产资源、海水资源、海洋能资源和海洋空间资源，按其有无生命分为海洋生物资源和海洋非生物资源，按其能否再生分为海洋可再生资源和海洋不可再生资源。

3.1 海水资源

海水资源是指海水及海水中存在的可以被人类利用的物质。

3.1.1 海水直接利用

海水总体积约 137 亿立方千米，海水作为资源，一是直接利用；二是海水淡化后使用。海水直接利用就是用海水代替淡水做工业（主要包括海水冷却、海水脱硫、海水回注采油、印染等）、农业（主要包括海水养殖、海水灌溉）、商业和城市生活用水（主要包括冲厕、洗刷、消防、游泳、制冰），以缓解沿海地区淡水资源紧缺的问题。海水淡化就是去除海水中的盐分以获得淡水的工艺过程，也称海水脱盐。海水淡化是唯一能够增加全球淡水总供应量的可靠途径。

1. 海水冷却

海水冷却包括直流冷却和循环冷却，目前以直流冷却为主。海水直流冷却技术已有近百年的发展历史，相关设备、管道防腐和防海洋生物附着的处理技术已经比较成熟。海水循环冷却技术始于 20 世纪 70 年代，目前在美国等国家已开始大规模应用，单机海水循环量达 $152\,200\text{m}^3/\text{h}$。我国近年海水循环冷却技术发展迅速，国家海洋局海水淡化与综合利用研究所"九五"期间完成了 $100\text{m}^3/\text{h}$ 和 $2500\text{m}^3/\text{h}$ 的示范工程，填补了国内有关技术的空白。2011 年，"十一五"国家科技支撑计划"10 万吨级海水循环冷却技术与装备研发"课题通过专家组验收，建成 2 套 10 万 t/h 的海水循环冷却示范工程，建立 3000 t/年海水水处理药剂研发基地并实现批量生产，完成我国首部海水循环冷却技术国家标准——《海水循环冷却水处理设计规范（GB/T 23248—2009）》的编制，这标志着我国 10 万吨级海水循环冷却技术体系初步成形。

目前，全世界海水冷却水量已经超过 $7 \times 10^{11}\text{m}^3$，日本工业冷却水总用量的 60% 为海水，每年高达 $3 \times 10^{11} \mathrm{m}^3$；美国大约 25% 的工业冷却用水直接取自海水，年用量约 $1 \times 10^{11} \mathrm{m}^3$；我国海水冷却水用量每年约 $3.3 \times 10^{10} \mathrm{m}^3$，海水冷却水用量与发达国家相比尚有很大差距。

2. 大生活用海水

大生活用海水，就是将海水作为城市生活用水（主要用海水冲厕）。据统计，把海水作为大生活用水可节约 35% 左右的城市生活用水，具有重要的社会效益和经济效益。我国香港特别行政区利用海水作为居民冲厕用水已有近 50 年的历史，形成了一套完整的处理系统和管理体系。目前香港有 80% 的人口采用海水冲厕，用水量达 $2 \times 10^8 \mathrm{m}^3/$ 年，约占全港日均耗水量的 18%。"九五"期间，我国对海水冲厕的后处理技术进行了研究，列入"十五"国家重大科技攻关和"十一五"国家科技支撑计划的示范工程并在青岛和厦门等地组织实施。其中青岛完成了双星热力厂海水冲厕科技项目，建立了示范工程；在胶南市"隆海·海之韵"住宅小区建设了全国第一个大生活用海水示范工程，每年可节约淡水 $2.8 \times 10^5 \mathrm{m}^3$。

3. 海水脱硫

海水脱硫就是利用海水的天然碱性脱除烟气中的 SO_2。海水脱硫具有工艺简单、系统可靠、脱硫效率高、运行费用低等优点。海水脱硫技术在世界上已经有 40 多年的发展历史，主要以挪威 ALSTOM 的为主流，已在美国、英国、挪威等国家运行。世界上已经投产项目中采用 ALSTOM 技术的占有率达到 80% 以上，其他技术还有德国比绍夫和日本富士化水。中国第一套海水脱硫装置于 1997 年在深圳西部电厂建成，福建后石电厂和青岛发电厂二期都采用海水脱硫。海水脱硫技术适合中国综合技术水平与运行管理水平的要求，在中国推广应用潜力巨大。2006 年，我国自主开发烟气海水脱硫技术实现重要突破，由东方锅炉（集团）公司自主开发建设的国产首台配 30 万千瓦燃煤机组烟气海水脱硫装置投入运行，标志着国内大型燃煤机组海水脱硫环保关键技术和设备国产化实现了零的突破。

4. 海水灌溉

国外用海水大面积灌溉种植作物已取得较好的成果：如沙特早在国家经济第六个发展计划（1995—2000）中就将"海水灌溉农业"置于国民经济的重要位置；以色列及阿尔及利亚等国将海水和淡水以一定的配比混合作为作物灌溉水；美国已培育出用海水灌溉的可作为饲料的海蓬子；印度用海水灌溉 860 万公顷海滨沙丘，收获了 200 万～250 万吨谷物；我国也进行过海蓬子、大米草等耐盐植物的栽培实验，以及虹豆、西红柿和水稻等经济作物和粮食品种的耐盐实验。2012 年，江苏省盐城市"耐海水蔬菜细胞及基因工程培育与海水无土栽培技术"通过国家验收。其海水种植蔬菜面积已达 1000 亩以上，其中海芦笋还获得国家绿色食品发展中心颁发的绿色食品 A 级证书，并进入大超市。海水灌溉农业的发展将有效遏制沙漠化不断侵占耕地的恶劣形势。

3.1.2　海水化学资源

海水化学资源是指海水中溶存的可供开发利用的化学物质。如果将海水中所有盐类都提取出来，平铺在全部海洋的表面（约 $3.6 \times 10^8 \mathrm{km}^2$），则此盐层的厚度将会超过 60m；铺在地球的陆地表面（约 $1.49 \times 10^8 \mathrm{km}^2$），可增高 150m。

根据元素在海水中的含量，可划分为海水常量元素（每千克海水中含量在 1mg 以上的元素）、海水微量元素（每千克海水中含量在 1mg 以下的元素）、海水痕量元素（每千克海水中元素浓度小于 0.05 μmol 的元素）。海水中含有 80 多种元素，可供提取利用的有 50 多种。海洋中铀的储量约 4.2×10^{11} t，较陆地上铀储量多 2000 倍；作为热核能源的锂和氘，海洋中分别含有 2.5×10^{11} t 和 2.37×10^{13} t；作为农业钾肥资源的钾，海洋中储量达 5×10^{14} t 以上。根据测算，海水中含食盐 3.77×10^{6} 亿吨、镁 1800 亿吨、溴 95 亿吨、碘 820 亿吨、金 1500 万吨。限于经济技术条件，现在从海水中主要提取食盐、溴、钾盐、镁、铀、重水和卤水等原料。

海水中镁的质量分数为 0.13%，具有经济开发价值。目前世界镁产量的 60% 来自海水，除大规模的食盐生产外，镁和镁的化合物是海洋化工产品的主要品种。

工业规模海水制镁方法是：由海水中沉淀 $Mg(OH)_2$，转化成 $MgCl_2$，再电解即得金属 Mg 和 Cl_2。

3.1.3 海水淡化

海水淡化是解决淡水资源短缺问题的重要途径之一。2008 年，世界上海水淡化产生的淡水量大约是 5×10^{7} m^3/d，其中中东地区占 55%、美国占 15%、欧洲占 9%、亚洲占 8%。沙特、以色列等中东严重缺水国家 70% 的淡水来自海水淡化。2008 年，中国海水淡化产水量不足 2×10^{5} m^3/d，占世界总量不到千分之三。2011 年，海水淡化产水量迅速增长到 6×10^{5} m^3/d。目前，世界上每年海水淡化市场的成交额已达数百亿美元。据中国膜工业协会预测，世界海水淡化工程合同金额 10 年内将达 800 亿美元。

我国海水淡化研究起步较早，但目前仍处于产业化初级阶段，整体水平与世界相比差距较大。近年来，海水淡化产业发展势头迅猛，沿海地区大型海水淡化装置激增，大多采用反渗透技术。但我国海水淡化设备国产化程度不高，关键设备如反渗透膜、能量回收装置等主要依赖进口，这在一定程度上阻碍了我国海水淡化产业的持续发展。

海水淡化的方法可分为蒸馏法和膜法。蒸馏法主要有：多级闪蒸（MSF）、低温多效蒸馏（LT－MED）和压汽蒸馏（MVC）三种技术，前两种技术主要采用蒸汽作热源，多与电厂结合，抽取透平的乏汽制造蒸馏水。压汽蒸馏技术是利用热泵蒸发技术，它消耗大量电能。膜法主要是指反渗透（RO）技术，它是利用半透膜在压力下允许水透过而使盐分和杂质截留的技术。无论是蒸馏法还是反渗透技术，最主要的费用表现就是能耗。

1872 年，智利出现了世界上第一台太阳能海水淡化装置，日产淡水 2t。1898 年，俄国巴库日产 1230t 的多效蒸发海水淡化工厂投入运转。第二次世界大战期间，由于舰艇和岛屿军事的用水需要，海水淡化的方法、规模和数量都有所发展。20 世纪 50 年代，因工农业发展、人口增长、城市缺水等原因，海水淡化作为开发新水源的一种途径被郑重提出，并获得迅速发展：1954 年电渗析海水淡化装置问世；1957 年，Silver 和 Frankel 发明了闪急蒸馏法，使海水淡化进入了大规模实际应用的新阶段；1960 年，反渗透法从理想变成现实。

海水淡化技术中使用最多的是蒸馏法和反渗透法。2010 年，全世界淡化水产量中，反渗透法（SWRO）占 61%，多级闪蒸法（MSF）占 26%，其余为多效蒸馏（MED）及其他淡化方法。在国内，目前反渗透法占据海水淡化市场份额 67%，处于绝对领先地位。

下面就海水淡化主要方法做一简单介绍。

3.1.3.1　多级闪蒸(MSF)

利用电厂发电余热作为蒸馏法海水淡化的热源，能够使设备造价和基建费用大幅度降低，制水成本降低约50%。蒸馏法中最常用的是多级闪急蒸馏(图3-1)，其原理是在一定压力下，把经过预热的海水加热到某一温度，引入第一个闪蒸室，此室压强较低可使海水急速汽化，即闪急蒸发。产生的蒸汽在热交换管外冷凝成淡水，而留下的海水温度降低到相应的饱和温度。温度降低所放出的湿热，供给为闪蒸所需的汽化潜热。依次将浓海水引入以后各闪蒸室逐级降压，使其再闪急蒸发，再冷凝而得淡水。

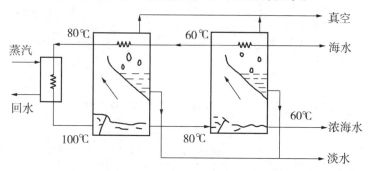

图3-1　多级闪急蒸馏法(MSF)原理

3.1.3.2　反渗透法(SWRO)

海水的渗透压约为2.5MPa，要使海水反渗透，施加于海水的压力必须高于此压力。通常采用的操作压力为海水渗透压的2~4倍。反渗透膜是反渗透法海水淡化的核心部件，它要求透水率和脱盐率高，抗压性能好等，比较成熟的渗透膜主要包括醋酸纤维素膜和芳香聚酰胺膜以及由此发展的高性能复合膜、中空纤维膜等。反渗透装置有内压管式、外压管式、中空纤维式、平板式和螺旋卷式等各种形式(图3-2)。

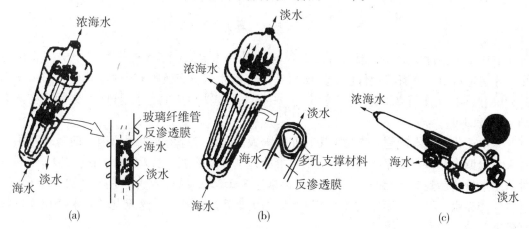

图3-2　反渗透海水淡化装置
(a)内压管式；(b)外压管式；(c)中空纤维式

反渗透法自1953年问世以来，海水淡化工艺发展非常快，到20世纪90年代初，全世界每天用这种方法生产的淡水已经达到4.11×10^6t，仅次于用蒸馏法制取的淡水量。反渗透法最大的优点是节能，其能耗仅为蒸馏法的四十分之一。

3.1.3.3 电渗析法

电渗析法是海水中的离子在直流电场作用下，利用选择性离子交换膜进行海水淡化的方法。图 3-3 为离子交换膜选择性透过示意图，图 3-4 为电渗析法淡化海水示意图。

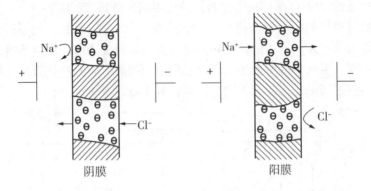

图 3-3 离子交换膜选择性透过示意图

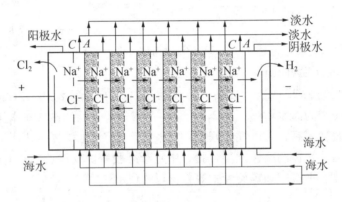

图 3-4 电渗析法淡化海水原理示意图

最初采用惰性半透膜，但电流效率很低。到 20 世纪 50 年代选择性离子交换膜的应用，才使电渗析法具有实用价值。其原理是：选择性离子交换膜有阳膜（只允许阳离子通过）和阴膜（只允许阴离子通过）交替排列，中间衬以隔板（其中有水通过），夹紧后在两端加上电极即可。

海水淡化的成本问题一直是阻碍其在我国大范围推广应用的重要原因，而随着我国近年来水价调整，海水淡化产品水与自来水价的差别大幅缩小。以天津市为例，2012 年居民生活用水价格达到 3.50 元，而工业用水价格达 8.25 元，特种行业更是高达 22.65 元。海水淡化产品水，可以直接进入城市管网系统作为消费水的补充，这无疑是海水淡化得以大规模推广应用的重要前提。

膜法和热法海水淡化厂的成本结构有一定差别，但两种海水淡化厂占成本比重最大的都是能耗和设备投资，其中能耗成本占总成本的一半左右。

就能耗而言，反渗透法（SWRO）的能耗最低，一般总能耗为 4 kWh/m^3，低温多效蒸馏（LT-MED）能耗为 7 kWh/m^3 左右，多级闪蒸（MSF）能耗最大，都要高于 10 kWh/m^3。热法海水淡化系统（MSF 和 MED）需要消耗大量热能，此外还消耗少量电能，而 SWRO 系统只消耗电能。

主要设备投资方面,SWRO 也明显较低,这是因为不同淡化方法对设备的要求不同,热法淡化技术对设备要求更高,尤其是高温运行部分,需要采用热传导好和抗腐蚀的材料,如 Cu - Ni 合金,或是钛合金。MSF、MED、SWRO 淡化设备的镍合金用量分别为48.3、49.2、2.2 kg/(m^3·d),镍含量越高,热传导和抗腐蚀性越好。但 SWRO 的投资受原料海水水质影响,如果原料水质比较差,则需加大对海水预处理设备的投入,从而使其总投资迅速增加。低温多效蒸馏和多级闪蒸相比,前者投资较低,因为低温多效蒸馏的传热系数大、所需传热面积小而所采用的设备加工材料两者基本相同。

多种海水淡化技术的不断发展和完善,为人们提供了更多的选择。MSF 主要适合于大型和超大型淡化装置,其最大单机容量高达 50 000t/d。LT - MED 的规模较小,一般在日产 10^4t 下,单机生产力在 3000t/d 左右。SWRO 法无论大型、中型或小型都适用,但其国产化程度太低,过度依赖进口。如何选择最合适的海水淡化方法,需要根据当地环境、海水状况、能源储备、技术方法和经济利益等多方面综合考虑。

3.2　海洋生物资源

最新的研究估计,全球生物总量在 0.3 亿~1 亿种之间或更多,已知生物门类中的88% 生活在海洋。据初步统计,海洋生物约有 26 万种,其中海洋植物约 10 万种、海洋动物约 16 万种,甚至在深海和海底沉积层中也都有大量的生物种类被发现。海洋生物可分为海洋植物、海洋动物和海洋微生物三大类别。海洋生物资源详见本书第 5 章相关内容。

3.3　海洋石油天然气资源

石油和天然气生成的假说,归纳起来分有机生成说和无机生成说两大流派。无机生成说认为,油、气是由无机物生成的,即在地壳深处的高温高压条件下,由碳和氢元素化合而成的。有机生成说认为,油、气是由有机物生成的,是由生物遗体在适宜环境下转化而成。国内外石油勘探的大量实践表明,有机生成说可以比较好地解释目前发现的油、气田分布规律。世界上绝大多数油气田是在沉积岩中发现的,从研究近代海底和湖底沉积物中发现,其中有机物质正向石油方向转化。同时,还发现油气中含有一种特殊的物质,它是来自动物中的血红素和植物中的叶绿素,从而说明沉积岩中含有丰富的有机质,特别是那些低等的动植物,就是生成油气的原始物质。

据推算,全世界海洋上部 100m 内水层中,仅浮游生物遗体 1 年就有 600 亿吨有机碳,它们迅速被江河带来的物质所掩埋,这些被埋藏的生物遗体与空气隔绝,在缺氧、高温高压和细菌的作用下,慢慢分解变成了分散的石油和天然气并分散在砂岩中,当这些岩层受到各种压力作用而发生变形时,油层中比重较小的石油和天然气受到挤压,向岩层上部逐渐转移富集,形成可开采的油气田。

根据圈闭的形式,海底油气藏可以分为构造油气藏和地层油气藏两大类。世界约有65% 的石油和天然气蕴藏在沿海盆地和大陆架地区的中 - 新生界中,海底油气的 80%~95% 分布在离岸 200 nmile 的范围内,具有含油气远景的沉积盆地面积约与陆上具有含油气远景的沉积盆地面积相当。国外在海上开采油气的主要地区，有中东海湾地区、委内瑞拉马拉开波湖、美国墨西哥湾和加利福尼亚沿海、尼日利亚沿海、澳大利亚巴斯海峡、印度尼西亚沿海、西欧北海和东欧里海等。渤海、东海、南海北部陆架是中国的重要海洋石油、天然气产地。根据相关资料，世界石油极限储量约1万亿吨，可采储量约3000亿吨，其中海底石油约1350亿吨；世界天然气储量255万亿～280万亿立方米，海洋储量约占140万亿立方米。

3.4 天然气水合物资源

1963年，科学家在西伯利亚油气田首次发现了天然气水合物(以甲烷为主要成分，亦称甲烷水合物)。1979年，在美国东海岸的大西洋海域与东太平洋的中美洲海槽也发现存在这样的天然气水合物。

天然气水合物，又称甲烷水合物或可燃冰。它是在低温(-10～28℃)、低高压(1～9mPa)条件下，来自微生物作用或有机质热解而成的气体，如甲烷、乙烷、CO_2等天然气和水分子结合而成的具有笼形结构的冰状结晶物质，90%以上的天然气水合物主要由甲烷构成。除海底外，在多年冻土上层中也有，如西伯利亚和西藏冻土区。一个饱和的甲烷水合物中，甲烷分子和水分子为1:6，而在标准压力条件下，一个单位体积的天然气水合物可以释放出100～200倍这个体积的天然气。海底天然气水合物主要分布在水深大于300m的大陆边缘区沉积物中。迄今为止，已在太平洋、大西洋、印度洋和北冰洋的80多处地方发现天然气水合物产地(见图3-5)，资源储量达$2 \times 10^{16} m^3$。

天然气水合物中有机碳富集，在全球碳循环中起着重要作用。据统计，目前地球上已勘察到的天然气水合物区域中天然气水合物所含有机碳是地球上所有煤、天然气和石油储量总和所含有机碳的2倍。同时，天然气水合物也是斜坡失稳的影响因素之一。

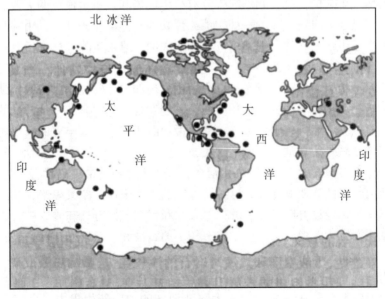

图3-5 全球已发现的天然气水合物分布图

(据 Kvenvolden，1993)

3.5 海洋矿产资源

海底矿产是海底沉积物和海底岩层中矿产的统称。图3-6为大陆-洋中脊综合横切面与矿产示意图，按矿床成因和赋存状况可分为：

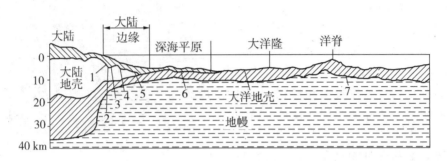

图3-6 大陆-洋中脊综合横切面与矿产示意图

1—重矿物、金刚石、锡、金、贝壳、砂砾石；2—铁、煤；3—石油、天然气、硫；
4—磷灰石；5—锰、铜、钴、镍；6—金属矿；7—沉积物

（1）表层沉积矿产：其在不同分布地区形成不同的矿产，在滨海区，形成各种金属砂矿和非金属材料；在深海区，形成铁锰结核和结壳及多金属硫化物。

（2）基岩中的矿产：主要有铁、煤、硫和石油、天然气、天然气水合物等，主要分布在大陆架和大陆坡。

3.5.1 海底煤田

海底煤田多属陆地煤田延伸到海底的部分，开采海底煤田的国家有中国、英国、加拿大、智利和日本等。中国台湾省基隆西北30km至海底之间的海底煤田已开采很久，河北唐山开滦煤田、山东龙口也有一部分煤层延伸到海底。

3.5.2 海底砂矿

海底砂矿是指在波浪、潮汐、海流等水动力条件下富集于海底疏松沉积物中的矿产，主要由密度较大的稳定矿物组成，如金、钛铁矿、金红石、锆石、独居石、电气石和金刚石等。海底砂矿通常平行海岸呈条带状分布，见图3-7，一般长数千米，更长者可达数百千米。

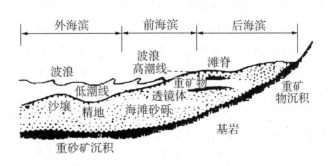

图3-7 海底砂矿沉积剖面

3.5.3 多金属结核

多金属结核，又称锰结核、锰矿球、铁锰结核、锰矿瘤和锰团块等，是沉积于海洋、湖泊底部的黑色团块状铁锰氢氧化物，含铜、镍、钴等多种金属元素，见图3-8。它呈结核状、板状、皮壳状构造，多以贝壳、鱼齿、珊瑚片、岩屑等为核心，构成同心圆状构造。按长度和形状，可分为结核或团块、结皮或结壳、锰斑。其主要矿物是二氧化锰、水钠锰矿、钙锰矿，还有碎屑矿物和有机物以及蛋白石、针铁

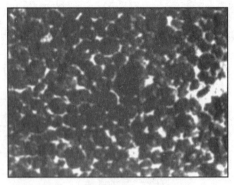

图3-8 深海大洋底多金属结核

矿、金红石、锐钛矿、重晶石、绿高岭石等矿物，平均化学成分为：MnO_2 32%、FeO 22%、SiO_2 19%、H_2O 14%，并含钴、镍、铜、钛、铝、钼、锆、镭、钍等多种元素。主要元素平均含量（干重计）：镍0.66%、铜0.45%、钴0.27%、锰18.6%。锰结核主要分布在太平洋、大西洋和印度洋的水深在2000～6000m的深海底部，而在4500～6000m深度内，随海水深度增加锰含量也增加，铁和钴略有减少。估计太平洋的多金属结核中，锰2000亿吨、铜50亿吨、钴30亿吨、镍90亿吨，是具有开发前景的海底金属矿产资源。通常认为，多金属结核物质来源有大陆或岛弧上的岩石风化；海底火山喷发物、海底温泉；生物供给；海水和间隙水供给。

在赤道北，东太平洋克拉利昂断裂带和克利帕顿断裂带之间，有一条近东西向分布的多金属结核富集带，国际上习惯用这两条断裂带名称的首写字母简称为C-C(Zone Clarion-Clipperton)区，大致位于北纬7°～15°和西经114°～158°。C-C区是太平洋内多金属结核最富集且铜、镍品位最高的富矿区。

3.5.4 海底热液沉积物

海底热液沉积物是由海底热液析出的多金属硫化物以及硫酸盐、铁锰氧化物和氢氧化物的沉积。它们广泛分布于大洋中脊、大洋边缘的火山弧、弧后盆地、板内火山、陆间盆地等的裂谷带，是列于多金属结核、钴结壳之后的第三种新型海底矿产资源。其形成机理是：海水沿洋底扩张裂隙下渗，受浅部岩浆源的加热而驱动上涌，形成热水溶液的对流循环；与此同时，海水与玄武岩发生强烈的水岩相互作用，导致其所含硫酸盐、镁、钠量贫，富集钾、钙、铁、硅、铜、铅、锌及贵金属离子，且具弱酸和还原的反应特性。当其从海底喷发或溢出时，随物理化学环境的变化可相应析出黄铁矿、黄铜矿、黝铜矿、蓝辉铜矿、闪锌矿、方铅矿、磁黄铁矿、重晶石、硬石膏等不同类型的矿物组合，形成黑、白烟筒状或丘状的堆积，最大直径可达数百米，最高可达70m。有时还呈串珠状分布，绵延数千米。喷出口热液温度最高大于350℃，最低也有10～25℃。在其附近，还伴有大量适于高温高压条件下生存的自养生物。研究表明，扩张速率、岩浆源、沉积层厚度、岩石渗

透性、热液温度、热液和岩石的体积比，是影响热液成矿规模和地球化学组成的重要因素。

多金属软泥，又称重金属泥，是海底富含铁、锰、锌、铜、铅、银、金等金属元素的一种软泥。最初发现于红海地区，随后在东太平洋洋隆顶部也有发现。红海软泥中估计金属储量为铁 2.43×10^7 t、锌 2.9×10^6 t、铜 1.06×10^6 t、铅 0.8×10^5 t、银 4.5×10^3 t、金 45t。一般认为，其重金属来源与裂谷中溢出的岩浆后期热液有关。

海底烟囱，又称海底烟筒，是在大洋中脊或弧后盆地扩张中心的热液作用过程中，由于热液与周围冷的海水相互作用，使热液喷出口附近形成几米至几十米高的羽状固体－液体物质柱子，形似烟囱而得名。因组分和温度差异，可形成黑、白两种不同的烟囱，通常海水温度达 $300 \sim 400$℃时形成黑烟囱，是暗色硫化物矿物堆积所致，主要矿物有磁黄铁矿、闪锌矿和黄铜矿；而温度为 $100 \sim 300$℃时，形成白烟囱，主要由硫酸盐矿物和二氧化硅组成，在烟囱附近散落有暗色硫化物和硫酸盐矿物并形成基地小丘、分散小丘等。海底烟囱附近水温达 300℃以上，压力也非常大，但其周围生长有许多奇特的蠕虫、贝类生物群体，似白烟雪球，它们有时会消失得无影无踪，可能与热液喷口周围温度及物质变化有关，这种现象，被认为是当代生物学的奇迹。

3.5.5 磷钙土

磷钙土，又称磷块岩，是产于海底的磷酸盐自生沉积物，主要由碳氟磷灰石、氯磷灰石、羟磷灰石和氟磷灰石等磷灰石类矿物组成，P_2O_5 含量通常高于 18%。常呈结核状或粒状，分布于水深小于 1000m 的岸外浅滩、浅海陆架、陆坡上部、边缘台地和海山或海台上，是在上升流强盛的厌氧环境中经生物化学过程沉淀而成，见图 3-9。

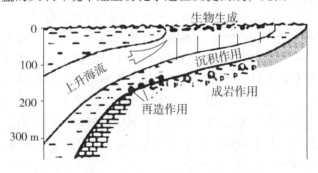

图 3-9 大陆架上现代磷块岩形成机制

3.6 海洋能资源

海洋能是指海水所具有的潮汐能、波浪能、海（潮）流能、温差能、盐度差能、生物能等可再生自然能源的总称。海洋能密度小是其缺点，但海洋能总量大。海面上空的太阳热能约为 1.4 kW/$(m^3 \cdot h)$，海洋面积约为地球表面的 71%。因此，太阳热能的三分之二以热的形式留于海上，其余则形成蒸发、对流和降雨等自然现象。早在公元十世纪已经出现"潮汐磨坊"。但海洋能的利用发展缓慢，直到 20 世纪 70 年代，由于能源短缺，特别是石油消耗已经成为世界性大问题，人们开始认识到开发新能源已经刻不容缓。作为新能源，除了核能和太阳能外，海洋能日益受到重视。下面对主要海洋能资源做简单介绍。

3.6.1 海洋风能

海洋上的风能比陆地大，且较稳定。地球周围的大气不停地运动，海风是其中的一部分。海洋风能的利用在技术上已经比较成熟。风能发电船上装置风力发电机，用风力来驱动发电。风力发电机一般由风轮、机头、机尾、回转体和塔架组成。塔架安装在船上，便成为风能发电船。由于船舶可任意移动，对沿海偏僻地区，特别是沿海岛屿及进行海岸工程开发的地区采用风能发电船是很合适的。

风能发电船存在的主要问题一是如何系泊，二是如何将电能输送到陆地，如何利用台风能，是特别值得研究的。

3.6.2 波浪能

波浪能的大小可以用波浪力来表示。一般用每米波前（即波浪正面宽带一米）的功率来表示波浪力的大小，通常也称为波浪能的能级。波浪力的大小主要取决于波高与波浪周期。通常，当波高为 1m，波浪周期为 9s 时，1m 波前宽度的波浪力可产生 4.5kW 的功率；当波高为 2m，波浪周期为 9s 时，1m 波前宽度的波浪力可产生 18kW 的功率；当波高为 10m，波浪周期为 12s 时，1m 波前宽度的波浪可产生 600kW 的功率。一般海水波高为 2～4m，波浪周期为 9～10s，波浪能的能级为 20～80kW。我国渤海湾外的波浪能级平均为 42kW/m。波浪能是一种巨大的能源，整个海洋的波浪能储量在几十亿～几百亿千瓦。波浪能来源于太阳能，是可以由太阳能不断补充的一种可再生能源。

由于波浪力具有力量强、速度慢、周期性变化等特点，对其利用尚有不少困难需要克服。例如，波浪能是一种散布在海面上的密度低又不稳定的能源，要对其进行利用，必须先对其进行收集。虽然波浪具有巨大的力量，但波浪的水质点的运动速度很低，由波浪形成的水头，一般只有 2～3m，不能用来直接驱动发动机。因此，要求波浪发电装置能够充分吸收分散在海面上大面积的波浪能，并转换成集中的能量，以驱动发动机、带动发电机发电。还有，波浪力发电装置经常处在十分恶劣的环境中运转，故要求装置的外部与内部结构都能适应恶劣的海况环境。

按设置地点，波浪力发电装置可分为海岸式和海洋式两大类别。

海岸式波浪力发电装置包括：

（1）气压型波浪力发电装置：在海岸岩石上开凿出一个与大海相通的竖井。当海浪起伏时，竖井内的水位随着上下升降，压出或吸入空气，形成一股高速气流带动空气涡轮机旋转，从而使发电机发电。

（2）蓄水型波浪力发电装置：在距离岸边不远的海底铺设水平板，使海浪"聚焦"，以增加波高的方法，迫使波浪涌进岸边高处的蓄水池，再从蓄水池引出高水头的水流冲击水轮机转动，带动发电机发电。这个设想尚在研究阶段。

海洋波浪力发电装置的特点是整个装置完全放在海中，随着波浪的起伏，使装置吸收波浪能而做功发电。其具体装置包括：

(1)浮体式波浪力发电装置：其基本结构是在一个浮体的中心固定一根长管，垂向放在海中。当波浪起伏时，浮体与长管一起升降运动，而管内的水位则保持不变，从而造成管内上部空间空气的吸入与挤出，形成高速气流以驱动空气涡轮机，带动发电机发电。该装置的发电容量较小，为几瓦到几百瓦，其结构简单，运行稳定，可作为港湾浮标灯、灯塔、波高仪、温度计、地震仪等海洋观测仪器的电源。

(2)气袋式波浪力发电装置：该装置为一根柔性长管，由软隔膜把长管分隔成若干个小室，小室内充满空气，其底面有一条狭缝，与一根相同长度的矩形预应力混凝土梁相接，并使之封闭。矩形梁内有上下两个气道，分别为低压气道和高压气道，两个气道与各小室通过单向阀各自相通。矩形梁中部设有空气涡轮机与发电机室。据估计，该装置每米长度可发出 5 ~ 6kW 功率的电力，气袋长度可根据发电需要而增减。

(3)活塞式波浪力发电装置：该装置为一个大圆桶，底部开孔与海水相通，桶中部设一成整体的大小活塞。小活塞上部的空腔经单向阀、管道，与蓄水屿相通，再经单向阀与水轮机的尾水室相通，蓄水柜有活塞与压缩空气。

(4)点头鸭式波浪力发电装置：该装置外形犹如鸭子的身体，浮于海面，在波浪冲击下，上下摇荡，像鸭子在水面点头，因此得名。一串鸭体安装在一根刚性轴的脊椎骨上，轴与轴之间用三向挠性接头连接，形成一根半柔性的脊柱，使诸鸭体既连成一串，又能使每个鸭体单独随波转动。根据实验，鸭体直径为波长的八分之一时，鸭体吸收波浪能的效率可以达到 80% ~ 90%。鸭体随波浪起伏而摇荡，带动内部的花键泵转动，压出高压油流，高压油驱动油马达旋转，油马达再带动发电机而发电。

⑤整流式波浪力发电装置：该装置由盒形结构组成，具有高位水池、低位水池、单向阀、水轮发电机组等，其利用波高形成的水头，并无放大作用，每年的平均发电功率为 5kW/m。

(6)潜水式波浪力发电装置：该装置有个静止的潜水管，管内装有一定量的水，使波浪经过管子时因静水头变化而激发谐振，并使方向杂乱的波浪经装置变成单向的波向，然后流向低水头的水轮机，带动发电机发电。

1991 年，世界第一座波浪发电装置在法国建成，利用波浪的垂直运动压缩空气，推动空气透平，获得 1kW 电力输出，供给住户照明用电。据估计，全世界海洋中可开发利用的波浪能为 $(27 ~ 30) \times 10^8 kW$，中国近海波浪能的蕴藏量约 $1.5 \times 10^8 kW$，可开发利用量为 $(3000 ~ 3500) \times 10^4 kW$。

3.6.3 潮汐能

潮水涨落过程中蕴藏着巨大的能量，即潮汐能。据估计，海洋潮汐的储量至少有十亿千瓦，潮汐能大部分集中在沿海，便于开发利用。开发潮汐能的基本途径是建立潮汐发电站，在潮汐发达、潮差大、地形条件好的海湾或河口，构筑大坝，使之与海洋隔开，筑成水库，利用涨潮与落潮在水库内外形成一定的水位差——水头，使具有一定水头的潮水冲击安装在大坝内的水轮机，使之旋转带动发电机发电。潮水流动的特点是随着潮水的涨落而周期性变换方向，因此潮汐发电站有多种型式。

1913 年，世界上第一座潮汐发电站在法国诺德斯特兰德岛建成，利用海洋潮汐涨落时产生的水流带动水轮机旋转，并带动发电机发电。据估计，世界海洋潮汐能达 $3.0 \times 10^9 kW$，可供发电约 260 亿度。中国潮汐能蕴藏量为 $1.1 \times 10^8 kW$，可开发利用量约 $2.1 \times 10^7 kW$，每年可发电 580 亿度。

朗斯潮汐发电站是世界上第一座现代化的大型商业用的潮汐发电站，位于法国圣马洛市附近，建在拉芒什海峡（即英吉利海峡）的朗斯河口。那里地形奇特，潮汐能量十分可观，海潮有时高达 13.5m，而且河口处狭窄，为建造电站提供了条件。为建造这座电站，法国政府进行了 25 年的研究和设计。1961 年初开始破土动工，1966 年第一台机组发电。1967 年底，总装机容量达 $2.4 \times 10^6 kW$ 的 24 台机组全部投入使用。当时的法国总统戴高乐将军曾前往主持落成典礼。电站大坝长 750m，围成的水库狭长，有效蓄水量为 $1.84 \times 10^8 m^3$。大坝的东段长 115m，安装着 6 个巨大的阀门，涨潮时进水量达 $9600 m^3/s$。大坝中段长 390m，是电站的主要部分，安装着 24 台各 $10^5 kW$ 的涡轮发电机组以及变压器和控制室。其球形涡轮发电机在涨潮、退潮时都可运转发电，也是世界上少有的。在大坝两岸水位持平时，还可用潮汐发的电来抽水增大库容，以便增大落差，发出更多的电。这座电站每年可发电 5.44 亿度，全部工作人员只有 55 人。

到目前为止，我国正在运行发电的潮汐电站共有 8 座，下面重点介绍江夏潮汐发电站和白沙口潮汐发电站。

中国第一座双向潮汐电站位于浙江省温岭市乐清湾北端江厦港。1980 年 5 月第一台机组投产发电。电站设计安装 6 台 500kW 双向灯泡贯流式水轮发电机组，总装机容量 3000kW，可昼夜发电 14～15h，每年可向电网提供 1000 多万千瓦时电能。乐清湾最大潮差 8.39m，平均潮差 5.08m。江厦港为封闭式海港，港口筑高 15.5m 的粘土心墙堆石坝，形成一座港湾水库，总库容 $4.9 \times 10^6 m^3$，发电有效库容 $2.7 \times 10^6 m^3$。电站建筑物有堤坝、水闸、发电厂房和升压站各一座。堤坝为粘土心墙堆石坝，在海中抛石、土而成。坝基为饱和海涂淤泥质粘土，层厚 46m。堤坝全长 670m，最大坝高 15.1m。

1970 年 10 月，白沙口潮汐发电站建设方案获批准，时任济南军区司令员的杨得志任电站建设领导小组名誉组长。白沙口潮汐发电站是中国北方唯一、全国第二大潮汐发电站。该电站总装机 960kW，年发电量 230 万度。白沙口海湾面积约 $3.2 km^2$，白沙口潮汐发电站的蓄水大坝全长 704m、顶宽 9m、底宽 36.5m、高 5.5m。一坝多用，发电、交通、养殖、航运、观光，方方面面都受益。除水轮机的个别导叶因海蚀更换过外，白沙口潮汐发电站的主体设备还是 20 世纪七八十年代的产品，显示了我国在潮汐发电设备研制方面的实力。受水文条件限制，白沙口潮汐电站并不是每天 24h 都能发电。每年 5～10 月大潮期，库容能达 $2.4 \times 10^6 m^3$，每台发电机一天可运行 9～10h，11 月至来年 3 月枯潮期，库容为 $1.2 \times 10^6 m^3$，发电机一天运行 4～5h，3～4 月中潮期，库容为 $1.7 \times 10^6 m^3$，发电机一天运行 6～7h。潮汐发电的优势在于成本低、不占用农田、不用移民，而且环保，发出来的电绝对是"无公害电"，每度电的成本只有火电的八分之一。

3.6.4　海洋温差能

海洋接受的太阳能，按平均功率计，约为 60 万亿千瓦以上；按热量计，为每秒 14 万亿千卡，相当于 200 万吨优质煤燃烧释放出的全部热量。若取其千分之一，即 600 亿千瓦，相当于全世界 3000 年的全部能源需要。如果把表层海水的温度降低 1℃，则可得到 600 亿千瓦的功率。

海洋温差起因于太阳辐射能入射于海水时，被约有 10m 厚度的表层海水所吸收，从而使表层海水温度上升，在表层海水与深层海水之间形成约 20℃ 的温差。海水温差是指表层海水与深层海水之间的温度差。太阳辐射是影响海水温度的决定因素，在赤道附近的低纬度海域，由于太阳光直射，海水温度较高，表层海水温度终年都在 25℃ 以上。随着纬度增加，太阳光照射偏斜，表层海水温度也逐渐降低，到两极地区的表层海水温度保持在 −1～4℃。海面水温在昼夜间温度的变化幅度一般不超过 2℃。海水温度随水深的增加而降低。海水在垂向运动较小，故表层海水吸收的太阳能，难以通过海水运动传到海水深层，故深层海水温度比较低。

海洋不同水层之间的温差很大，热带海域的表层海水温度在 27℃ 左右，海洋深层(750～900m) 的温度约 4℃，利用海水的温差可进行发电。其原理是温水流入蒸发室后，在低压下海水沸腾变为流动蒸汽或丙烷等蒸发气体作为流体，推动透平机旋转，启动交流电机发电；用过的废蒸气进入冷凝室被海洋深层水冷却凝结，再进行循环。据估算，海洋温差能约 $1.5 \times 10^8 kW$。

图 3−10 是海洋温差发电示意图。目前世界上最具有代表性的海洋温差发电装置是美国夏威夷建立的海洋温差发电试验装置。该电站采用朗肯闭式循环系统，安装在一艘重 268t 的驳船上，发电机组的额定功率为 53.6kW，实际输出功率为 50kW，采用聚乙烯制成的冷水管深入海底，长达 663m，管径 0.6m，冷水温度 7℃，表层海水温度 28℃。所发出的电可用来供给岛上的车站、码头和部分企业照明。

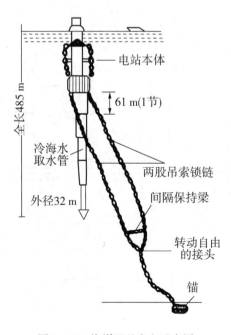

图 3−10　海洋温差发电示意图

3.6.5 海洋生物能(光合能)

据统计,地球上生物的生产能力每年约达 1540 亿吨,其中 88% 来自海洋,特别是海洋中生长的单细胞藻类,数量极大。通过藻类发酵,可以得到甲烷和氢气。美国加利福尼亚州巨藻每日可生长约 60cm,最终可长到 60m 左右。

3.6.6 盐度差能

在淡水与海水之间有着很大的渗透压力差,一般海水含盐为 3.5% 时,其与河水之间的化学电位差有相当于 240m 水头差的能量密度。在死海,淡水与咸水间的渗透压力相当于 5000m 的水头。从理论上讲,如果这个压力差能利用起来,从河流流入海中的每立方英尺* 的淡水可发 0.65kW·h 的电。一条流量为 1m/s 的河流的发电输出功率可达 2340 kW。从原理上来说,这种水位差可以利用半透膜在盐水和淡水交接处实现。如果在这一过程中盐度不降低的话,产生的渗透压力足以将盐水水面提高 240m,利用这一水位差可以直接由水轮发电机提取能量。如果用很有效的装置来提取世界上所有河流的这种能量,那么可以获得约 2.6TW 的电力。

盐度差发电也可称为渗透压发电。所需水头,不像水电站采用拦河大坝、堵塞水流通路形成,而是通过在海水与河水之间设置半透膜产生的渗透压形成。如图 3-11 所示,在渗透压作用下,水塔中水位逐渐升高,一直升到两边压力相等为止。如果在水塔顶端安装一根水平导管,海水就会从导管中喷射出来,冲动水轮机叶片转动,进而带动发电机发电。

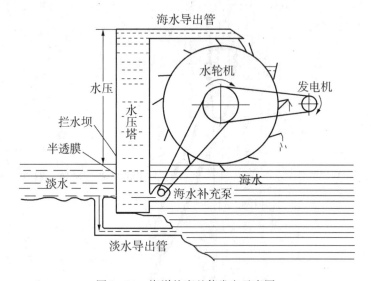

图 3-11 海洋盐度差能发电示意图

---

* 立方英尺为非法定计量单位,1 立方英尺等于 0.028 317 立方米。

3.6.7　潮流能

潮流能是海洋能中的一种，指海水流动的动能，主要是指海底水道和海峡中较为稳定的流动以及由于潮汐导致的有规律的海水流动。潮流能的能量与流速的平方和流量成正比。相对波浪能而言，潮流能的变化要平稳且有规律得多，潮流能随潮汐的涨落每天 2 次改变大小和方向。一般说来，最大流速在 2m/s 以上的水道，均有实际开发的价值。海洋能的储量，按粗略的估计，全球潮流能蕴藏量约 50 亿千瓦，风能约 10 亿千瓦，波浪能约 25 亿千瓦，可见如果充分开发利用潮流能，对国家能源需求将有重大意义。相比于潮汐能发电转换技术，潮流能还不是很成熟。但是随着国家政策的支持和引导，海洋可再生能源的利用取得了长远的发展，海洋潮流能发电装置的结构多种多样，发电效率、装机容量呈现出高效率、大容量的发展趋势。

3.7　海洋空间资源

海洋空间资源是指与海洋开发有关的海岸、海上、海中和海底空间的总称。海洋空间资源是指可供人类利用的海洋所在地球表层的三维立体空间，由一个巨大的连续盐水水体及其上覆的大气圈空间和下伏的海底空间三大部分组成，海洋空间在二维平面上的面积 3.61 亿平方千米，占据地球表面积的 70.8%。在垂向上，有平均 3800m 深的水体空间。海洋空间资源是海洋资源的重要组成部分，它为工业、农业、军事、交通运输、旅游等多个领域提供了物质条件及载体，逐渐成为人类生产生活所依赖的重要资源。

目前可供人类开发利用的海洋空间资源按其空间位置可以划分为：海岸与海岛空间资源、海洋表面空间资源、海洋水层空间资源、海底空间资源等。

海洋空间资源的开发利用有许多方式。交通运输的港口、航线和海底隧道，渔业生产的捕捞和养殖，海洋旅游观光，人工岛等海上建筑，海洋空间资源的开发利用正逐渐渗透到人类生产生活的各个方面。

3.8　海洋旅游资源

海洋旅游资源是指在海滨、海岛和海洋中，具有开展观光、游览、休闲、娱乐、度假和体育运动等活动的海洋自然景观和人文景观。

第4章 海水的物理化学特性

海水是一种含有多种溶解盐的溶液，海水的组分基本可分为三类：溶解组分，如盐类、有机化合物和气体；气泡；不溶性的无机和有机固体。其中溶解的盐类离子和水分子之间、离子与离子之间、离子与有机化合物之间、离子与气泡和具有活泼表面的无机颗粒之间都存在着强烈的相互作用，并深刻影响着海水的物理化学特性。

4.1 海水的主要成分

水分子(H_2O)是由一个氧原子和两个氢原子组成的极性分子，水作为一种无机物，常温常压下是无色无味的透明液体。海水是存在于海洋中的具有盐分的天然水，占地球水量的97.2%，含有多种化学组分。除氢和氧外，每千克海水中含量超过 1mg 的元素有氯、钠、镁、硫、钙、钾、溴、锶、硼、碳、氟 11 种，它们的含量占海水全部元素含量的99.8%～99.9%，称为海水主要元素；其余 60 多种元素的含量在 1mg 或 1mg 以下，称为海水微量元素。在微量元素中，氮、磷、硅等的盐类为海洋生物供给营养，称为"营养元素"。海盐由30.7%的 Na^+、1.2%的 Ca^{2+}、1.1%的 K^+ 等主要阳离子和55.1%的 Cl^-、7.7%的 SO_4^{2-} 等阴离子组成。海水中可以提取钾、铀等元素，也可以制盐、溴、镁。还可通过海水淡化技术制取大量淡水。

海水化学组成的特点：

(1)海水中常量元素占总量的99%以上。即使以钠、镁、氯、硫酸根计也占总量的97%以上。因此，一种最简单的人工海水就是由"氯化钠 + 硫酸镁"配制而成。

(2)海水呈电中性。海水中正、负离子的浓度相等。

(3)海水中主要成分(Mg^{2+}、Ca^{2+}、Na^+、K^+、Cl^-、SO_4^{2-} 等)含量比值恒定。

(4)海水化学组成主要由下述原理调节：①元素全球变化和循环原理；②化学平衡原理和酸 – 碱作用、沉淀 – 溶解作用、氧化 – 还原作用、络合作用、界面作用(液 – 气、液 – 固、气 – 固)；元素海洋生物地球化学的过程、反应和生态原理。

(5)海水的 pH 值是 8.0 左右，近似中性。海水的主要成分 H^+、Na^+、K^+、Ca^{2+}、Mg^{2+}、Cl^-、SO_4^{2-}、PO_4^{3-}、CO_3^{2-}、F^- 等，它们与海底沉积物中的矿物相平衡，海水中元素的浓度由这种平衡关系所决定，同时使海水的 pH 值是 8.0 左右。

海水 CO_2 体系也对决定海水 pH 值起关键作用，海水中与之相关的化学平衡主要有：

$$H_2O + CO_2(aq) \Longrightarrow H_2CO_3 \Longrightarrow H^+ + HCO_3^- \Longrightarrow 2H^+ + CO_3^{2-}$$

$$Ca^{2+} + CO_3^{2-} \Longrightarrow CaCO_3$$

$$Mg^{2+} + CO_3^{2-} \Longrightarrow MgCO_3$$

$$Ca^{2+} + HCO_3^- \Longrightarrow CaHCO_3^+$$

$$Mg^{2+} + HCO_3^- \Longrightarrow MgHCO_3^+$$

$$Na^+ + HCO_3^- \Longrightarrow NaHCO_3$$

影响海水化学组成的因素，可以从化学平衡和化学动力学的角度进行探讨。也可以从海洋生物地球化学的角度来讨论，它考虑海洋中生物的作用，以海洋为中心，同时与大陆和大气紧密联系，全面考虑"海－陆－空"体系中发生的一切化学过程和规律。向海洋输入物质的来源主要有河流、大气、海底热液等：

（1）经河流输入：河流对海洋化学组成的影响十分复杂，包括对常量元素和微量元素的影响。因为世界上不同河川中溶解元素的含量各不相同，因此进入太平洋、大西洋、印度洋和北冰洋的元素的量也就各不相同。河水中除元素的溶解态之外，同时存在悬浮颗粒或悬浮沉积物。目前，河流中污染物的输入对海水化学组成的影响日益受到人们的重视。

（2）通过大气输入：物质通过大气转运到海洋是海洋中物质的又一重要来源，其中通过海洋气溶胶则是一种重要途径。

（3）来自海洋底部的热液输入：海底热液的组成不仅与标准海水的组成有明显差异，而且因其由洋底喷出后在与海水混合过程中的氧化－还原作用、酸－碱作用和物质浓度的显著变化，已引起人们的浓厚兴趣。

4.2　海水中的放射性同位素

4.2.1　放射性元素

具有一定核电荷数（等于核内质子数）的原子称为一种元素。具有一定质子数和一定中子数的原子称为一种核素。已知核素的品种超过 2000 种。有两类核素：一类是稳定核素，它们的原子核是稳定的；另一类是放射性核素，它们的原子核不稳定，会自发释放出某些亚原子微粒（α 射线、β 射线等）而转变为另一种核素。在自然界，有的元素只有一种稳定核素，称为单核素元素，有的元素有几种稳定核素，称为多核素元素。通常用元素符号左上下角添加数字作为核素符号，如 $^{16}_{8}O$。核素符号左下角数字是该核素的原子核里的质子数，左上角数字称为该核素的质量数，即核内质子数和中子数之和。

具有相同核电荷数、不同中子数的核素属于同一种元素，在元素周期表中占据同一个位置，互称同位素。大多数同位素的符号借用核素符号，也可以省略核素符号左下角的质子数（从元素符号可以推知质子数）。例如，氧有 3 种稳定同位素——^{16}O、^{17}O、^{18}O。但由于历史原因，氢的 3 种同位素有时不用 ^1H、^2H、^3H 而用 H、D、T 表示，中文名字为氢、氘、氚。

放射性元素发现是 19 世纪末 20 世纪初物理学发生巨大变革的基础。最早发现具有放射性的元素是铀，并将铀释放的射线称为"铀射线"。1897 年居里夫人正确预言，原子核释放射线是一种十分普遍的现象，遂将铀射线改成放射性。以后研究证明，原子序数大于 83 的所有元素都具有放射性，它们不存在不释放射线的稳定同位素，射线来自原子核，释放射线的同时，原子核发生蜕变，从一种核素变成另一种核素，是放射性元素。原子序数小于 83 的元素也有 2 个放射性元素，它们是 43 号元素锝（Tc）和 61 号元素钷（Pm），都是人工合成元素。此外，稳定元素也可以有放射性同位素，如碳－14 是碳的放射性同位素。1899 年，卢瑟福用实验证明放射性核素释放的射线有三种不同的组成，分别称为 α 射线、β 射线和 γ 射线，并于 1903 年证明，它们分别是高速运动的 ^4He 核、电子和短波电磁波。

常用的描述辐射强度和剂量的量和单位如下:

1. 放射性活度

放射性活度是表示放射性元素或同位素每秒衰变的原子数,单位是贝克勒尔,简称贝可(Bq),这是为了纪念100多年前首次发现天然放射性物质的法国科学家贝克勒尔。1Bq 的定义是每秒钟有一个原子核发生核衰变。

2. 吸收剂量

吸收剂量是最基本的剂量学的物理量,是指射线与物体发生相互作用时,单位质量的物体所吸收的辐射能量的度量。单位是戈瑞(Gray,Gy),$1Gy = 1J/kg$。可以看出,吸收剂量是一个描述物质吸收辐射能量大小的量。空气吸收剂量率是指单位时间内单位质量的物体所吸收的辐射能量的度量,单位是 Gy/h。

3. 有效剂量

为了描述辐射所致机体健康危害的大小,定量地评价辐射照射有可能导致的风险的大小,在辐射防护评价中,人为地引入了有效剂量的概念。有效剂量的单位是希沃特(Sivert,Sv),是以瑞典著名的核物理学家希沃特的名字命名的。希沃特是个量值很大的单位,在实际应用中,通常更多地使用毫希沃特(mSv)或微希沃特(μSv):

$$1Sv = 1000mSv;\quad 1mSv = 1000\mu Sv。$$

普通公众每年受到天然本底辐射的有效剂量为 2.4mSv(世界平均值)。

4.2.2　海洋的放射性同位素分类

海洋环境中存在的放射性同位素可分为三类:

第一类,半衰期很长的天然放射核及其短寿命的子体,前者是星球形成以来就存留下来的,后者由其母体的衰变而不断得到补充。

第二类,半衰期较短的天然放射核,它们是不断由大气中的宇宙辐射等过程形成的。

第三类,由于人工污染而产生的人工放射核。

海洋的放射性来源于天然放射性核素和人工放射性核素。海洋的天然放射性主要是由 ^{40}K 提供的,它占海水总放射性的90%以上。^{40}K 借 β 发射和 K – 电子俘获进行蜕变,产生蜕变产物 ^{40}Ca 和 ^{40}Ar。

4.2.3　海洋中的天然放射性核素

天然放射性核素由三部分组成:

4.2.3.1　三大天然放射系

海水中,目前已发现 U、Pa、Th、Ac、Ra、Fr、Rn、Po、Bi、Pb、TI 等11种元素计38种核素,它们属于铀系、锕系、钍系三大天然放射系,其中钍就有 ^{227}Th、^{228}Th、^{230}Th、^{231}Th、^{232}Th、^{234}Th 六种。

4.2.3.2　宇宙射线与大气元素或其他物质作用的产物

目前,已知这些产物有 ^{3}H、^{7}Be、^{14}C、^{26}Al、^{32}Si、^{32}P、^{33}P、^{35}S、^{35}Cl、^{37}Cl、^{39}Ar 等,其中 ^{3}H、^{14}C 是由下列作用而产生的:

$$^{14}N + {}^{1}n \rightarrow {}^{12}C + {}^{3}H$$
$$^{14}N + {}^{1}n \rightarrow {}^{14}C + {}^{1}p$$

中子来源于大气中 N_2 与 O_2 在宇宙射线作用下，原子核发生裂变而产生。宇宙射线是一种高速质子流。由于这种作用，全球储存的氚已达 3.5 kg，储存的 ^{14}C 已达 75 t。

4.2.3.3 海洋中不成系的长寿命放射性核素

主要有 ^{179}Lu、^{147}Sm、^{138}La、^{87}Rb、^{68}Ga、^{40}K 等，其浓度在 $10^{-4} \sim 10^{-12}$ g/L 之间，半衰期长达 $10^{9} \sim 10^{16}$ 年。

4.2.4 人工放射性核素

主要来源有：

4.2.4.1 核武器爆炸

核爆炸给大气、海洋、土壤带来严重的放射性污染，其产生的放射性核素来源于裂变产物、活化产物和残余物。

裂变产物是指 ^{235}U、^{239}Pu 分裂所形成的放射性碎片，裂变产物主要有 ^{89}Sr、^{90}Sr、^{90}Y、^{95}Zr、^{95}Nb、^{103}Ru、^{106}Ru、^{131}I、^{137}Cs、^{140}Ba、^{141}Ce、^{144}Ce 等。

活化产物是指核爆炸时生成的大量中子与空气、弹壳、土壤等物质发生核反应所产生的放射性核素。主要有 ^{32}P、^{35}S、^{51}Cr、^{54}Mn、^{55}Fe、^{59}Fe、^{57}Co、^{58}Co、^{60}Co、^{65}Zn、^{14}C、^{3}H 等。如进行水下核爆炸，产生的活化产物有 ^{35}Cl、^{45}Ca、^{35}S、^{82}Br、^{24}Na、^{27}Mg、^{42}K 等。

残余物是指由于核反应不完全而剩余的放射性核燃料。

空中核爆炸产生大量放射性降落灰(尘埃)，这些降落灰进入海洋，是人工放射性核素的来源之一，最重要的降落灰元素有：^{90}Sr、^{137}Cs、^{55}Fe，其次是 ^{65}Zn、^{60}Co、$^{95}Zr - {}^{95}Nb$、$^{103}Ru - {}^{103}Rh$、$^{106}Ru - {}^{106}Rh$、^{141}Ce、^{144}Ce 等。

4.2.4.2 核动力舰船和原子能工厂排放的放射性废物

核潜艇开动后能产生多种放射性废物，包括放射性液体、树脂及固体废物等。主要有用过的燃料元件内的裂变产物和初级冷却剂中的腐蚀物，这些腐蚀物被中子活化而生成放射性的活化产物。另外，还包括为净化放射性冷却剂而使用的离子交换树脂等。在核潜艇反应堆冷却水中就含有 ^{18}F、^{24}Na、^{51}Cr、^{66}Mn、^{60}Co、^{65}Ni、^{89}Sr、^{90}Sr、^{131}I、^{137}Cs、^{140}Ba、^{144}Ce 等放射性核素。

目前，全世界有近五百座核电站，约有一半在海边，其排放的放射性废物也是构成海洋核污染的重要来源。

4.2.4.3 高水平固体放射性废物向海洋的投放

1946 年以来，美国等核大国向太平洋等海域投放数以万计各种类型装有放射性废物的包装容器，估计放射性活度达 1.5×10^{4} Ci。这些海底储罐一旦破裂，高水平的放射性废物即能直接污染大片海域，因为深海海水也在运动，其铅直交换速度也相当快，且深海还有生物，这些生物也能做一定距离的铅直运动，它们能成为放射性核素的运载者。

4.2.4.4 放射性核素的应用和事故

放射性核素在医学、科研上的应用日益广泛，在太空航行器、同位素能源发生器中都能应用放射性材料，这些都有可能造成环境放射性污染；核潜艇、卫星和火箭失事是导致海洋核污染的原因之一，核潜艇的反应堆有上百万居里放射性物质，一旦反应堆外壳破裂、泄露，所造成的核污染将会十分严重。

4.3　海水中的气体

海水中除了含有大量的无机物和有机物外，还溶解了 O_2、CO_2 和 N_2 等气体，研究这些溶解气体的来源和分布对了解海洋中各种物理和化学过程起着重要作用。氧是海洋学中研究得最早、最广泛的一种气体，它在深海中的分布与海水运动有关，通过氧的分布特征可以了解海水的物理过程，如水团的划分和年龄以及运动速度等。同时，海水中溶解氧含量与海洋生物活动有关，海洋植物的光合作用放出 O_2、呼吸作用消耗 O_2。根据海水 O_2 含量可以推测生物的活动状况等。海洋中除 O_2 和 CO_2 会参与海水中的化学和生物反应外，还有一些气体不参与海水的化学和生物反应，如 N_2、Ar 等惰性气体。这些气体在海洋中的行为和分布有助于了解海 – 空界面的物理过程，以及深入了解氦经由海底的放射核素输入的过程。海水中存在的 CH_4、CO 等微量气体，可以帮助估算这些气体的全球循环过程。除此之外，海水中溶解的 ^{222}Rn、^3He 放射性气体既可以研究海 – 空界面的气体交换，同时也可以作为海水运动的气体指示剂。

4.3.1　大气组成

大气的主要成分包括 N_2(78.08%)、O_2(20.95%)、Ar(0.934%)和 CO_2(0.0314%)，这里的百分比为体积分数。此外，几种稀有气体：He(5.24×10^{-4})、Ne(1.81×10^{-3})、Kr(1.14×10^{-4})、Xe(8.7×10^6)的含量相对较高，上述气体约占空气总量的 99.9% 以上。而水在大气中的含量是一个变化的数值，在不同的时间、地点和气候条件下，水的含量不同，其数值一般在 1%～3% 范围内发生变化。除此之外，大气中还包含很多痕量组分如 H_2、CH_4、CO、SO_2、N_2O、NO_2 和 O_3 等。

大气下方的海洋，海水表面与大气紧密接触，大气中的气体与海水中的溶解气体不断进行交换，表层海水与大气通常处于平衡或接近平衡的状态。因此，海水中的溶解气体与大气的组成有关。气体组分在大气中的平均停留时间少则几小时，多则几百年以上，这与组分在大气中的贮存以及迁移或循环过程密切相关。近年来海洋与大气之间的交换问题受到关注，有些气体既可以被海洋吸收也可以被海洋释放，如 CO_2；有些气体可能是由海洋向大气输送，如 CO 等。

4.3.2　气体在海水中的溶解度

气体在海水中的溶解度数据非常重要，大洋海水中气体含量的变化与大气气体的平衡能够为研究各种过程提供参考。例如，海水中 He、Ar 的过饱和状态可能与俘获的空气泡在气体交换中所引起的作用有关系。与大气中恒定组分平衡的水中，氧的过饱和可以反映光合作用所产生的过量的氧。研究上述情况都需要可靠的溶解度数据。气体在海水中的溶解度除了与海水温度和盐度有关外，主要与气体本身性质关系密切：气体的溶解度一般随分子量的增加而增大。例如，He 的原子量只有 4，溶解度最低，而 Xe(原子量 131)溶解度最高。但也有例外，如 CO_2 虽相对分子质量较小，但却是溶解度很高的气体。

气体在海水中的溶解度，可用亨利（Henry）定律表达：

$$p_G = K_G c_G$$

式中，p_G 是某气体组分在大气中平衡分压，c_G 是某气体组分在海水中的溶解度，K_G 是 Henry 定律常数。Henry 常数的大小与溶液的性质、温度，所研究的总压力和选用的分压单位，以及浓度单位有关。当某一气体在大气和海水中的分压相等时，气体在两相之间达到平衡，把 Henry 定律和平衡条件结合起来，则某气体在海水中的溶解度（S_G）为：

$$S_G = p_G / K_G$$

4.3.3　海水中的溶解氧

4.3.3.1　氧的来源

海水中溶解氧主要来源有：

1. 大气复氧

大气中的氧通过海－气界面的交换进入海洋的表层，而后通过移流和涡动扩散，把表层的富氧水带到深层。

2. 海洋中的光合作用

海洋上层（0～80m）阳光充足，浮游植物的光合作用很强，光合作用过程中释放的 O_2 是海洋中 O_2 的另一重要来源。海洋植物进行光合作用大致按下面的方程式进行：

$$x CO_2 + CH_2O \xrightleftharpoons[\text{呼吸作用}]{\text{光合作用}} (CH_2O)_x + x O_2$$

光合作用只能在真光层进行。在 80m 以下由于光线微弱，因而光合作用已不再是主要的。在许多海区（特别是近岸海域），由于生物的活动，在近表层水中常常出现氧的浓度最大值，其饱和度可达 120% 以上。

4.3.3.2　溶解氧的消耗过程

1. 植物的呼吸作用

植物的光合作用和呼吸作用是相反的竞争过程。在真光层以下，由于光线减弱，海洋动植物和细菌的呼吸作用占主导地位，此时会大量消耗 O_2。随着深度的增加，光合作用逐渐减弱，在某一深度上，当溶解氧的产生量恰好等于消耗量时，此深度称为补偿深度。在补偿深度上，光强是仅能维持植物的生存但不能繁殖的最低光强。

补偿深度随地理、季节、光照时间、气候和水文等条件而变化，不同海域的补偿深度不同。补偿深度通常在 20 m 以内，有的区域在 1～2 m，但马尾藻海 8 月份的最大补偿深度可达 100m。

2. 有机物分解

在补偿深度以下，除了动植物的呼吸作用消耗 O_2 外，有机物分解也大量消耗 O_2，氧的消耗量主要取决于有机物的数量。

3. 无机物的氧化作用

海水中的还原态无机物如 Fe^{2+} 等，在海水中会被氧化成高价态，但氧化过程所消耗的 O_2 量与有机物分解消耗的 O_2 量相比是非常小的。

4.3.4　海水中的 CO_2

海水中 CO_2 浓度在 $34 \sim 56mg/L$ 之间。CO_2 除了从大气中溶解进入外，动植物和微生物的呼吸作用、有机物质的氧化分解以及少量 $CaCO_3$ 溶解都是海水中 CO_2 的来源。CO_2 的消耗主要是海洋植物的光合作用吸收，此外 $CaCO_3$ 的形成也消耗海水中的 CO_2。

海水中 CO_2 的存在形式有：游离的 CO_2、H_2CO_3、HCO_3^-、CO_3^{2-}，各种存在形式的浓度之和称为总 CO_2。海水中 CO_2 的平衡体系可表示如下：

$$CO_2 + H_2O \rightleftharpoons H_2CO_3 \rightleftharpoons H^+ + HCO_3^- \rightleftharpoons 2H^+ + CO_3^{2-}$$

海水的 pH 值介于 $7.0 \sim 8.5$ 之间，CO_2 主要以 HCO_3^- 的形式存在(占 80% 以上)，由于海水中存在 CO_2-碳酸盐平衡体系，尽管光合作用吸收了大量的 CO_2，但它不会成为海洋初级生产力的限制因子。世界各大洋表层水 CO_2 是未饱和的，但在某些热带海域(如赤道太平洋靠近南美海岸和印度洋接近赤道处)存在着 CO_2 浓度比其大气平衡应有浓度高的区域。从垂直方向看，透光层的 CO_2 含量较低，其下方由于死亡有机体分解产生 CO_2 以及 CO_2 溶解度随压力增大而增大的因素影响，所以 CO_2 含量上升较快。

海水 pH 值直接或间接影响着海洋生物的营养和消化、呼吸、生长、发育和繁殖。例如，海胆的卵在过度碱性或酸性的海水中不能发育，pH 值在 $4.8 \sim 6.2$ 时，不发生受精作用；pH 值降低到 4.6 时，海胆卵就会死亡。卤虫则与之相反，对碱性环境的耐受力很差，当海水 pH 值介于 $7.8 \sim 8.24$ 之间时，生长就不正常。

4.3.5　海-气界面交换模型

大气和海洋之间的气体交换是一种动力学过程。当气体分子以同样的速率进入或离开每一相时，这时大气与海洋处于平衡状态，气体在液相中达到了饱和。通常情况下大气与海洋不处于平衡状态，如果气体在一种介质中的分压高于另一种介质中的分压，则气体就从高的一相流入低的一相。海-气界面上气体交换原理，常见的有薄层模型和双膜模型。

4.3.5.1　薄层模型

海-气交换薄层模型如图 4-1 所示。其理论模型包括三个区域：

(1)湍流大气相：区域中气体分压相同；

(2)湍流本体液相：区域中气体组分在海水中的浓度相同；

(3)层流薄层：在上述两区域之间，其平均厚度为 z，气体交换速率的决定步骤是气体通过这一薄层的分子扩散。

4.3.5.2　双膜模型

海-气交换双膜模型如图 4-2 所示。该模型中，"不流动"的薄水膜将海面上均匀混合的大气与膜下面均匀混合

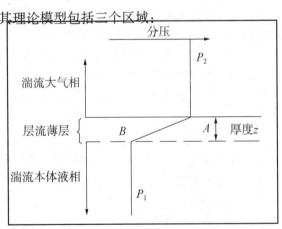

图 4-1　气体交换薄层模型示意图

的表层水隔开。气体在空气和水之间的迁移是靠分子扩散通过这一水膜进行的。水膜内气体的浓度分布是不均匀的，由相应于水膜上面的与大气平衡时的浓度值逐渐过渡到水膜底下的表层海水中的浓度值。水膜厚度（通常为数十微米）与空气、水体界面的扰动程度成反比。

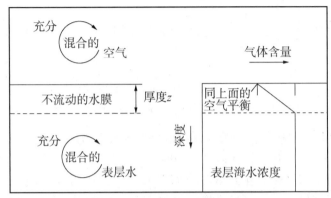

图 4 - 2　气体交换双膜模型示意图

此模型假定：①海洋上层的有关气体充分混合；②海面下表层水充分混合；③上述两充分混合层之间被"不流动"的水膜隔开。如果水中和大气中的某种气体组分浓度不同，气体就会通过不流动水膜进行迁移，其迁移速率与水膜厚度、气体分子通过膜的扩散速率、海 - 气相中的组分浓度梯度等因素有关。

海 - 气交换的影响因素主要有：

（1）温度：海水温度升高或降低都会使海水中气体的分压差发生变化，因而引起气体在两相间的交换，如 25℃ 海水 CO_2 的交换速率大约是 5℃ 时的两倍；

（2）气体溶解度：不同气体在海水中的溶解度不同，对某恒定的分压差，各种气体进入海洋的扩散通量相差悬殊，如 O_2、CO_2、N_2 的通量比率是 2：70：1；

（3）风速：研究表明，风速在 0～3m/s 时，海 - 气交换速率几乎保持恒定，而风速在 3～13m/s 时，交换速率迅速增加；

（4）季节：进入或逸出海水表层气体的体积随季节性变化是非常大的。研究表明，在秋季和冬季平均有 $3.0 \times 10^4 mL$ O_2 进入美国缅因湾的海洋表层，在春季和夏季却以相应的体积从海洋逸出。其中大约五分之二是光合作用产生的氧，其余的是由于在温暖的水中氧的溶解度降低而逸出的。

4.4　海水中的营养物质

海水中氮、磷、硅等元素组成的某些盐类物质，是海洋植物生长所必需的营养盐，下面就其在海洋中的存在形式、分布和变化规律做简单介绍。

4.4.1　硝酸盐

4.4.1.1　海水中氮的主要存在形式

海洋中，氮以溶解氮（N_2）、无机氮化合物、有机氮化合物等形式存在，其各种形式氮的储量见图 4 - 3。

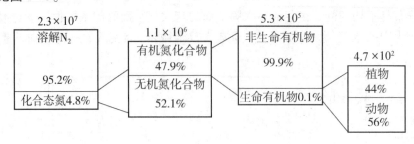

图 4 - 3　海洋中氮的形式及其储量

（方格上方数字为储量，单位为 10^{12} g；据 Soderlund and Rosswall, 1982）

各种形式的氮化合物中，能被海洋浮游植物直接利用的是溶解无机氮化合物（dissolved inorganic nitrogen，DIN），包括硝酸盐、亚硝酸盐和铵盐。三者在海水总量约为 5.4×10^{17} g，仅占海洋总氮量的 2.4%。在大洋表层水体中，它们的含量分别为 $1 \sim 600$、$0.1 \sim 50$、$5 \sim 50 \mu g / dm^3$。近年研究表明，海洋浮游植物也会直接利用一部分溶解的有机氮化合物（dissolved organic nitrogen，DON），但吸收量很少。

4.4.1.2　海水中的氮循环

海洋中不同形式的氮化合物，在海洋生物，特别是海洋微生物的作用下，经历着一系列复杂的转化过程，见图 4 - 4。

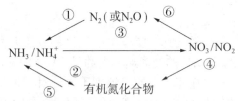

图 4 - 4　海洋中氮的转化（Sverdrup, 1942）

（1）生物固氮作用：分子氮在海洋某些细菌和蓝藻的作用下还原为 NH_3、NH_4^+ 或有机氮化合物。

（2）氮的同化作用：NH_3、NH_4^+ 被生物体吸收合成有机氮化合物，构成生物体的一部分。

（3）硝化作用：在某些微生物类群的作用下，NH_3、NH_4^+ 氧化成 NO_3^-、NO_2^- 的过程。

（4）硝酸盐的还原作用：被生物摄取的硝酸盐被还原为生物体内有机氮化合物的过程。

（5）氨化作用：有机氮化合物经微生物分解产生 NH_3、NH_4^+ 的过程。

（6）反硝化作用：硝酸盐在某些脱氮细菌作用下，还原为 N_2 或 N_2O 的过程。

4.4.2　磷酸盐

海洋中的磷分无机磷和有机磷两种。

无机磷酸盐又分为溶解态和颗粒态两种。水溶液中溶解的无机磷酸盐（dissolved inorganic phosphorus，DIP）存在如下平衡：

$$H_3PO_4 \xrightleftharpoons{K_1} H^+ + H_2PO_4^-$$

$$H_2PO_4^- \overset{K_2}{\rightleftharpoons} H^+ + HPO_4^{2-}$$

$$HPO_4^{2-} \overset{K_3}{\rightleftharpoons} H^+ + PO_4^{3-}$$

在海水和纯水中，由于离子强度不同，在相同温度下，H_3PO_4 的三级离解常数有显著差异。25℃时，pK_1 在海水和纯水中分别为 1.6、2.2；pK_2 在海水和纯水中分别为 6.1、7.2；pK_3 在海水和纯水中分别为 8.6、12.3。在海水（$pH = 8$，$S = 33‰$，$t = 20$℃）中，约 87% 的 DIP 以 $H_2PO_4^-$ 形式存在，其次是 PO_3^{3-}（12%）。H_3PO_4 和 $H_2PO_4^-$ 所占比例很低。

海洋中颗粒态无机磷酸盐（PIP）主要以磷酸盐矿物存在于海水悬浮物和海洋沉积物中。其中丰度最大的是磷灰石，约占地壳总磷量的 95% 以上。

海洋中颗粒有机磷化合物（POP）指生物有机体内、有机碎屑中所含有的磷。前者主要存在于海洋生物细胞原生质，如遗传物质核酸（DNA、RNA）、高能化合物三磷酸腺苷（ATP）、细胞膜的磷脂等。所有生物细胞中都含有有机磷化合物，磷是生物生长不可替代的必需元素。在海洋生物体中，C/P 原子比为（105 ~ 125）：1，陆地植物由于没有含磷的结构部分，C/P 原子比高得多，约为 800：1。

图 4 - 5 是海洋中磷循环示意图，图中左边是大西洋一个测站（21°12′N，122°5′W）的位温和磷酸盐含量铅直剖面图，右边表示海洋中磷循环中控制磷分布的几个主要过程：

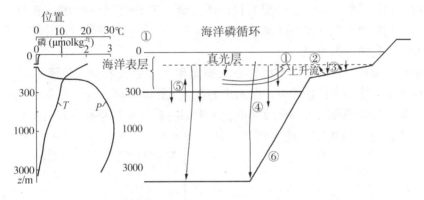

图 4 - 5　太平洋 21°12′N，122°15′W 处位温与磷酸盐分布

控制磷酸盐过程为：①富含营养盐的上升流；②生物生产力和它产生的颗粒物沉降；③表层水和浅层沉积物的有机物分解再生营养盐；④主温跃层之下颗粒物的分解；⑤浅层水与深层水的缓慢交换；⑥磷与底层沉积物的作用。（Cooper, 1933）

①富含营养盐的上升流，这是真光层磷酸盐的主要来源；

②在真光层，磷酸盐通过光合作用被快速地结合进生物体内，并向下沉降；

③下沉的生物颗粒在底层或浅水沉积物中被分解，所产生的磷酸盐直接返回真光层，再次被生物所摄取利用；

④在表层未被分解的部分颗粒沉降至深层，其中大部分在深层被分解，参加再循环；

⑤表层和深层海水之间存在的缓慢磷交换作用；

⑥少部分（5%）在深层也未被分解的颗粒磷进入海洋沉积物，海洋沉积物的磷经过漫长的地质过程最终又返回陆地，参加新一轮的磷循环。

4.4.3　硅酸盐

海洋中硅主要以溶解硅酸盐和悬浮 SiO_2 两种形式存在。硅酸种类很多,其组成随形成时的条件而变,常以通式 $SiO_2 \cdot xH_2O$ 表示。常见的硅酸有正硅酸(H_4SiO_4)、偏硅酸(H_2SiO_3)、二偏硅酸($H_2Si_2O_5$)、焦硅酸($H_6Si_2O_7$)、三硅酸($H_8Si_3O_{10}$)、三聚偏硅酸($H_6Si_3O_9$)。偏硅酸组成最为简单,正硅酸是各种硅酸的原酸,在它加热脱水过程中,根据脱去水分子数目的不同,依次生成偏硅酸、焦硅酸、三硅酸等。硅酸在水溶液中存在如下电离平衡:

$$H_4SiO_4 \rightleftharpoons H^+ + H_3SiO_4^-$$
$$H_3SiO_4^- \rightleftharpoons H^+ + H_2SiO_4^{2-}$$

在海水 pH 值为 $7.8 \sim 8.3$ 时,约 5% 溶解硅以 $H_3SiO_4^-$ 形式存在。

硅酸脱水之后转化为十分稳定的硅石:

$$H_4SiO_4 \longrightarrow SiO_2 + 2H_2O$$

硅是海洋植物,特别是海洋浮游植物硅藻类生长必需的营养盐,硅藻吸收蛋白石($SiO_2 \cdot 2H_2O$)用以构成自身的外壳。含硅海洋生物的残体沉积到海底后,形成硅质软泥。硅质软泥属于深海生物软泥的一类,是硅质生物遗体含量大于 30% 或 50% 的沉积物。根据所含生物种类,分别叫放射虫软泥和硅藻软泥。前者主要分布在太平洋赤道一带,后者主要分布在南极和北极高纬度带海域。

海洋中硅的循环过程为:浮游植物在春季繁殖而大量吸收硅,使海水中硅的浓度降低;在夏秋季节,植物生长缓慢时,海水中的硅浓度逐渐提高;到了冬季,生物死亡残体缓慢下沉分解,又缓慢释放出部分溶解硅,未溶解的硅下沉到海底形成沉积物,经过若干时间后,可重新通过地质循环进入海洋,见图 4 - 6。

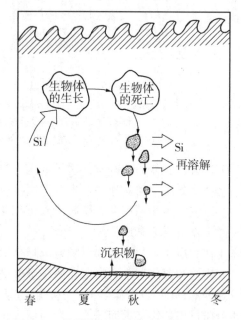

图 4 - 6　海洋中硅的循环(Sverdrup,1942)

4.5　海冰

由海水冻结而成的冰称为海冰。但在海洋中所见到的冰，除海冰之外，尚有大陆冰川、河流及湖泊流滑入海中的淡水冰，广义上把它们统称为海冰。世界大洋有 3%～4% 的面积被海冰覆盖，对船舶航行、海底采矿及极地海洋考察等形成严重障碍，甚至造成灾害。

4.5.1　海冰形成和结构

海冰形成的必要条件是，海水温度降至冰点并继续失热、相对冰点稍有过冷却现象并有凝结核存在。海水最大密度温度随盐度的增大而降低的速率比其冰点随盐度增大而降低的速率快(图 4 - 7)。

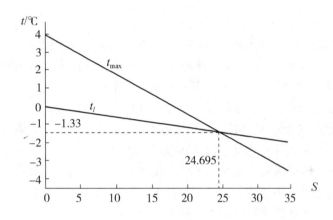

图 4 - 7　最大密度温度与冰点随盐度的变化

可以看出，当盐度低于 24.695 时，结冰情况与淡水相同；当盐度高于 24.695 时(海水盐度通常如此)，海水冰点高于最大密度温度，因此，即使海面降至冰点，但由于增密所引起的对流混合仍不停止，因此只有当对流混合层的温度同时到达冰点时，海水才会开始结冰。所以海水结冰可以从海面至对流可达深度内同时开始。也正因为如此，海冰一旦形成，便会浮上海面，形成很厚的冰层。海水的结冰，主要是纯水的冻结，会将盐分大部排出冰外，而增大了冰下海水的盐度，加强了冰下海水的对流和进一步降低了冰点，又由于冰层阻碍了其下海水热量的散失，因而大大地减缓了冰下海水继续冻结的速度。

当海水的盐度为 30.00 时，其冰点约为 -1.6℃。在我国冬季，渤海和黄海北部近岸海区盐度多在 27～31 之间，因此，只有当水温低于 -1.4℃ 时海水才能结冰。

在海冰形成过程中，最初形成的冰晶、冰针和冰片会发生合并，一部分海水被包围在合并时形成的冰穴内，而另一部分则从冰晶间析出流入下面的海水中，被包裹在冰晶间的卤水形成了"盐胞"。所以，海冰不同于淡水冰，它并不是单纯的冰晶，而是固体冰晶与卤水、气胞和少量固体杂质组成的混合物。海冰的微观结构模型如图 4 - 8 所示。

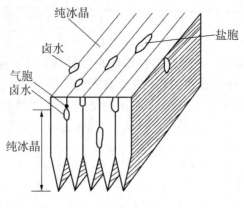

图 4 - 8　海冰微观结构模型

4.5.2　海冰的特性和分类

纯水冰 0℃时的密度一般为 917 kg/m³，海冰中因为含有气泡，密度一般低于此值，新冰的密度为 914～915 kg/m³。冰龄越长，由于冰中卤汁渗出，密度则越小。夏末时的海冰密度可降至 860 kg/m³ 左右。由于海冰密度比海水小，所以它总是浮在海面上。

海冰的比热容比纯水冰大，且随盐度的增高而增大。纯水冰的比热容受温度的影响不大，而海冰则随温度的降低有所降低。在低温时，由于其含卤水少，因此随温度和盐度的变化都不大，接近于纯水冰的比热。但在高温时，特别在冰点附近，由于海冰中的卤水随温度的升降有相变，即降温时，卤水中的纯水结冰析出，升温时冰融化进入卤水之中，从而使其比热容分别有所减小和增大。其减小和增大值因其盐度而有极大差异，低盐时其比热容小，而高盐时其比热容将比纯水冰大数倍，甚至十几倍。

按结冰过程的发展阶段可将其分为：

(1)初生冰：最初形成的海冰，都是针状或薄片状的细小冰晶；大量冰晶凝结，聚集形成粘糊状或海绵状冰，在温度接近冰点的海面上降雪，可不融化而直接形成粘糊状冰。

(2)尼罗冰：初生冰继续增长，冻结成厚度 10cm 左右有弹性的薄冰层，在外力的作用下，易弯曲，易被折碎成长方形冰块。

(3)饼状冰：破碎的薄冰片，在外力的作用下互相碰撞、挤压，边缘上升，形成直径为 30cm 至 3m，厚度在 10cm 左右的圆形冰盘。在平静的海面上，也可由初生冰直接形成。

(4)初期冰：由尼罗冰或冰饼直接冻结一起而形成厚 10～30cm 冰层。多呈灰白色。

(5)一年冰：由初期冰发展而成的厚冰，厚度为 30cm 至 3m。时间不超过一个冬季。

(6)老年冰：至少经过一个夏季而未融化的冰。其特征是，表面比一年冰平滑。

按海冰的运动状态可分为：

(1)固定冰：是与海岸、岛屿或海底冻结在一起的冰。当潮位变化时，能随之发生升降运动。其宽度可从海岸向外延伸数米甚至数百千米。海面以上高于 2m 的固定冰称为冰架；而附在海岸上狭窄的固定冰带，不能随潮汐升降，是固定冰流走的残留部分，称为冰脚。搁浅冰也是固定冰的一种。

（2）流（浮）冰：自由浮在海面上，能随风、流漂移的冰称为流冰。它可由大小不一、厚度各异的冰块形成，但由大陆冰川或冰架断裂后滑入海洋且高出海面 5m 以上的巨大冰体——冰山，不在其列。流冰面积小于海面 1/10～1/8 者，可以自由航行的海区称为开阔水面；当没有流冰，即使出现冰山也称为无冰区；密度 4/10～6/10 者称为稀疏流冰，流冰一般不连接；密度 7/10 以上称为密集（接）流冰。在某些条件下，例如流冰搁浅相互挤压可形成冰脊或冰丘，有时高达 20 余米。

4.5.3　海冰的淡化利用

近年来，随着淡水资源的日益匮乏，寻找新的淡水资源成为人类关注的重点。海冰淡化能提供人类使用的水源。海冰的盐分主要来自于海冰形成过程中大气温度骤降，海水来不及排出冰体而包裹的高浓度盐水，即所谓的盐胞。因此，海冰的含盐量主要是因为盐胞的存在。海水的含盐量与其形成时海水的含盐量、温度等有关。一般规律是海冰的含盐量是海水含盐量的 1/6～1/4。虽然海冰的含盐量远远低于海水的含盐量，但仍不能满足生产生活的需要，需要进一步进行淡化。目前，对海冰进一步脱盐的方法有：离心脱盐法、浸泡脱盐法、浸泡离心脱盐法、挤压脱盐法、重力脱盐法等。

4.5.4　海冰与海况

1. 对海洋水文要素铅直分布的影响
由于结冰过程中存在的海水铅直对流混合常达到相当大的深度，在浅水区可直达海底，从而导致所有海洋水文要素的铅直分布较为均匀。这一过程又能把表层高溶解氧的海水向下输送，同时把底层富含浮游植物所需要的营养盐类的肥沃海水输送到表层，有利于生物的大量繁殖。

2. 对海洋动力现象的影响
海冰的存在对潮汐、潮流的影响极大，它阻尼潮位的降落和潮流的运动，减小潮差和流速；同样，海冰也将使波高减小，阻碍海浪的传播等。

3. 对海水热状况的影响
当海面有海冰存在时，海水通过蒸发和湍流等途径与大气所进行的热交换大为减少，同时由于海冰的热传导性极差，对海洋起着"皮袄"的作用。海冰对太阳辐射能的反射率大，以及其融解潜热高等，都能制约海水温度的变化，所以在极地海域水温年变幅只有 1℃左右。

4. 极地海区形成大洋底层水
特别在南极大陆架上海水的大量冻结，使冰下海水具有增盐、低温从而高密的特性，它沿陆架向下滑沉可至底层，形成所谓南极底层水，并向三大洋散布，从而对海洋水文状况具有十分重要的影响。

第5章 海洋生态环境

海洋是生命的摇篮，现在已有足够的科学证据证明地球上最初的生命起源于海洋，地球的年龄大约50亿年，地球上的海洋在40多亿年前已经形成，而最早的生命出现于距今约38亿年前的古海洋中。一种类似细菌的生物化石在格陵兰岛、南非和西澳大利亚地区的古海洋沉积岩中被发现。

5.1 地球生命起源

20世纪20年代，A. I. Oparin和J. B. S. Haldane提出了关于海洋中生命起源的假说，他们都认为最初的有机分子是由无机物合成而产生的。1952年，S. L. Miller用实验证明了他们的假说。米勒（Miller）最早模拟地球早期排气大气圈条件，以 H_2 和 CH_4 或 H_2O、CO_2、N_2 和 CO 的混合溶液，通过火花激发或紫外线辐射，形成氨基酸、HCN和甲醛。然而它们如何结合成像核糖核酸分子一样的复杂分子，进而演化成活的细胞，却是尚未解决的问题。核糖核酸研究，对探索生命起源具有重要意义。核糖核酸分子具有分裂和产生酶的功能，酶可促进繁衍。在温度40℃左右、pH值为 $7.5 \sim 9$、有 Mg^{2+} 存在的溶液的实验条件下，可使核糖核酸发生分裂。太古宙海底热水系统的洋中脊排气通道附近，可以提供这种条件。某些核糖核酸能繁殖其他种群，并可形成包裹原始细胞的薄膜。热水排气通道中的甲烷和氨能合成氨基酸，进而形成脱氧核糖核酸。原细胞膜为能量的供应和新陈代谢提供了条件，从而促成活细胞的发育。第一世代的细胞是原始的，代谢系统发育不良，以吸收周围的营养素而生存，以发酵的方式从其他有机物质获得营养和能量，以资生长和繁衍。这种细胞称为异养生物；而能自造食物者，称为自养生物。两类细胞都是厌氧的，大约在40亿年前从脱氧核糖核酸的繁衍中进化而来。最原始的细胞称为原菌，再进化为细菌。异养生物快速增加，争夺食物，导致自养生物的形成。第一个自养生物，如蓝藻细菌，大约出现在35亿年以前，以光合作用自制食物。从无机物到有机细胞的出现，开辟了生命演化的进程。

已知最为古老的化石大约有 3.1×10^9 年的历史，在该年代的黑硅石中发现含有细菌和蓝藻的结构。2.7×10^9 年前的岩石（地层）中记录着古代蓝藻的石灰岩沉积层，而 $1.0 \times 10^9 \sim 2.0 \times 10^9$ 年前的化石则呈现了极具多样化的原始生物。澳大利亚科学家通过对海底沉积岩的研究，发现了地球上 2.7×10^9 年前的复杂生命形式，这比过去所认为的复杂生命形式开始时间早了 1.0×10^9 年。他们发现的固醇分子化石是目前世界上最古老的生物分子。

5.2 海洋微生物

海洋微生物是指在海洋环境中能够生长繁殖，形体微小，单细胞的或个体结构较为简单的多细胞，甚至没有细胞结构的一群低等生物。通常要借助光学显微镜或电子显微镜放大才能观察到它们。海洋微生物按其结构、形态和组成不同，可分为三类：非细胞型（如海洋病毒）、原核细胞型（如海洋细菌和海洋放线菌）、真核细胞型（如海洋酵母菌和海洋霉菌）。

5.2.1　海洋微生物类群

5.2.1.1　海洋病毒

海洋病毒是海洋环境中土著的、超显微的、仅含有一种类型核酸（DNA 或 RNA）、专性活细胞内寄生的非细胞形态类微生物。它们能够通过细菌滤器，在活细胞外具一般化学大分子特征，进入宿主细胞又具有生命特征。

海洋病毒多种多样，具有形态多样性及遗传多样性。海水中海洋病毒的密度分布呈现近岸高、远岸低；在海洋真光层中较多，随海水深度增加逐渐减少，在接近海底的水层中又有回升的趋势，其密度有时可达每毫升含 $10^6 \sim 10^9$ 个病毒颗粒。超过细菌密度的 5 ~ 10 倍。

海洋中病毒能够侵染多种海洋生物。海洋噬菌体的裂解致死占异养细菌死亡率的 60%；海洋蓝细菌、海洋真核藻等重要海洋初级生产者也可被海洋病毒感染。病毒还能裂解某些种类浮游动物。众所周知，病毒的感染致病，给水产养殖业造成了巨大的损失。现已查明，从 1993 年开始在全国对虾养殖地区几乎普遍发生的、危害性极大的急性流行病即由一种杆状病毒（白斑综合征杆状病毒）所引起。有些海洋病毒具有帮助某些海洋浮游植物生长的作用，对海洋环境和人类生存有益。

5.2.1.2　海洋细菌

海洋细菌细胞无核膜和核仁，DNA 不形成染色体，无细胞器，属于原核生物；不能进行有丝分裂，以二等分裂为主；个体直径一般在 $1\mu m$ 以下，呈球状、杆状、弧状、螺旋状或分枝丝状；具有坚韧的细胞壁；能游动的种以鞭毛运动。严格地讲，海洋细菌是指那些只能在海洋中生长和繁殖的细菌。一般来说，真正的海洋细菌具有三个基本特征：至少在开始分离和初期培养时要求生长于海水培养基中；生长环境中需要氯或溴或其中之一元素存在；需生活在镁含量较高的环境中。

根据海洋细菌生长需要的营养物质的性质不同，可分为自养和异养两种类型。海洋自养细菌是指在海洋环境中能以简单的无机碳化合物（CO_2、碳酸盐）作为生长的碳源的细菌。根据它们生长需要的能源不同，又可分为海洋光能自养细菌和海洋化能自养细菌。海洋光能自养细菌因其含有细菌叶绿素等色素，能够直接利用光能，以无机物如分子氢、H_2S 或其他无机硫化合物作为氢供体，使 CO_2 还原成细胞物质。海洋化能自养细菌生长所需的能量来自无机物氧化过程中放出的化学能，如海洋硝化、亚硝化细菌，通过氨氧化成亚硝酸盐，并进一步氧化成硝酸盐获取能量；氧化硫细菌等化能自养菌通过把游离的硫或硫化物氧化成硫酸盐获取能量。

海洋异养细菌是指在海洋环境中不能以无机碳化合物作为生长的主要或唯一碳源物质的细菌。海洋中化能异养细菌很多，是海洋细菌最大类群。它们从氧化某些有机化合物过程中获取能量，其碳源主要来自有机化合物（如糖类），其氮源可以是有机的也可以是无机的。

除根据所需营养物质的性质对海洋细菌进行分类外，还可根据它们对氧的需要情况，把海洋细菌分成好氧细菌、兼性厌氧细菌和厌氧细菌等。

近海环境中海洋细菌的生理生态特性与陆生细菌相似，生活在深海的细菌，因深海环境具有高盐、高压、低温和低营养等特点，其生理、生态特性与陆源细菌完全不同。

（1）嗜盐性：海水的显著特征是含有稳定的高浓度盐分，嗜盐性是海洋细菌的普遍特征，并能够耐受高渗透压。

（2）嗜冷性：海洋90%以上水体的温度在5℃以下，绝大多数海洋细菌都具有在低温下生长的特性。某些中温细菌，虽然其最适生长温度为20℃左右，但也能在0～5℃下缓慢生长，这些细菌称为耐冷细菌。嗜冷细菌是指那些在0℃附近能够生长繁殖，最适生长温度不高于15℃，最高生长温度不超过20℃的细菌。嗜冷细菌主要分布于极地、深海和高纬度海洋中，它们对热反应极为敏感，20～25℃已足以阻碍其生长与代谢。

（3）嗜压性：水深每增加10m，静水压力约增加$1kg/cm^2$。深海一般指的是水深超过了大洋平均深度（约3800m）的海区，约占地球表面积的一半。海洋最深处（马里亚纳海沟，水深10 924m）的静水压力超过$1000kg/cm^2$。所以，深海海底要承受380～1100 kg/cm^2的静水压力。深海嗜压细菌具有适应高压并生长代谢的能力，能在高压环境中保持酶系统的稳定性。而在多数情况下，嗜压细菌在正常压力下反而失活。有些深海细菌还能耐受高温，有些细菌最高生活温度可达到110℃，低于80℃不能生长。

（4）低营养性：总的来说，海水是处于寡营养状态，其中营养物质较为稀少，有机碳平均水平相当低。

（5）趋化性和附着生长：绝大多数海洋细菌具有运动能力，某些细菌还具有沿着某种化合物的浓度梯度而移动的能力，这一特点称为趋化性。海水中营养物质虽然比较少，但海洋中各种固体表面和不同性质的界面上却吸附积聚着相对丰富的营养物质，从而为海洋细菌的生长繁殖提供较为优越的环境。由于具有趋化性，细菌易于在营养水平低的情况下黏附到各种表面进行生长繁殖。

（6）发光性：少数海洋细菌具有发光特性，这类细菌可以从海水中或者从活的或死的海洋动物体表、消化道以及发光器官上分离得到，为异养型海洋细菌。发光细菌只有在适宜条件下才能发光，一般在不含NaCl的培养基上不生长，只有在含有2%～3%的NaCl的培养基上才能生长良好。广阔的海洋是发光细菌生活的大本营，从近海沿岸到南北极；从海水表面到深达1000m的海底都可找到发光细菌。

水污染环境监测方法可以划分为两类：分析技术和生物监测。其中分析技术常常用于废水常规指标的测试，但不能反映水质综合毒性的大小。传统的生物监测以水蚤、藻类或鱼类为受试对象，虽然能反映毒物对生物的直接影响，但是这些方法的最大缺点是实验周期长，实验过程比较繁琐。针对传统生物毒性检测方法的不足，科学家们研究和开发了新型生物毒性监测技术——发光细菌法。该方法操作方式简单、测量结果一目了然。

自1672年R. Boyle观察到发光的菌体所发出的光易被化学物质抑制后，许多科学家相继对细菌的发光效应进行了大量的研究。一般发光细菌长1.5～3μm，宽度

$0.5 \sim 0.8\mu m$，因此肉眼根本看不到，要用显微镜放大至 1000 倍时方可以分辨它们的体形。而它们的发光，也要在特定的条件中才能看得见。20 世纪 70 年代至 80 年代初，国外科学家首次从海鱼体表分离和筛选出对人体无害，对环境敏感的发光细菌，用于检测水体生物毒性，现已成为一种简单、快速的生物毒性检测手段。20 世纪 80 年代初我国引进了这项技术，并先后分离出海水型和淡水型(青海弧菌)的发光细菌，用以检测环境污染物的急性生物毒性。

海洋细菌在海洋中数量多、分布广，其数量分布特点是：沿岸地区由于营养盐丰富，细菌数量较多；随着离岸距离增大，细菌密度呈现递减趋势；内湾和河口细菌密度最大。细菌垂直分布则基本是随深度增加，其分布密度减小。采用传统方法培养，每毫升近岸海水中一般可分离到 $10^2 \sim 10^3$ 个细菌菌落，有时超过 10^5 个；每毫升深海海水中，有时却分离不出一个细菌菌落。

5.2.1.3　海洋放线菌

海洋放线菌是介于细菌和真菌之间的单细胞原核生物。放线菌菌丝细胞结构及生理特性与细菌基本相同，除枝动菌细胞为 G^- 外，其他放线菌均为 G^+。大多数放线菌具有生长发育良好的菌丝体。根据菌丝形态和功能可以分为营养菌丝、气生菌丝和孢子丝三种。放线菌主要通过形成无性孢子的方式进行繁殖，也可借菌体断裂片段繁殖。海洋放线菌在海洋中分布广泛，从近海到深远海洋都可找到其踪迹。海洋放线菌多为异养菌，绝大多数是好气腐生菌，少数寄生菌是厌氧菌。有的放线菌可感染海水养殖动物。

5.2.1.4　海洋蓝细菌

蓝细菌又名蓝藻或蓝绿藻，含有光合色素叶绿素 a，并含有蓝细菌所特有的、在光合作用中起辅助色素作用的藻胆素，进行产氧型光合作用；细胞核无核膜，也无有丝分裂器，不能进行分裂，以裂殖为主，细胞壁由多黏复合物(肽聚糖)构成，革兰氏染色阴性。蓝细菌形态差异极大，已知有球状或杆状的单细胞和丝状两种形体，许多种能不断地向细胞壁外分泌胶黏物质，将一群群细胞或丝状体结合在一起，形成胶团或胶鞘。蓝细菌个体直径或宽度一般为 $3 \sim 10\mu m$。细胞无鞭毛，许多蓝细菌丝状体呈现一种滑动的运动方式。

蓝细菌在海洋中分布广泛，能进行光合作用，是重要的初级生产者。多种海洋蓝细菌具有高效能的固氮作用，在海洋氮循环中发挥重要作用。有些蓝细菌可形成赤潮或产生毒素，对虾误食这种藻类，可引起细菌性肠炎。

5.2.1.5　海洋真菌

海洋真菌是一类具有真核结构、能形成孢子、营腐生或寄生生活的海洋生物。通常为菌丝状或多细胞，只有酵母菌在发育阶段中有单细胞出现。一些来源于海洋的称为专性海洋真菌；另一些来源于陆地或淡水，但能在海洋环境中生长与繁殖者，称为兼性海洋真菌。

海洋真菌包括海洋酵母菌和海洋霉菌。海洋真菌种类很少，仅为陆地的 1%，总共不超过 500 种(包括丝状高等海洋真菌 200 多种、海洋酵母菌类约 180 种、低等海洋藻状菌类约 70 种)。海洋真菌广泛分布于海洋环境中，从潮间带高潮线或河口到深海，从浅海沙滩到深海沉积物中都有其踪迹。海洋真菌同海洋细菌一样，也存在嗜压和嗜冷的类型，例如，来源于水深超过 500m 海洋环境中的真菌，明显具有适应高压、低温的能力，甚至在

5000m 的深海，也能发现海洋真菌的踪迹。

5.2.2 海洋微生物在海洋生态系统物质循环中的作用

5.2.2.1 在海洋碳循环中的作用

海洋中碳的循环如图 5-1 所示。碳是生物体最重要的一种元素，CO_2 循环包括 CO_2 固定和 CO_2 再生两个基本途径。海洋微生物既是生产者又是分解者，参与有机体生产、消费、传递、沉降和分解等所有过程。

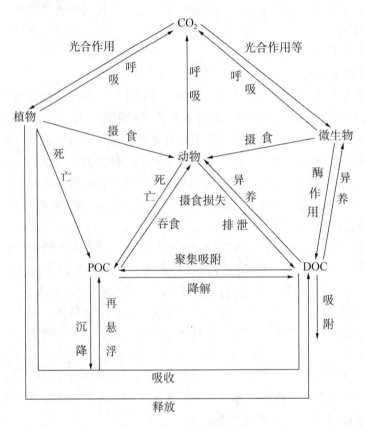

图 5-1　海洋中碳的循环

5.2.2.2 在海洋氮循环中的作用

海洋中氮的循环见图 5-2。氮素是构成核酸和蛋白质的主要成分，海洋中的氮循环包括固氮作用、氨化作用、硝化作用、吸收作用和反硝化作用。其中硝化作用主要由两类细菌分两个阶段进行：第一阶段是氨被氧化为亚硝酸盐，由亚硝酸细菌完成；第二阶段是亚硝酸盐被氧化为硝酸盐，由硝酸盐细菌完成。硝化细菌多集中分布在海洋沉积物中。在海水中，硝酸盐含量随着靠近沉积物的距离而逐渐增加，因此硝化作用在大陆架和近岸海域较为明显，海洋中硝酸盐主要是通过这一途径产生，并可以作为营养成分被海洋植物和微生物同化。在厌氧条件下，硝酸盐可被还原为分子氮（反硝化作用）。反硝化作用在有机物来源丰富、溶解氧浓度低的内湾和河口海洋比较强烈。反硝化细菌在一定条件下影响着海洋中可利用状态的氮。微生物参与海洋氮循环的所有过程，并在每个过程中起着重要作用。

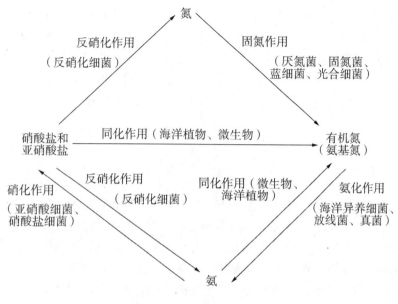

图 5-2 海洋中氮的循环

海洋中氮循环的基本途径与陆地相仿，但至今没有在海洋中发现根瘤菌。海洋固氮微生物包括厌氧细菌、光合细菌、固氮菌和蓝细菌。固氮微生物中既有自生固氮，也有与其他初级生产者或动物共生固氮。固氮微生物在营养盐缺乏海区的有机物生产中扮演着重要角色。

5.2.2.3 在海洋硫循环中的作用

海洋中硫的循环见图 5-3。硫是生物的重要营养元素，它是一些必需氨基酸、多糖和维生素以及辅酶的成分。硫素循环可划分为分解作用、同化作用、无机硫的氧化作用和还原作用。微生物参与硫循环的各个过程，并在其中起着重要作用。海洋微生物可将海洋环境中的有机硫化物降解为无机物（分解作用）。在有氧条件下，分解的最终产物是硫酸盐，以供海洋植物和微生物利用。某些异养细菌分解含硫蛋白质类物质可产生 H_2S。硫酸盐和 H_2S 又可被海洋微生物利用，组成本身细胞物质（同化作用）。在有机物丰富的浅海嫌气水域，硫酸盐还原细菌还原硫酸盐产生

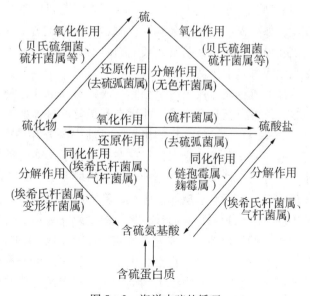

图 5-3 海洋中硫的循环

大量 H_2S，对大片海湾和滩涂造成污染。

5.2.2.4 在海洋磷循环中的作用

微生物在海洋磷循环中的作用，特别是对海洋中性质稳定的有机磷化合物的矿化作用具有重要意义。海洋微生物分解海洋动植物残体及动物排出粪便等颗粒有机磷，形成可供植物利用的无机态磷酸盐。磷是海洋微生物繁殖和分解有机物过程所必需的因子。海洋细菌吸收消化可溶性有机磷为自身成分，再被摄食细菌的动物所消耗和矿化。另外，在缺氧沉积物中，细菌作用可将 Fe^{3+} 还原为易溶的 Fe^{2+}，促使沉积物中磷酸盐转化为溶解态磷酸盐扩散到水中。

5.3 海洋植物

海洋植物种类繁多，广泛生长在寒带、温带、亚热带和热带海域。它们是海洋的初级生产者，不仅直接为人类提供食品、药品和工业原料，而且在改善环境、防止基质流失、净化水质、为海洋动物提供栖息环境等方面具有重要作用。海洋植物包括原核生物的蓝藻门和真核生物的红藻类、褐藻类、硅藻类、甲藻类、金藻类、绿藻类和海洋种子植物的海草、红树林等。在植物界，海藻类属于孢子植物，它们含有叶绿素能进行光合作用，是一类能独立生活的自养型生物，但是不开花、不结果实，具有简单的生殖构造，依靠孢子繁殖。海草和红树都属于种子植物，具有一般高等植物的结构特征，如具有根、茎、叶的分化，能开花结果产生种子等。

5.3.1 海藻

海藻是生活在海洋中的藻类，是一类海洋孢子植物。海藻的分布非常广泛，在海洋中不管是潮湿的地带还是阳光能够到达的水域都能找到海藻的身影。海藻的生活方式可分为两种类型：一是浮游生活型，常见于单细胞和群体的浮游藻类，一般是属于娇小型的海洋藻类，如甲藻、硅藻、金藻等在海水中游动的种类；二是底栖附生生活型，常见于红藻、褐藻和绿藻，附生在基质或其他物体上，属于多细胞的大型海藻，其基部有固着器，能固着在水底基质上生活。

浮游藻的藻体仅由一个细胞组成，所以也称为海洋单细胞藻。这类生物是一群具有叶绿素，能够进行光合作用，并生产有机物的自养型生物。它们是海洋中最重要的初级生产者，又是养殖鱼、虾、贝的饵料。目前中国海洋中已发现浮游藻1817种。浮游藻身体直径一般只有千分之几毫米，只有在显微镜下才能看见它们的模样，但其形状各有特色，几乎是一种一个样子。浮游藻的运动能力非常弱，只能随波逐流地漂浮或悬浮在水中作极微弱的浮动。它们有适应漂浮生活的各种各样的体形，使浮力增加。例如，有的浮游藻细胞周围生出一圈刺毛；有的长有长长的刺或突起物，这些附属物增加了与水的接触面，可以产生很大的稳定性，使其能漂浮在有光的表层水中；有的结成群体来扩大表面积便于漂浮，而且它们本身个体很小，也是对漂浮生活的一种很好的适应形式。

底栖藻是栖息在海底的藻类。它们在退潮时能适应暂时的干旱和冬季暂时的"冰冻"等环境，只要海水一涨潮，它们便又开始正常的生长发育。底栖藻大部分是肉眼能看见的多细胞海藻。小的种类成体只有几厘米长，如丝藻；最长的可达 200～300m，如巨藻。底栖藻的形态奇形怪状：有的像带子，如海带；有的像绳子，如绳藻；有的是片状，如石药、紫菜；有的像树枝状，如马尾藻。底栖藻的颜色鲜艳美丽，有绿色、褐色和红色。根据它们的颜色，把海藻分为三大类：绿藻、褐藻和红藻。

1. 绿藻

绿藻的藻体呈草绿色。绿藻约有 6000 种，其中 90% 产于淡水，只有 10% 生活在潮间带或潮下带的岩石上。绿藻有单细胞的，有群体的；有丝状的，还有片状的。最常见的海洋单细胞绿藻是扁藻。最常见的多细胞绿藻有石药、礁膜（我国沿海渔民称之为海菠菜或海白菜），它们是人们喜爱的海洋经济蔬菜；还有浒苔，它可用来制作浒苔糕，味道十分鲜美。此外，还有羽藻、族菜、刺海松、伞藻等。

2. 褐藻

褐藻的藻体呈褐色，多细胞，有丝状、片状或叶状，还有的呈囊状、管状、圆柱状或树枝状。褐藻中的大型种类，如海带可长到 7～8m 长，巨藻可长到 300m 长，素有"海底森林"之称。它们多数生长于低潮带或低潮线下的岩石上。

海带被称为"海上庄稼"，海洋中有 40 多种。其含碘量为 0.3%～0.7%（这个数字是海水中碘含量的 10 万倍）。巨藻是海藻中个体最大的一种海藻，人们称它为海藻王，它原产于美国加利福尼亚、墨西哥和新西兰沿岸。巨藻生长很快，每天可生长 60 多厘米，全年都能生长，每 3 个月收割 1 次，每 $667m^2$ 产量可达 50～80 t，其寿命很长，可生长 12 年之久。巨藻的固着器直径可达 1m。我国于 1978 年首次成功地从墨西哥引进巨藻，目前在我国海域长势良好。

巨藻的用途十分广泛，可以用它作为生产食物、燃料、肥料、塑料和其他产品的原料。巨藻含有 39.2% 的蛋白质和多种维生素及矿物质，可以用来生产沼气，也可作为提取碘和褐藻胶、甘露醇等工业产品的原料。假如我们养殖 4 km^2 的巨藻，那么一年就可以生产 10^5kW 的能量。所以说巨藻也是一种很有发展前途的能源。

我国常见的褐藻除了海带、裙带菜、巨藻之外，还有水云、索藻、酸藻、置藻、囊藻、绳藻、鹅肠菜、网地藻、团扇藻、马尾藻、鹿角菜、海篙子、海黍子、羊栖菜等。目前，褐藻类被大量用来制作工业上有广泛用途的褐藻胶。

3. 红藻

红藻的藻体呈紫色或紫红色，大多数为多细胞，有丝状、片状和分枝状。形态多姿，有圆形、椭圆形、带形。红藻多数喜居深海，生长在低潮线附近和低潮线下 30～60m 处，少数种类可在 200m 的海底生长。红藻类约有 2500 多种，其中最为常见的种类有紫菜、石花菜、红毛藻、海索面、鸡毛藻、粘管藻、海萝、娱蛤藻、海头红、多管藻、鹤鸪菜等。石花菜属多年生藻类，用假根状的固着器附着在礁石上，直立丛生，一般长 10～20cm，少数可达 25cm 以上，是制造琼胶的主要原料。海萝可提取海萝胶，用于纺织工业；鹤鸪菜是中国人自古以来用作驱除蛔虫的药用海藻。

现在人们习惯于把大型海洋藻类通称为海藻。但就其种类而言，微型海藻比大型海藻多。大型海藻都属于底栖海藻，浮游藻类绝大部分属于小型种类。在海洋环境中，大型底栖藻类主要属于蓝藻门、红藻门、褐藻门和绿藻门。海洋绿藻仅占绿藻的 10%，其他绿藻大部分生活在淡水中。红藻和褐藻大多数都生活在海洋中，少量生活在淡水水体中。小型藻类(如硅藻、甲藻、金藻和蓝藻)个体很小，但都是重要的初级生产者，这些藻类在海洋富营养化条件下，通常形成水华(即赤潮)，造成比较严重的海洋环境生态问题。据估计，世界上蓝藻约 2000 余种、红藻约 3500 种、甲藻约 1200 种、金藻约 65 种、海产硅藻约 6000 种、褐藻约 1500 种、海产绿藻约 550 种。

5.3.2　海草

海草是生活于热带和温带海域浅水的单子叶植物，暖温带海域主要有大叶藻、虾形藻，热带、亚热带海域有聚伞藻等。海草在热带海洋生长最为繁盛，其分布有两个大区，即太平洋地区和加勒比海。海草普遍生长在珊瑚礁的潟湖和大陆架的浅水里。

海草在海洋生态环境中的重要作用主要体现在：能稳定底泥沉积物，改善海水透明度；是具有很高生产率的初级生产者；是许多动物的饵料；海草群落为许多动物提供了重要栖息地和隐蔽保护场所；海草对附着者是重要的基质；海草从海水和底质沉积物中吸收养分的效率很高。现在已知的海草约有 12 属 50 种。

5.3.3　盐沼植物

盐沼植物主要生长在温带和暖温带海区的沼泽地，其主要作用表现在：具有繁复的根系，能固定海岸土壤；是许多动物生长发育的栖息地，尤其是无脊椎动物和浅海鱼类可从中获取营养；能生产大量的有机物，其叶子还能溶解有机碳，产生泥炭和碎屑；对富营养化海水具有净化作用。

5.3.4　红树林

红树林主要生长在热带、亚热带海区的潮间带上部至潮下带浅水沼泽泥沙质地带，红树林是一种特殊的生态类型，它们长期适应了盐水、淡水交汇环境，形成了特殊的植物群落。已知红树林全世界约有 80 种，其中绝大部分在东南亚沿海，约有 60 余种，其他种类主要在加勒比海。

5.3.5　海洋植物的生产力

植物通过光合作用固定太阳能的生产过程叫做初级生产。海面上的太阳辐射能，植物只能利用和固定其中很少的一部分。把在单位面积上，被光合作用利用的能量和它接受的太阳总辐射能量相比，其比值叫光能利用率。海洋植物的光能利用率估计只有 $0.5\%\sim 1\%$，而陆地植物可达 2% 以上。海洋植物本身的平均含碳量只有 $4\%\sim 5\%$，人们根据放射性碳方法的测定值，估算了世界上几个大洋海洋植物的初级生产量，约为 2.1×10^{10}t 有机碳。

如果把海洋和陆地单位面积的植物生产量加以比较，海洋植物的最大生产量位于北半球的副北极带和温带，陆地植物的最大生产量位于赤道带。初级生产力在垂直分布上的差异很明显。例如，在 $10 \sim 30m$ 深的水域，植物的生产量可大于 $0.5g/(m^2 \cdot d)$；超过 $50m$ 的水域，生产量小于 $0.5g/(m^2 \cdot d)$。从目前我们了解的资料来看，透光层为 $10m$ 的海区，植物最大的生产量位于 $2.5m$ 深处，透光层为 100 米的海区，最大生产量位于 $40 \sim 50m$ 深处。初级生产力还有时间上的变化。以印度洋为例，冬季整个海区生产力水平都很低，小于 $0.1g/(m^2 \cdot d)$。夏季，生产力水平达 $0.1 \sim 0.25g/(m^2 \cdot d)$。

海洋植物在预防全球变暖方面大有潜力，但其生存环境岌岌可危。海洋植物每年可从大气中吸收 2×10^9 亿吨 CO_2。其中，红树林、盐沼地和海草床存储了海底埋藏的碳的一半，其每年可存储 1.65×10^9 亿吨 CO_2，几乎占全球交通排放的 CO_2 的一半，成为地球上最密集的碳储存器。这些植物的栖息地正以每年 7% 的速度丧失，其速度是热带雨林丧失速度的 15%，遏制其遭到破坏的趋势可能是减少未来碳排放的最简单方式之一。全球 50% 的人生活在海岸 $80km$ 的范围内，人们对近岸水域的破坏力非常强大。自从 20 世纪 40 年代以来，亚洲已经丧失了 90% 以上的红树林，同时人们大肆捕杀产卵的鱼类。港湾和三角洲附近的盐沼地也遭受了同样的命运，其正在被排干以便为经济发展腾出更多的空间。这些地方的物种非常丰富，拥有大量的固碳植物。海草床会埋藏很多死去的植物，以此可更好地固碳，但是，浑浊的海水也在切断它们同太阳的"亲密接触"。

5.3.6　海洋植物的营养特点

(1)粗蛋白含量较高，并含有丰富的维生素和矿物质，有利于畜禽繁育和生长发育。

(2)含有抗菌抑菌的活性物质。这些活性物质对霉菌、金色葡萄球菌、大肠杆菌、沙门氏菌等都有抑制作用，同时又能提高畜禽的免疫力和抗病力。

(3)含有生物活性激素和促生长因子。能调节饲料中各种养分的平衡，促进营养物质的消化吸收，产生抗应激作用，可提高畜禽的生长速度和抗病能力。

(4)含有丰富的色素。海洋植物中含有藻黄素、胡萝卜素等物质；用于畜禽饲料中，可明显改进畜禽产品的品质，使畜禽的皮肤、肌肉颜色鲜艳。

(5)含碘量高、钙磷比例适中。用海洋植物配制畜禽饲料，可使肉蛋奶产品营养丰富，味道鲜美；蛋壳的厚度增加，蛋黄的颜色变成深黄色；特别是蛋黄中碘的含量较原来高出十几倍；脂肪结构也发生了变化，使胆固醇的含量降低。

(6)含有苯酚类化合物和琼胶、褐藻酸等物质。因含苯酚类化合物，有较强的抑菌防霉作用，是天然的饲料防霉剂，因含琼胶、褐藻酸和吸水性物质，是天然的饲料粘合剂和防潮剂，可吸收饲料中水分。

(7)具有降血脂、抗凝血作用。褐藻淀粉经碘化而得的硫酸脂，可以代替肝素，具有降血脂、抗凝血，改善微循环系统的作用。

我国海洋植物资源极为丰富，其中产量较高的有海藻、海带草、海青菜、海更菜、紫菜、海谷菜等。而海藻是海洋中分布最广的生物，从微小的单细胞生物到长达数十米的巨藻，种类繁多，海藻体内含有丰富的海藻多糖、蛋白质、脂肪、维生素、矿物质以及具有特殊功能的生理活性物质，是提供食品、饲料和药物的原料库。目前，人们主要对大型海藻加以综合利用，如褐藻中的海带、裙带菜、巨藻；绿藻中的苔条、石莼；红藻中的紫菜、石花菜、伊菇草等，这仅是海藻资源的很少一部分，而蕴藏量巨大的微藻，是多种生理活性物质取之不尽的原料库。

影响海洋植物生长的环境因素包括生物的和非生物的。生物因素主要是同种生物的其他有机体和异种生物的有机体，即种内和种间的相互关系。非生物因素包括温度、光、pH 值、海流、地理位置、纬度、底质类型、营养盐的含量、海浪、潮带等。

5.4 海洋动物

生物分类顺序由大到小分别是：门、纲、目、科、属、种。海洋动物是生物界重要的组成部分，地球上所有的动物门类都可以找到海生代表，可是有些门类却没有陆生代表。按分类系统划分，海洋动物共有几十个门类，可分为海洋无脊椎动物和海洋脊椎动物两大类；按生活方式，海洋动物可分为浮游动物、游泳动物和底栖动物三种生态类型。

5.4.1 海洋浮游动物

浮游动物是一类异养型的浮游生物，不能自己制造有机物，而必须依靠已有的有机物作为营养来源。多数浮游动物属于永久性浮游生物，或称作真性浮游生物，即整个一生都在水中营漂浮生活。有些浮游动物属于阶段性浮游生物，即在生活史中的某一阶段营浮游生活，经变态后改营游泳或底栖生活。还有个别浮游动物属于暂时性浮游生物，这类浮游动物非浮游种类，仅短暂地营浮游生活，故又称假性浮游生物。

浮游动物主要包括原生动物的有孔虫、放射虫和纤毛虫；水母类的水螅水母、钵水母和栉水母；轮虫类的单卵巢轮虫；软体动物的翼足类和异足类；甲壳动物的枝角类、桡足类、端足类、糖虾类、磷虾类、樱虾类等；毛颚动物；被囊动物的有尾类和海樽类；各类无脊椎动物和低等脊索动物的浮游幼虫。

5.4.1.1 浮游动物的主要类群

按动物门类，可划分为：

(1)原生动物：是动物界中最原始、最低等的单细胞动物，具有细胞膜、细胞质和一个或几个细胞核。原生动物虽然只有一个细胞，但它是一个完整独立的有机体，具有多细胞动物所具有的基本生命特征，如新陈代谢、对刺激的反应、运动、生长发育和生殖等。海洋中的浮游原生动物主要有肉足虫纲和纤毛虫纲，其在海洋中种类多、数量大、分布广。

(2)腔肠动物：腔肠动物是一类低等的双胚层动物，身体由内、外两个胚层和没有细胞结构的中胶层构成。具有刺细胞，故又称刺胞动物。水母是腔肠动物在浮游生物中的唯一代表，也是海洋浮游动物中最常见、最重要的类群之一。

(3)栉水母：栉水母门是一类两幅对称、没有刺胞(刺胞栉水母除外)也没有世代交替的水母。它们有栉板和粘胞，故名栉水母。它与其他水母明显不同的特征是：没有刺胞，以栉板作为运动器官，只有一个位于身体后端的感觉器(平衡器)。

(4)软体动物：浮游软体动物是指海洋中各种营终生浮游生活的软体动物，它们大多为暖水种，主要特点是足部改变为鳍状游泳器官，一般外壳较退化或几乎完全消失，以适应浮游生活方式。

(5)甲壳动物：甲壳纲是一类主要的水生节肢动物，已发现的约有 38 700 种。它们种类繁多、数量大、分布广，是海洋生态系统中次级生产力的最主要组成者之一，而且是很多经济鱼类、虾类和须鲸类的主要摄食对象，少数种类(如毛虾、糠虾、磷虾等)还是直接的捕捞对象。

(6)毛颚动物：毛颚动物是海洋动物中结构特殊、分类地位尚待确定的一个类群。这类动物身体较透明，左右对称，细长似箭，故称为箭虫或玻璃虫。它们身体前端两侧具有成排的颚刺，所以又称为毛颚动物。它们全部生活在海洋中。

(7)被囊动物：被囊动物是一类低等脊索动物，也称尾索动物。有些种类是某些经济鱼类(如鲳鱼)的饵料；但有的种类(如纽鳃樽)，当其大量密集时，对鱼类洄游起阻碍作用，常使渔获量显著减少。另外，许多被囊类的分布与海流关系十分密切，常可以作为海流的良好标志。

(8)浮游幼虫：浮游幼虫是指那些间接发育的动物的营独立浮游生活的幼虫。它包括两大类：一类是终生营浮游生活的各类动物的幼体；另一类是成体营底栖或游泳生活，而幼体是浮游的，这类幼虫属于阶段性浮游生物。在种类组成方面，除了原生动物外，几乎所有各类无脊椎动物在发育过程中都经过浮游幼虫阶段，甚至刚孵化出的仔鱼，因缺乏发达的游泳器官，也只能在水中漂浮，成为浮游幼虫的成员。

浮游幼虫是经济鱼、虾、贝类等的天然饵料，同时，许多经济鱼、虾、贝类等的种苗本身又是浮游幼虫，因此，它们的数量变动和渔业的关系十分密切。

5.4.1.2　浮游动物的大小

浮游生物大小划分标准见表 5－1。从表中可以看出，浮游动物从微型浮游生物到巨型浮游生物跨越了 5 个等级。微型浮游动物($2 \sim 20 \mu m$)的主要组成是以细菌为食的异养微型鞭毛虫。其他多数原生动物，特别是纤毛虫，属于小型浮游动物($20 \sim 200 \mu m$)，这类浮游动物也包括浮游甲壳动物的卵和早期幼体及某些阶段性浮游幼虫。小型水母、栉水母、毛颚动物、被囊动物、鱼卵与仔鱼及浮游甲壳动物后期幼体和阶段性浮游幼虫等组成了中型浮游动物($0.2 \sim 20 mm$)。后面两个等级的浮游动物很少。大型浮游动物($2 \sim 20 cm$)是一些较大的水螅水母、管水母、钵水母、栉水母、糠虾、端足类、磷虾、海樽和鱼类幼体等。只有少数浮游生物能达到巨型浮游动物($20 \sim 200 cm$)这样大小，主要是大型水母、管水母和钵水母以及浮游火体虫和链状纽鳃樽等。

表 5－1　浮游生物大小的划分

名　　称	大小范围	主要类群
极微型浮游生物	$0.02 \sim 0.2 \mu m$	浮游病毒
微微型浮游生物	$0.2 \sim 2 \mu m$	浮游细菌、浮游植物
微型浮游生物	$2 \sim 20 \mu m$	浮游真菌、浮游植物、浮游原生动物
小型浮游生物	$20 \sim 200 \mu m$	浮游植物、浮游原生动物
中型浮游生物	$0.2 \sim 20 mm$	浮游后生动物
大型浮游生物	$2 \sim 20 cm$	浮游后生动物
巨型浮游生物	$20 \sim 200 cm$	浮游后生动物

5.4.1.3　浮游动物的分布

浮游动物的分布是由水深、水温、盐度、生活水域的营养状况以及其本身对环境的适应性等因素控制的。水深决定了浮游动物是属于沿岸性浮游生物还是远洋性浮游生物。沿岸性浮游生物生活于近岸水域至200m水深的大陆架边缘，其组成特点是包括大量阶段性浮游幼虫和产底栖性休眠卵的种类。这种接近海底的分布促进了浮游生物群落和底栖生物群落之间的交换。

相反，远洋性浮游动物中阶段性浮游生物很少，它们具有明显的垂直移动现象。昼夜垂直移动距离可达数百米；在高纬度生活的一些桡足类，季节垂直移动距离可达500～1000m。上层（0～200m）和中层（200～1000m）是浮游动物的主要活动范围；在低于1000m的深层，其密度通常随着深度的增加而呈对数降低。有时同一种浮游动物会因生活在不同海区而分布于不同的水层。例如，欧洲北海的飞马水蚤在夏季栖息于上层，到了冬季则移居下层。

浮游动物对环境条件的适应能力因种类不同而异，表现为平面分布（或称地理分布）。对于温度的适应性而言，有广温性和狭温性之分；对于盐度的适应性而言，有广盐性和狭盐性之分。有些广温性和广盐性的种类能分布到世界各个海区，称之为世界种；而有些狭温性和狭盐性的种类，只分布于某一海区，称之为地方种。

浮游动物的平面分布是不均匀的。这是因为许多浮游动物都有不同程度的密集现象，这种密集分布现象又称斑块分布。例如，磷虾类就表现得特别显著，这类甲壳动物到了生殖期，常密集在表层产卵。产生密集现象的原因比较复杂，除了生物内在因素（如生殖、生理状态外），外界因素（如风力、水流、光度、温度、饵料等）都能促使浮游动物密集。一般认为，海流和食物是两个最主要因素。

5.4.2　海洋底栖动物

海洋底栖动物是指栖息于海洋底表面或沉积物中的生物。这类生物自潮间带到水深万米以下的大洋深渊的深海沟底部都有分布，是海洋生物中种类最多的一个生态类群，包括了绝大多数海洋动物门类、大型和微型海藻以及海洋种子植物。

许多底栖生物可供食用，是渔业捕捞或养殖的对象，如虾蟹类、双壳类和各种经济海藻等。种类繁多的底栖生物也是经济鱼类、虾类的天然饵料，在海洋生态系统中的能流和物流中占据重要位置。

底栖生物的种数（估计超过100万种）要比水层中的大型浮游动物（约5000种）、鱼类（20 000种以上）以及海洋哺乳类（约110种）的总和还要多。温度、光和盐度的垂直梯度对底栖生物的各种生活方式的形成特别重要。图5-4是根据深度和地形对海洋所做的生态学划分。

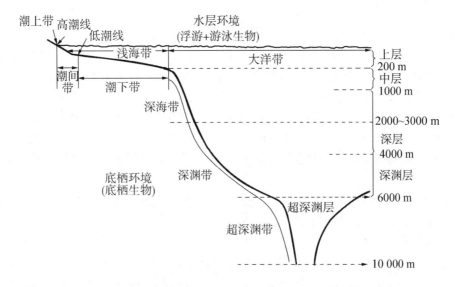

图 5 - 4　海洋的基本生态学划分

浅海水层带与大洋水层带以陆架边缘为界通常在大约 200m 深处；
底栖生境以黑色粗线表示；水层划分以虚线表示(未按比例)

海洋底栖动物绝大多数为异养型生物，按生活方式和在沉积物中的位置可将底栖生物划分为底上动物、底内动物和游泳底栖生物或浅海底栖动物。底上动物是在底上生活或附着在海底表面的动物类群，约有 80% 的较大型底栖动物属于这一类群，珊瑚、海绵、贻贝、螺类、藤壶、海星和某些海胆均属此类。底内动物是完全或部分生活在底质内的种类，包括很多蛤类、蠕虫及其他各类无脊椎动物，其通常在软底质群落中占优势，在潮下带浅海，多样性最高，数量也最多，个别种也生活在硬底质群落中，如凿石蛤。生活在海底但又可暂时离开海底游泳的种类称作游泳底栖生物，如虾、蟹和比目鱼类。

5.4.3　海洋游泳动物

游泳动物(自游动物)是指运动器官发达、游泳能力很强的一类大型动物，包括海洋鱼类、哺乳类(鲸、海豚、海豹、海牛)、爬行类(海蛇、海龟)、海鸟以及某些软体动物(乌贼)和一些虾类等。从种类和数量上看，鱼类是最重要的游泳动物，也是海洋渔业捕捞的主要对象。游泳动物大部分是肉食性种类，草食性和碎屑食性的种类较少，很多种类是海洋生态系统中的高级消费者。根据游泳动物在空间尺度上的分布，可分中上层游泳动物和底层游泳动物。在海域分布上，有以栖息于大陆架以内的近岸游泳动物和进行长距离洄游的大洋性游泳动物。在特定区域，由于生态环境和季节变化差异，可划分为常年出现且空间分布范围较小的定居种、连续出现于多个月份的季节种和采捕频率较低的偶见种等三种生态类型。严格讲，海鸟不是游泳动物，因为它们多数时间在空中飞翔，但事实上某些海鸟如南极企鹅、鸬鹚等为猎捕食物而潜入水中，因此它们不得不大部分时间在水中游泳度过。

游泳动物需要在很大空间寻找食物，同时在静止时也需要克服重力的影响，因此是水层物种中能量需求量最大的种类。

游泳动物在水中运动时，必然要克服水对其身体产生的阻力，它们在体型上通常都具有流线型的身体。一些海洋哺乳类身上的毛消失或变短、乳腺扁平，都有减少运动阻力的作用。游泳动物停止运动时为了保持身体的漂浮状态，必须具备某些浮力适应机制，大部分鱼类具气鳔，其体积占身体体积的 $5\% \sim 10\%$，它们能调节气鳔内的气体含量，从而使身体得以保持悬浮在一定的水层里。有的鱼类（如鲨鱼）是在体内增加脂类物质，这些比海水轻的物质可沉积在肌肉、内部器官和体腔等部位。例如，鲨鱼的脂类主要贮存在肝脏，而海洋哺乳动物的脂类通常贮存在皮下（脂肪层），不仅可以增加浮力，而且可以减少身体热量散失。

很多海洋游泳动物有周期性的洄游习性，洄游通常包括下述三种类型，它们往往代表游泳动物生命过程中的三个主要环节：

1. 产卵洄游

产卵季节前集群游向产卵场的洄游。根据产卵场所不同，又分为：①由外海向近岸浅海的洄游，如我国北方的对虾、小黄鱼、鲐鱼等，每年春季洄游到黄海北部和渤海湾内产卵。②溯河洄游：由大海游向河口并溯河而上到适宜的产卵场所，如鲑鱼、鲟鱼等。随后幼体洄游到海洋成长至成体，成体产卵后有的死亡（如太平洋鲑鱼），有的可再次进行洄游（如大西洋鲑鱼）。③降海洄游：成体大部分时间在淡水中度过，性成熟后向河口移动，聚集成群游向深海产卵，然后死去，如美洲鳗鲡和欧洲鳗鲡。

2. 索饵洄游

为寻找或追逐食料所进行的洄游，在产卵后的亲体群和性成熟前的群体表现得较为明显。例如，鲸鱼在温带水域生殖，越冬后夏季游向南大洋或北冰洋索饵。太平洋金枪鱼也有索饵洄游习惯。

3. 越冬洄游

主要是暖水性游泳动物的一种习性，通常是在晚秋和初冬水温下降时集群游向适合过冬的海区。如我国黄海、渤海的小黄鱼总是游向海底水温较高的济州岛附近越冬。

游泳动物的主要类别有：

1. 鱼类

鱼类包括三个纲。

（1）圆口纲：如七鳃鳗、盲鳗，口部为吸盘环绕，体壁类似鳗鲡，无鳞片。七鳃鳗是寄生性种类，用吸盘吸附在其他鱼类体上进行摄食。

（2）软骨鱼纲：软骨鱼类也称板鳃鱼类，其特征是软骨、无骨鳞，如鲨、鳐，现存大约 300 种。鲨鱼是其中最重要的鱼类，多为捕食性。但鲨鱼中个体最大的姥鲨和鲸鲨却是食浮游生物的种类（用特化的鳃耙过滤浮游生物，其长度分别可达 14m 和 20m 左右。鲨和鳐通常进行体内受精，只产生少量的大型卵，大多数鲨鱼产出幼鱼，鳐产的卵则有保护袋（黏附在基质上），几周或几个月后才孵出幼体。

（3）硬骨鱼纲：硬骨鱼类具有硬骨骼，约有 2 万多种。硬骨鱼类的食性包括食浮游生物或食鱼，前者如鲱鱼、沙丁鱼，体型较小，处于较低的营养级，产量很高。大型鱼类（如鳕鱼）幼体可摄食浮游生物，成体则捕食其他鱼类。大型的大洋鱼类（如金枪鱼和鲹科鱼类）则属于食鱼的种类。一些底栖鱼类（如舌鳎）只摄食底栖生物（蛤、蠕虫和甲壳类），另一些底栖鱼类(如鲽、鮃)则摄食小鱼。珊瑚礁鱼类比较特殊，适应于摄食珊瑚虫和珊瑚礁上的其他生物。

生活于海洋中层(300～1000m)的鱼类有1000多种，其中大多数种类个体较小(25～70mm)，其中有300多种巨口鱼类，具有典型的大颚，上有很多尖齿，捕食浮游动物、乌贼和其他鱼类。很多种类的消化器官伸缩性很强，可容纳大型猎物。另一类是灯笼鱼，有200～250种。以上两种鱼类都具有发光器官，有共生的发光细菌，发出的光作为诱饵，寻找猎物或配偶。深海(超过1000m)的鱼类很少，其中主要是鮟鱇鱼类，同样具有发光器官，有些鮟鱇鱼的雄体附着在雌体上。绝大多数硬骨鱼类是体外受精，产生很多浮游性卵，幼体构成季节性浮游生物。

2. 甲壳类

如虾、蟹类。

3. 头足类

鱿鱼是最重要的头足类游泳动物，乌贼也是主要的头足类，其食量很大，可以大量捕食各种动物。

4. 海洋爬行类

包括海龟、海蛇、蜥蜴等。海蛇有60种左右，生活在印度洋和太平洋的温暖浅水区。

5. 海洋哺乳类

包括3个目：

(1)鲸目：约有30多种，包括鲸和海豚，其中有的种类体长可达30m，是迄今生活的最大型动物。一些大型的须鲸(如灰鲸、座头鲸)冬季在热带海域产仔(温度较高、子代生长快)，夏季游向极地摄食(冷水环境中的夏季食物丰度大大超过热带海区)。齿鲸亚目没有鲸须，但有牙齿，包括除须鲸外的其余鲸类、海豚和小型齿鲸，齿鲸中的虎鲸甚至可捕食其他的海洋哺乳动物。

(2)鳍足目：包括海豹、海狮、海象，在陆地(或浮冰上)集群产仔和休息，大多数分布在南北极海域。

(3)海牛目：海牛最大的特点是摄食大型藻类为生，所以分布于近岸浅水区和河口湾。海牛因人类捕杀而数量大减，其中斯特勒海牛已于1768年灭绝。

6. 海鸟

目前有260～285种，它们在海上生活、觅食，在陆地筑巢产卵。海鸟主要群体集中在高生产力海区，南极极为丰富的磷虾、鱼类等食物养育了数量众多的南极企鹅，南美西部海岸上升流高产区也是最著名的海鸟集居住。

5.5　海洋主要生态系统类型

5.5.1　海藻场生态系统

冷温带的潮下带硬质底上生长着大型褐藻类植物，与潮间带岩岸群落相连接。在美国太平洋沿岸主要是巨藻属，在大西洋沿岸海区则是海带属的种类。这些大型海藻要求硬质底部以提供藻体的固着基，底部要有光线透入以便藻类的幼苗能进行光合作用，在清澈的海区，藻场可延伸到 20～30m 深处，如果海底坡度小，藻场可延伸到离岸几公里。由于形成藻场的主导植物适应的温度较低，所以仅分布在冷水区。在南、北美太平洋沿岸有冷水涌升的海域也有分布，暖温带和热带海域则不出现大型藻场。藻场沿着东太平洋北美和南美西海岸分布一直延伸到亚热带维度的上升流区。在西太平洋则分布于日本沿海、朝鲜和中国北部近海区。大西洋的大型海藻分布于加拿大东部沿海、格陵兰南部、冰岛的欧洲部，包括英国沿海。在南半球的亚南极群岛也有高产的大型海藻。此外，新西兰和南非也分布着可供开采的资源。

形成藻场的褐藻类个体很大，如美国太平洋沿岸的巨藻可生长到 20～30m，而且生物量很大，故被称为"海底森林"。大型海藻类没有真正的根，叶片可直接吸收海水中的营养盐类。由于海水的不断运动和潮汐作用，藻场营养盐不至于消耗殆尽，并且浅水区的湍流、上升流和陆地径流也可不断补充海水中的营养物质。

大型海藻提供藻场生物群落的框架，其巨大的叶片表面，为很多附着植物和动物提供生活空间，包括硅藻、微型生物和群体的苔藓和水螅。不少海绵动物、肠腔动物、甲壳动物和鱼类等也在藻场生活。滤食性动物还有海鞘、荔枝海绵等，食腐动物如巢沙蚕、寄居蟹等，捕食性动物如双斑鲼以及一些定居性或阶段性生活在这里的鱼类。敌害生物主要是海胆，它们可以大量摄食幼嫩的藻体。在美国太平洋沿岸，海胆的主要捕食者是一种海獭，后者可以对海胆种群数量起调节作用，其他捕食海胆的还有海星和某些鱼类。

当海胆由于某种原因大量繁殖时，有可能消灭全部具叶的海藻，留下一片荒芜的基底，其上只有壳状珊瑚藻、硅藻和绿藻。藻场被海胆食光后，栖息于藻场的各种鱼类和无脊椎动物也失去了生存条件。例如，1968 年加拿大斯科舍省海岸外 140km² 的岩石海底上，海胆种群密度约为 37 个/m²，它们只取食海藻脱离的碎片，而且海底数量受到其捕食者龙虾的控制，于是海胆 – 大型海藻就处于平衡状态。但在 1968 年后，由于过度捕杀龙虾，海胆得以大量繁殖，藻场出现直径几十米的无海藻"空洞"，空洞面积不断扩大和数量不断增加，使藻场生物群落破坏后很难恢复原状，因为藻场的破坏，使剩余的龙虾失去育苗场所，而且由于龙虾密度太小，难以再有控制海胆数量的作用。至 20 世纪 80 年代，海胆因为一种上皮疾病大批死亡，随后在某些地方的大型藻场逐渐得以恢复。

海獭被认为是北太平洋藻场的关键种，海獭捕食海胆、蟹类、鲍鱼和其他软体动物以及运动缓慢的鱼类。例如，在美国加州沿岸，那里的海胆主要受海獭限制，当海獭由于商业捕捞而局部灭绝以后，大量海胆破坏海藻林，后来人们使用氧化钙来毒杀海胆。大型海藻类生产力很高，但只有少数无脊椎动物（如海胆和草食性腹足类）能直接啮食海藻，据估计只有 10% 的初级产量是通过直接摄食进入食物网，其他 90% 是通过碎屑或溶解有机质进入食物链。

海藻多以一年为周期生长和枯死的节律，另外，藻场平时也会因波浪作用而破坏。大型海藻不仅是海洋中最大的藻类，也是生长最快的植物。据报道，大型海藻每日 6～25cm 的生长率是很常见的，最高日生长率可达 50～60cm。其初级生产力介于 600～3000g/(m²·a) 之间。阿留申的安琪加岛近海，大型海藻年产量是 1300～2800g/(m²·a)，这一产量是曾经支持着 200 多年前灭绝的斯泰勒海牛的食物，这种哺乳动物体长达 10m，重达 10t。加拿大新斯科舍近海海底森林的生产力大约每年 1750g/(m²·a)，南非大型藻类的每年生产力约为

$600g/(m^2 \cdot a)$。美国加州巨藻开发量每年干重达 $10\,000 \sim 20\,000t$。

大型藻的生产量被生物群落中的各种消费者消费，包括海胆、螺类、鲍鱼等牧食者和各种滤食者以及食沉积物的底栖动物。植物渗出的和分解产生的溶解有机物被细菌利用。据报道，南非海岸夏季大型藻维持着 $43g/(m^2 \cdot a)$ 的细菌生物量（干重）。主要的食肉动物岩虾大量捕食贻贝，但也摄食其他无脊椎动物，而它本身又被角鲨、海豹、章鱼和鸬鹚所捕食。总之，大型藻场生物提供了空间异质性和高度多样化的生境，初级生产力很高，支持着各种消费者的生活，食物链以碎屑食物链为主。

5.5.2 沙滩生态系统

潮间带沙滩出现在水动力较强的海岸，通常由不规则的石英颗粒、贝壳类（如牡蛎）的碎壳组成，其粒度主要取决于波浪作用的程度。沙粒里还有来源于陆地或海洋的各种碎屑。在波浪和海流作用下，不同粒径的颗粒缓慢向外海运动，粗颗粒在海水中首先下沉，较细的颗粒则处于悬浮状态并继续被搬运到离岸较远的地方。因此，在水平方向上形成近岸沙粒粗、远岸细的分布特征；同样在垂直方向上形成底部粗、上部细的沉积层。

沙滩沉积物还有一个特点是沙粒在波浪作用下可以移动，沙粒之间有一定的不稳定性，不利于固着和底上种类生活。沙滩沉积物的通气性较泥滩的好，但由于微生物呼吸作用以及化学物质氧化耗氧，其含氧量也随深度增加而减少，最终出现还原层，还原层的深度取决于有机质含量。不过，总的来说，沙滩的有机质含量比泥滩低得多。

沙滩的生产者主要是生活于沙粒表面的底栖硅藻、甲藻和蓝绿藻，它们不会出现在没有光线可利用的沙层里，初级生产力很低，通常不超过 $15\ g/(m^2 \cdot a)$，比岩岸或泥滩的初级生产力至少低一个数量级。不过，底栖甲藻有时也能够形成相当大的个体密度从而使成片的海沙改变颜色，即"colored sand"现象。另外，通过主动的垂直移动，许多异养种类在沙质沉积物中能够分布到一定的深度，并可以生活在缺氧富硫的还原层中，这些现象表明海洋底栖甲藻对沙质潮间带沉积物中的物质循环和海滨环境净化具有重要意义。

沙滩生态系统消费者主要依赖从周围水体输送来的初级产物以及外来的有机碎屑以维持能量需求。

从外观看，沙滩似乎缺乏生物栖息环境，这是因为生活于这里的很多生物个体很小，隐蔽在沙粒里，大型种类也多为穴居种类。因此，不容易被肉眼看出。

生活于沙粒间隙，包括在沙粒间生活、移动的小型动物通常称为沙间动物，它们包括很多门类的代表（如鞭毛虫、纤毛虫、线虫、有孔虫、涡虫、腹毛虫等），其中腹毛虫类全部或主要局限于这一特定环境。沙间小型动物个体长度通常介于 $0.1 \sim 1.5mm$ 之间，平均个体数量约为 10^6 个/m^2 这一数量级，生物量为 $1 \sim 2g/m^2$。沙滩小型动物通常具有很多适应这一特定环境的形态学适应特征，包括个体小、身体延长成蠕虫状和侧扁的体型。同时，很多种类还通过强化体壁来保护身体免受沙粒损伤。例如，腹毛虫身体上长有棘刺和鳞片；有的具发达的角皮或外骨骼（线虫和甲壳类）或钙化的内骨针（某些纤毛虫）。有的身体具有很强的收缩能力（有些纤毛虫、涡虫和水螅）以避免其柔软身体受到机械损伤。此外，许多沙间动物具有特殊的黏着器官（如钩、爪或上皮腺体）使身体黏着在沉积物颗粒上。沙间小型动物有多种摄食类型，例如，介形类与猛水蚤类摄食底栖硅藻和鞭毛虫，腹毛虫和线虫是食碎屑的种类，水螅和涡虫则属捕食性动物。少数一些种类（如苔藓虫和海鞘）是食悬浮物的种类。这些小型沙间动物是大型沉积食性的小虾和幼鱼的食物。沙间小型动物因其个体小及相应的物理条件，限制它们产生大量的配子，所以繁殖能力很弱，许多种一次只产几个卵，而且约有98%的种类缺少浮游性幼虫阶段。但是，幼体受到亲体的保护，直接孵出底栖性幼体。这种生活史特征有助于减少被浮游捕食或底栖滤食者摄食的机会，从而有利于确保种群生存。

沙滩大型动物多样性较岩滩和泥滩群落的低，就生物量而言，以多毛类、双壳类和甲壳类动物占优势。沙滩潮上带主要栖息一些甲壳类动物，在温带常见到端足类和等足类，它们白天穴居，夜间在沙滩摄食海藻碎屑，热带潮上带常见到沙蟹属的种类，白天也多隐匿在沙穴中。在沙滩的中、低潮区，软体动物中的蛤类常占优势，如斧蛤、樱蛤等，体型较小但通常数量很大。还有较大型的刀型蛤类，它们的壳相对较薄而细长。厚壳的种类有鸟蛤和白樱蛤等。双壳类软体动物的食性包括食悬浮物和食沉积物的种类，有的两种食性兼有，通常食沉积物的种类多在细颗粒的沙中占优势，可能与细沙粒中有机质含量比粗沙高有关。潮间带沙滩玉螺等一些腹足类软体动物是捕食者，摄食双壳类软体动物。因此，玉螺的数量对潮间带沙滩群落的结构有重要影响。另一类沙滩大型动物是多毛，它们多数是食沉积物者，但也有少数种类摄食浮游生物或再悬浮的有机物质。有的种类（如吻沙蚕）能在沙里活动和寻找食物。分布在中潮区的还包括对虾、糠虾和其他一些沙岸底栖甲壳动物，包括大型底上捕食者蟹类。在低潮区，有各种类型的棘皮动物生活，包括穴居的海参和海胆，它们也是食沉积物者，此外也可见到少数海星。生活在低潮区的鱼类有的是挖穴的永久性栖居者（如沙鳗鲡），有的是暂时性栖居者（如比目鱼常在高潮时游入觅食）。

5.5.3 珊瑚礁生态系统

在暖水沿岸区有广大海域形成珊瑚礁。珊瑚礁是海洋环境中独特的一种生物群落，它是由生物作用产生的碳酸钙沉积而成。珊瑚虫以及其他肠腔动物的少数种类对石灰岩基质的形成有重要作用。当珊瑚虫死亡后，骨骼积聚，其后代又在这些骨骼上成长繁殖，如此逐渐积累，就称为珊瑚礁。除珊瑚虫外，含钙的红藻特别是石灰红藻属和绿藻的仙掌藻属对造礁也起重要作用。所以，珊瑚礁实际上是珊瑚－藻礁。此外，一些软体动物（如各种砗磲）对沉积碳酸钙也起相当大作用。

珊瑚礁生物群落是所有生物群落中最富生物生产力的、分类上种类繁多的、美学上驰名于世的群落之一。我国的珊瑚礁海岸，大致从台湾海峡南部开始，一直分布到南海。但是真正完全由珊瑚及其他造礁生物所形成的珊瑚岛直到北纬16°附近的西沙群岛才出现。

虽然在世界各海区（热带、温带和极区）都有肠腔动物珊瑚生存，但是只有在热带（和部分亚热带）近岸才能形成珊瑚礁，所以分别称为造礁珊瑚和非造礁珊瑚。造礁珊瑚在其组织内有共生虫黄藻。虫黄藻生活在珊瑚虫消化道的衬层细胞内，数量可达每立方毫米珊瑚组织30000个细胞。在受到胁迫的环境条件下（如过高的水温），共生藻类从珊瑚虫中被排除。由于珊瑚虫的色彩多半是由虫黄藻产生的，所以这一排除行为被称为"漂白"。非造礁珊瑚没有共生虫黄藻，它们的营养和生长不需要光，因而可以生活在真光层下方。

能分泌石灰质的造礁珊瑚对生长环境有严格要求：①温度：温度在20℃以上，适宜温度为年平均水温 25℃ 左右。因此，造礁珊瑚只能生长在热带海区，在中美和南美西岸以及非洲西岸广大海区，尽管是处于赤道附近水域，但却没有造礁珊瑚的分布，其原因就是这些海域有强大的下层冷水上升，沿岸浅水区水温低于造礁珊瑚要求的温度条件。相反，我国台湾、广东沿岸虽然纬度较高，但由于有强大的暖流通过，也有少量造礁珊瑚。②光照：珊瑚虫生长要求有足够的阳光，其适合生存深度是 25m 以内，水深超过 50～70m 就停止造礁。这说明为什么珊瑚礁生物群落只限于大陆或岛屿的边缘。③盐度：造礁珊瑚适宜的海水盐度为 32～35，不能偏离过多。因此，被河水冲淡的海边是不长珊瑚的。在南美大西洋沿岸，有亚马逊河和 Orinoco 河流的冲淡作用，使造礁珊瑚不能在那里生活。但是，在盐度较高的海区如波斯湾，盐度达 42，造礁珊瑚仍很旺盛。④水质：绝大多数造礁珊瑚要求水质清洁和水流畅通的环境，污浊的淤泥能使珊瑚虫窒息而死，而且浑浊的水也影响珊瑚虫共生藻类的光合作用。河口区不适合珊瑚生活的原因除淡水的稀释作用外，水体浑浊也是重要原因之一。海岸带向海一侧由于波浪作用，水中溶解氧供应充足，又不易沉积淤泥，浮游生物（作为珊瑚的一种食料来源）供应充足，珊瑚一般来说较向陆侧的更为繁盛。⑤要求附着在岩石的基底上。

珊瑚礁海岸有三种类型：①岸礁：又称边礁、裙礁，珊瑚礁构成一个位于海面下的平台，它紧靠着陆地分布，好像一条花边镶嵌在海岸上。②堡礁：又称堤礁，它像长堤一样，环绕在离岸更远的外围，而与海岸间隔着一个宽阔的浅海区或隔着一个称为泻湖的水体。世界上最著名的堡礁是澳大利亚东北部长达 2400 km 的大堡礁。③环礁：它是露出海面，高度不大的珊瑚礁岛，外形成花环状，中央水体也称泻湖，湖水浅而平静，而环礁的外缘却是波浪滔滔的大海。除少数例外，环礁多位于印度 - 太平洋海区，在大西洋近岸则未出现，而岸礁和堡礁基本上在各大洋珊瑚礁带均有出现。我国南海诸岛的珊瑚礁多为环礁。环礁恰似戴在海底山顶上的冠冕。

珊瑚礁生物群落是海洋环境中物种最丰富、多样性程度最高的生物群落，它有十分融洽的内部共生关系，珊瑚虫是构成珊瑚礁基本结构的主要生物。在共生藻类中，虫黄藻生活在珊瑚虫的组织中（即在动物体内生活），另一些藻类生活在动物体周围和下方的钙质骨骼中。此外，其他一些含钙质和肉质藻类可以在石灰岩基质的各处找到。根据现有资料，印度 - 太平洋区系共有造礁珊瑚 500 种以上（其中大堡礁就有 350 种左右）。大西洋珊瑚礁种类较少，大约仅 75 种。除了造礁的石珊瑚外，还有一些非造礁珊瑚，包括火珊瑚、管珊瑚和软珊瑚也是珊瑚礁生物群落中的成员。

几乎所有海洋生物的门类都有代表生活在礁中各种复杂的栖息空间。礁栖脊椎动物主要是五彩缤纷的各种鱼类，它们的体形多侧扁，以适应在珊瑚丛中穿梭游泳生活。据报道，世界海洋鱼类中有 25% 分布在珊瑚礁水域，大堡礁就有 1500 种以上，菲律宾礁栖鱼类达 2000 种以上。除了鱼类外，海龟、海鸟也常出现于珊瑚礁生物群落。礁栖无脊椎动物种类也是十分丰富。例如，太平洋珊瑚软体动物有 5000 种以上，主要是帽贝、腹足类和蛤类，大堡礁的软体动物就有 4000 多种。此外，棘皮动物如海星、海胆和海参，甲壳动物的刺龙虾和各种小虾，多毛类、蠕虫以及海绵等也是常见类别。

礁栖无脊椎动物有各种各样的生活方式，有营固着生活的（海绵类、水螅虫类、海葵类、苔藓虫类、蔓足类以及双壳类的珍珠贝、牡蛎等），有营穴居生活的（砗磲、长海胆、石笔海胆等），有隐居在珊瑚丛中、缝隙和礁石之下的（各种海参、某些蟹类和龙虾等），还有营爬生活(寄居蟹、部分蟹类等)、潜沙生活(笋螺)和游泳生活的(如虾蛄、各种小虾)种类。

珊瑚礁生物群落有如此高的多样性也说明种间食物和空间竞争激烈,结果使各个种占据的生态位都很狭窄,每一个微生境都被适应于该特定场所的生物所占据。同时,对食物也有高度的摄食食性特化和食物选择。以鱼类为例,有的是食草者,啃食海藻或海草,有的是浮游生物滤食者,还有的是食鱼或捕食各种底栖无脊椎动物。

虫黄藻生活在珊瑚虫的组织中(即在动物体内生活),另一些藻类生活在动物体周围和下方的钙质骨骼中。珊瑚 – 藻类共生的生态学意义主要在于:①满足动物能量需求:珊瑚虫虽然能捕食一些小型浮游动物,但研究表明,珊瑚礁上覆盖水体中的浮游动物数量往往不能维持珊瑚的能量需要。应用示踪方法和电镜观察已经证明,共生藻类(虫黄藻)的有机物质可以直接转移到动物组织中,这样,珊瑚虫可以依赖藻类光合作用得到食物量。②补充植物营养物质:珊瑚虫的代谢产物是共生藻类所需要的营养物质,可直接被藻类利用,而且珊瑚虫捕食一部分小动物,从而获得珊瑚和藻类都需要的稀有物质(如磷)。这些营养物质在珊瑚的植物和动物成分之间不断进行再循环,这种有效的再利用意味着尽管周围水中的营养盐浓度很低,仍能保持高度的生产力。③促进碳酸钙沉积:研究表明,在动物体内生活的藻类能够促进珊瑚虫建立骨骼的能力。在光照条件下,钙化作用比在黑暗中平均要强十倍,而在除去体内生活的藻类实验中,珊瑚虫的钙化作用显著降低。这是由于藻类光合作用吸收 CO_2,从而明显促进碳酸钙生成。此外,植物光合作用产生的 O_2 还可供动物呼吸需要。

5.5.4 红树林生态系统

红树林沼泽是热带、亚热带海岸淤泥浅滩上富有特色的生态系统,热带海区 60% ～ 75% 的岸线有红树林生长。红树植物是为数不多的能耐受海水盐度的挺水陆地植物之一。我国红树林分布于海南、广东、广西、福建和台湾省。印度 – 太平洋海域的红树林种类比大西洋多。

5.5.4.1 红树林的生境特征

1. 温带

红树林分布中心的海水年平均温度为 24 ～ 27℃,在年平均温度较低的地区,其种类和数量也随之减少。我国海南岛海口的海水平均水温为 25℃左右,而厦门港年平均水温为 21℃左右,后者的红树林种类比海南岛要少。

2. 底质

红树植物适合生长在细质冲积土壤,在冲积平原和三角洲地带,土质由粉粒和黏粒组成。红树林区的土壤一般是较初生的土壤,在沉积下来之前已被河水分选过,多数为精细颗粒,沉积物含有丰富的有机碎屑(主要是红树叶子),pH 值通常在 5 以下,沉积物下部形成黑色软泥。

3. 地貌

红树林大部分分布在潮间带、隐蔽的堆积海岸、自然发育的滩面,这些地方通常广阔而平坦,而且常沿着河口海湾、三角洲地区或沿河口延伸到内陆一段距离。

4. 盐度

红树林常生长在河口内湾区，盐度变化大。红树植物都不同程度具有耐盐的特性，使其成为海岸植物的优势种，不同红树植物种类对盐度的耐受性使它们有相应的分带模式。

5. 潮汐

红树林受潮汐作用，这个水交换过程可以输出部分物质(包括有机碎屑、代谢废物)，也可输入营养物质。同时，红树林的各种动植物能适应潮汐诱发的波动，在潮汐落差大的区域，红树林生长最好。此外，鱼虾等海洋生物也能随潮汐进出红树林区域。

5.5.4.2　红树林植物的适应机制

1. 根系

红树植物很少具有深扎和持久的直根。在淤泥和缺氧的环境，又受到周期性潮汐的浸渍和冲击，红树植物根系产生各种生态适应，有表面根、支柱根或板状根、气生根等，这些根系有助于植物的呼吸和抵抗风浪冲击的固着作用。

2. 胎生

不少红树植物的果实在成熟后仍留在母树上，种子在母树上果实内发芽。红树植物的幼苗是很长的，具有棒棍形状或纺锤形的胚轴，长 20～40cm，露出果实之外，等到幼苗成熟时才下落，插入松软的海滩淤泥中，几天后即可生根而固定在土壤中。

3. 旱生结构与抗盐适应

红树林对生境的适应形态主要表现在：叶片的旱生结构(如表皮组织有厚膜且角质化、厚革质)、叶片具有高渗透压、树皮富含丹宁(抗腐蚀性)、拒盐或泌盐特性(前者依靠木质部内高负压力，通过非代谢超滤作用从盐水中分离出淡水，后者通过盐腺系统将盐分分泌排出叶片表面之外)。

5.5.4.3　红树林种类分布

红树林种类分布常呈现与海岸平行的最基本的 3 个地带：

1. 低潮积水带

位于低潮线下，并仍有少量浅水坡岸上部。这里盐度较高，是红树林先锋植物种类生长的地带。高潮时，红树植物几乎全淹没或仅有树冠外露；低潮时，树干基部仍浸泡于水中。

2. 中潮带

位于低潮线以上、高潮线以下的中间地带，盐度在 10～25，海滩宽度从几十米到几公里。退潮时，地面暴露，淤泥深厚；高潮时，树干几乎被淹没一半左右，这是红树植物生长繁盛地带。

3. 高潮带或特大高潮带

这地带土壤经常暴露，表面比较硬实。特大高潮区有较干实的土壤，是红树林带和陆岸过渡的地带，土壤盐度受淡水冲洗影响而比较低。

红树林中常生活着一些陆生生物(例如昆虫、蛇、鸟类、蜥蜴、鼠类、蝙蝠等)。据报道，中国红树林中动物种类有 200 种左右(包括留鸟、候鸟)。还有一些陆生蟹和红树林蟹，它们取食碎屑或在低潮时以海洋生物为食。此外，滨螺也生活在树干或树枝上。红树林落叶和碎屑在潮间带滩面上分解，淤泥中也富有这些有机质残余，红树林区有很多藻类，如浒苔、颤藻、石莼、底栖硅藻等。在红树基部，藤壶和牡蛎附着在树干下部或多种类型的根部，形成重要的生物量。泥滩表面和内部生活的底栖种类较多，如多毛类、端足类、蟹类、虾类等，很多种类在软基质上挖掘洞穴。蟹类中常见的有招潮蟹、相手蟹、大眼蟹等，它们以淤泥中碎屑为生。蝼蛄虾、海蛄虾也是挖穴种类。蟹类和虾类挖穴生活既能作为逃避敌害的避难所，又能作为繁殖和捕食场所，同时可使 O_2 深入底层，改善那里的缺氧状况。在红树林软相潮间带中生活的多毛类密度和生物量是非常可观的。鱼类方面，弹涂鱼可以长时间离开水面，利用变形的鳍敏捷的在淤泥上爬行，甚至可爬到红树根上，还有鱼类和虾类是随着潮汐的涨落而出现在红树林区域。

总体上看，红树林生物群落由于生境比较严酷，生物多样性程度并不很高，但有的种类和数量比较丰富。

5.5.5　热液口和冷渗口生态系统

1977 年，美国深潜器"阿尔文"号在加拉帕戈斯群岛附近 2500m 深处中央海脊的火山口周围首次发现热液口，其中从烟囱状的出口处涌出的热液温度很高（250～400℃），而从海底的裂缝中扩散出来的热液温度相对较低（5～100℃）。当热液与周围海水混合时，温度降至（8～23℃），仍然比正常情况下 2500m 深处的温度（2～4℃）高出很多。同时在热液出口区发现 H_2S 含量很高，而 O_2 含量很低。这种热液口环境中有很丰富的能氧化硫的细菌生活，其生物量可达 10^6 个/mL，并在海底形成厚厚的丝状细菌垫。同时，个体特别巨大的一些蠕虫和双壳类动物特别引人注目，它们与细菌共生，构成特殊的生物群落。

除了深水热液外，海洋调查还发现在浅水带也存在类似深海的热液环境，称为浅水热液口。例如，在加利福尼亚南部潮间带，也有热液口涌出硫化物和氧化硫的细菌以及摄食细菌的笠贝。不过，在这种浅水热液口的周围潮间带也同时有进行光合作用的底栖自养植物，其中的笠贝则是摄食覆盖在岩石表面的海藻。此外，还有一类称为冷渗口的特殊海洋生态环境。墨西哥湾佛罗里达海崖从海底向上延伸，在 3270m 海底，发现浓度很高的硫化物和甲烷的超盐水从海底渗出。同时也发现大量密集成层的白色细菌覆盖在底面上，并出现一些特殊的动物（如巨大的蠕虫、贻贝、蛤类）。不过，与热液口的高温不同，这里的水温是低的，因此称为冷渗口。

热液口生物群落主要依靠化学合成生产有机物质，那些能氧化硫的细菌氧化热液中的还原性硫化合物（H_2S）获得能量，用于还原 CO_2 转变为有机物质，反应需要吸收海水中的分子氧，整个生产过程可用下式概括：

$$CO_2 + H_2S + O_2 + H_2O \xrightarrow{\text{嗜硫细菌}} CH_2O + H_2SO_4$$

除了氧化硫的细菌外，还有一些其他类型细菌，它们能利用另外的还原物质（如 CH_4、NH_3）作为能源形成有机物质。热液口的化学合成细菌是该生物群落食物链的主要生产者，细菌生产量是很高的，可能是其上层光合作用量的 2～3 倍，有些地方形成的丝状细菌可达 3cm 厚。这些细菌生产量是支持着热液口很多消费者生物量的基础，完全不同于通常深海区低生物量的特点。除了热液口外，冷渗口也是以上述方式进行化能合成有机物的。说明决定这种深海高生产力的最重要的条件是大量还原性的无机化合物。

热液口通常密集栖息着一些个体很大、身体结构很特殊的动物，其中多数以前未被发现的物种。最初在加拉帕戈斯的热液口发现红色管栖蠕虫，这种长管艳虫就是一个新属和新种，其长度可达 1.5m、直径 37mm、栖管长达 3m、栖息密度可高达 176 个/m²、生物量(湿重)6800～9100 g/m²、生长率 85cm/a。热液口生活的另一种占优势的蛤，其身体长度可达 30～40 cm，鳃组织有团块状的硫细菌共生，软体部呈现红色，表示血液中也有血红蛋白，而不是像多数软体动物那样是血清蛋白。

热液口区域也栖息着其他诸如笠贝类和腹足类等很多动物，其中多毛类是很重要的一类底栖动物，包括食悬浮物的和食沉积物的种类。多数热液口区还有各种蟹类，有的是腐食食性者。有些热液口海葵很丰富。在底栖甲壳类方面，大西洋中部海脊热液口周围有各种小型虾类，密度高达 1500 个/m²。在太平洋一些热液口，原始型藤壶占优势。鱼类不是热液口生物群落的重要成员，迄今从热液口生境仅记录到 5 种。

热液口的生物群落一般都很小，直径仅 25～60mm，并且持续存在时间不长。热液口和冷渗口都属于含硫化物群落，依赖细菌利用 H_2S 合成有机物，以上特征是与现代生物圈以光合作用合成有机物为主的过程不同。从热液口和冷渗口环境特征看，与生物圈进化初期的海洋环境很类似。因此，一些科学家认为，热液口的环境可能类似前寒武纪早期生命所处的环境，因而推论地球上的生命可能来源于并进化于与热液口状况相似的条件。

第6章　海洋环境问题

海洋自然环境是在海－气－陆长期相互作用下形成的相对平衡状态，人们在开发利用海洋的活动中，必然干预海洋自然环境，其中那些不当的盲目的活动往往会造成严重的海洋环境问题。

6.1　海洋环境主要污染源

根据《联合国海洋法公约》，"海洋环境的污染"是指人类直接或间接把物质或能量引入海洋环境，其中包括河口湾，以致造成或可能造成损害生物资源和海洋生物、危害人类健康、妨碍包括捕鱼和海洋的其他正当用途在内的各种海洋活动、损坏海水使用质量和减损环境优美等有害影响。从人为原因导致的海洋污染来看，海洋污染源分为三个大的方面：首先是陆地型污染源，指从陆地向海域排放污染物，造成或者可能造成海洋环境污染的场所、设施等，包括工厂直接入海的排污管道、混合入海排油管道、入海河流、沿海油田以及港口等；其次是海上型污染物包括船舶或海上设施、海洋倾废等；最后是大气型污染物，主要是大气降水或大气沉降使污染物进入海洋。

6.1.1　陆源污染

6.1.1.1　陆源污染的定义

1990 年 5 月 25 日，国务院第六十一次常委会通过的《中华人民共和国防治陆源污染物污染损害海洋环境管理条例》定义"陆源"："本条例所称陆地污染源（简称陆源），是指从陆地向海域排放污染物，造成或者可能造成海洋环境污染损害的场所、设施等"。"排放"即指从陆地向海域排放污染物的行为，既指通过市政管道或小渠排放污染物，其流向直接指向海域的排放行为，又指从陆地向海洋排污，造成或可能造成海洋环境污染的场所、设施等。

《联合国海洋法公约》"海洋环境的保护和保全"第 194 条"防止、减少和控制海洋环境污染的措施"第 3 款（a）："从陆上来源、从大气层或通过大气层或由于倾倒而放出的有毒、有害或有碍健康的物质，特别是持久不变的物质"。第 207 条第一款规定"各国应制定法律和规章，以防止、减少和控制陆地来源，包括河流、河口湾、管道和排水口结构对海洋环境的污染，同时考虑到国际上议定的规则、标准和建议的办法及程序。"公约明确规定了"陆源污染"的含义。

6.1.1.2　陆源污染的种类

依照我国的《海洋环境保护法》和《防治陆源污染物污染损害海洋环境管理条例》之规定，我国陆地污染大致有以下几类：

（1）在海域内设置排污口，排污入海的；

（2）污染物在沙滩渗入海域的；

（3）在岸滩堆放、处置、处理固体废物或者储存含有毒、有害物质流失入海的；

（4）岸滩发生事故而使污染物跑漏入海的；

（5）通过专门的排污管道（如市政下水道等）排污入海的；

（6）通过沟渠、河道排污入海的；

（7）入海河口发生污染损害海洋环境事故，确有证据证明是由河流携带污染物造成的，仍然要按照陆源污染加以管理。

6.1.1.3　陆源污染物

陆源污染物是指一切在陆地上产生直接入海或者经过河流、空气等途径最终进入海洋的污染物。由于陆源污染物种类最广、数量最多，因此对海洋环境的影响也就最大。其种类包括石油、酚、氰、有机农药、合成洗涤剂以及重金属、放射性物质等。陆源污染是海洋环境污染的最大来源，每年进入海洋的污染物质有 50%～90% 来自于陆源污染。陆源污染物对封闭和半封闭海区的影响最为严重。通过临海企事业单位的直接入海排污管道或沟渠、入海河流等途径，陆源污染物便可以进入海洋，沿海农田施用化学农药，在岸滩弃置、堆放垃圾和废弃物，也可以对海洋环境造成污染损害。

依据 1990 年《中华人民共和国防治陆源污染物污染损害海洋环境管理条例》，陆源污染物的种类主要包括高度和中度放射性物质、病原体废物、富营养物质、含热废水、沿海农田使用的农药、岸滩废物、油酸碱毒物质；依据我国 1999 年 12 月 25 日修改后的《海洋环境保护法》，主要包括：高度中度低度放射性物质、病原体废物、富营养物质、含热废水、沿海农田林场使用的农药及生长调节剂、油酸碱毒物质、过境转移危险废物、通过大气层传播的废物。

6.1.1.4　陆源污染引起海洋环境污染的主要途径

根据 2006 年国家环保总局发布的《中国保护海洋环境免受陆源污染国家报告》，陆源污染引起海洋环境污染的主要途径包括：

第一，城市污染物排放；

第二，沿海地区直排入海口；

第三，农业生产活动中施用化肥、农药，以及水土流失、农村生活垃圾、畜禽养殖废物等，下雨时通过地表径流、地下渗漏进入江河湖海；

第四，海洋倾废与海上石油开发；

第五，海岸带土地资源开发活动。

6.1.2　海岸工程建设项目

根据 1990 年发布的《中华人民共和国防治海岸工程建设项目污染损害海洋环境管理条例》，海岸工程建设项目是指位于海岸或者与海岸连接，为控制海水或者利用海洋完成部分或者全部功能，并对海洋环境有影响的基本建设项目、技术改造项目和区域开发工程建设项目。主要包括：港口、码头，造船厂、修船厂，滨海火电站、核电站，岸边油库，滨海矿山、化工、造纸和钢铁企业，固体废弃物处理处置工程，城市废水排海工程和其他向海域排放污染物的建设工程项目，入海河口处的水利、航道工程，潮汐发电工程，围海工程，渔业工程，跨海桥梁及隧道工程，海堤工程，海岸保护工程以及其他一切改变海岸、海涂自然性状的开发工程建设项目。

《中华人民共和国防治海岸工程建设项目污染损害海洋环境管理条例》要求：

禁止在天然港湾有航运价值的区域、重要苗种基地和养殖场所及水面、滩涂中的鱼、虾、蟹、贝、藻类的自然产卵场、繁殖场、索饵场及重要的洄游通道围海造地。

禁止兴建向中华人民共和国海域及海岸转嫁污染的中外合资经营企业、中外合作经营企业和外资企业；海岸工程建设项目引进技术和设备，必须有相应的防治污染措施，防止转嫁污染。

在海洋特别保护区、海上自然保护区、海滨风景游览区、盐场保护区、海水浴场、重要渔业水域和其他需要特殊保护的区域内不得建设污染环境、破坏景观的海岸工程建设项目；在其界区外建设海岸工程建设项目，不得损害上述区域环境质量。法律法规另有规定的除外。

设置向海域排放废水设施的，应当合理利用海水自净能力，选择好排污口的位置，采用暗沟或者管道方式排放，出水管口位置应当在低潮线以下。

建设港口、码头，应当设置与其吞吐能力和货物种类相适应的防污设施。港口、油码头、化学危险品码头，应当配备海上重大污染损害事故应急设备和器材。

建设岸边造船厂、修船厂，应当设置与其性质、规模相适应的残油、废油接收处理设施，含油废水接收处理设施，拦油、收油、消油设施，工业废水接收处理设施，工业和船舶垃圾接收处理设施等。

建设岸边油库，应当设置含油废水接收处理设施，库场地面冲刷废水的集接、处理设施和事故应急设施；输油管线和储油设施必须符合国家关于防渗漏、防腐蚀的规定。

建设滨海矿山，在开采、选矿、运输、贮存、冶炼和尾矿处理等过程中，必须按照有关规定采取防止污染损害海洋环境的措施。

建设滨海垃圾场或者工业废渣填埋场，应当建造防护堤坝和场底封闭层，设置渗液收集、导出、处理系统和可燃性气体防爆装置。

修筑海堤，以及在入海河口处兴建水利、航道、潮汐发电或者综合整治工程，必须采取措施，不得损害生态环境及水产资源。

不得兴建可能导致重点保护的野生动植物生存环境污染和破坏的海岸工程建设项目；确需兴建的，应当征得野生动植物行政主管部门同意，并由建设单位负责组织采取易地繁育等措施，保证物种延续。在鱼、虾、蟹、贝类的洄游通道建闸、筑坝，对渔业资源有严重影响的，建设单位应当建造过鱼设施或者采取其他补救措施。

禁止在红树林和珊瑚礁生长的地区建设毁坏红树林和珊瑚礁生态系统的海岸工程建设项目。

兴建海岸工程建设项目应当防止导致海岸非正常侵蚀。禁止在海岸保护设施管理部门规定的海岸保护设施的保护范围内从事爆破、采挖砂石、取土等危害海岸保护设施安全的活动。非经国务院授权的有关行政主管部门批准，不得占用或者拆除海岸保护设施。

6.1.3　海洋工程建设项目

根据 2006 年 11 月 1 日施行的《防治海洋工程建设项目污染损害海洋环境管理条例》，海洋工程是指以开发、利用、保护、恢复海洋资源为目的，并且工程主体位于海岸线向海一侧的新建、改建、扩建工程。具体包括：

(1)围填海、海上堤坝工程；

(2)人工岛、海上和海底物资储藏设施、跨海桥梁、海底隧道工程；

(3)海底管道、海底电(光)缆工程；

(4)海洋矿产资源勘探开发及其附属工程；

(5)海上潮汐电站、波浪电站、温差电站等海洋能源开发利用工程；

(6)大型海水养殖场、人工鱼礁工程；

(7)盐田、海水淡化等海水综合利用工程；

(8)海上娱乐及运动、景观开发工程；

(9)国家海洋主管部门会同国务院环境保护主管部门规定的其他海洋工程。

《防治海洋工程建设项目污染损害海洋环境管理条例》要求：

海洋油气矿产资源勘探开发作业中应当配备油水分离设施、含油污水处理设备、排油监控装置、残油和废油回收设施、垃圾粉碎设备。海洋油气矿产资源勘探开发作业中所使用的固定式平台、移动式平台、浮式储油装置、输油管线及其他辅助设施，应当符合防渗、防漏、防腐蚀的要求；作业单位应当经常检查，防止发生漏油事故。

固定式平台和移动式平台是指海洋油气矿产资源勘探开发作业中所使用的钻井船、钻井平台、采油平台和其他平台。

海洋油气矿产资源勘探开发作业中产生的污染物的处置，应当遵守下列规定：

(1)含油污水不得直接或者经稀释排放入海，应当经处理符合国家有关排放标准后再排放；

(2)塑料制品、残油、废油、油基泥浆、含油垃圾和其他有毒有害残液残渣，不得直接排放或者弃置入海，应当集中储存在专门容器中，运回陆地处理。

禁止向海域排放油类、酸液、碱液、剧毒废液和高、中水平放射性废水；严格限制向海域排放低水平放射性废水，确需排放的，应当符合国家放射性污染防治标准。

严格限制向大气排放含有毒物质的气体，确需排放的，应当经过净化处理，并不得超过国家或者地方规定的排放标准；向大气排放含放射性物质的气体，应当符合国家放射性污染防治标准。

严格控制向海域排放含有不易降解的有机物和重金属的废水；其他污染物的排放应当符合国家或者地方标准。

防治海洋工程污染、损害海洋环境的应急预案应当包括以下内容：

(1)应列出与工程相邻海域的环境、资源状况图；

(2)可能出现的污染事故风险分析；

(3)应急设施的配备；

(4)污染事故的处理方案。

6.1.4 船舶

来自船舶的海洋污染有多种多样的形式，包括原油，化学物品，沉船，污水，垃圾，废气和外来物种入侵等。我国2009年9月9日公布、2016年2月6日修订的《防治船舶污染海洋环境管理条例》对来自船舶的海洋污染做了具体的防治规定。

6.1.4.1 防治船舶及其有关作业活动污染海洋环境的一般规定

船舶的结构、设备、器材应当符合国家有关防治船舶污染海洋环境的技术规范以及中华人民共和国缔结或者参加的国际条约的要求。船舶应当依照法律、行政法规、国务院交通运输主管部门的规定以及中华人民共和国缔结或者参加的国际条约的要求，取得并随船携带相应的防治船舶污染海洋环境的证书、文书。

港口、码头、装卸站以及从事船舶修造的单位应当配备与其装卸货物种类和吞吐能力或者修造船舶能力相适应的污染监视设施和污染物接收设施，并使其处于良好状态。

港口、码头、装卸站以及从事船舶修造、打捞、拆解等作业活动的单位应当制定有关安全营运和防治污染的管理制度，按照国家有关防治船舶及其有关作业活动污染海洋环境的规范和标准，配备相应的防治污染设备和器材。

船舶所有人、经营人或者管理人应当制定防治船舶及其有关作业活动污染海洋环境的应急预案，并报海事管理机构批准。

6.1.4.2 船舶污染物的排放和接收

船舶在中华人民共和国管辖海域向海洋排放的垃圾、生活污水、含油污水、含有毒有害物质污水、废气等污染物以及压载水，应当符合法律、行政法规、中华人民共和国缔结或者参加的国际条约以及相关标准的要求。船舶不得向依法划定的海洋自然保护区、海滨风景名胜区、重要渔业水域以及其他需要特别保护的海域排放船舶污染物。

船舶处置污染物，应当在相应的记录簿内如实记录。船舶应当将使用完毕的船舶垃圾记录簿在船舶上保留2年；将使用完毕的含油污水、含有毒有害物质污水记录簿在船舶上保留3年。

船舶污染物接收单位从事船舶垃圾、残油、含油污水、含有毒有害物质污水接收作业，应当依法经海事管理机构批准。

船舶污染物接收单位接收船舶污染物，应当向船舶出具污染物接收单证，并由船长签字确认。船舶凭污染物接收单证向海事管理机构办理污染物接收证明，并将污染物接收证明保存在相应的记录簿中。

6.1.4.3 船舶有关作业活动的污染防治

从事船舶清舱、洗舱、油料供受、装卸、过驳、修造、打捞、拆解，污染危害性货物装箱、充罐，污染清除作业以及利用船舶进行水上水下施工等作业活动的，应当遵守相关操作规程，并采取必要的安全和防治污染的措施。作业活动的人员应当具备相关安全和防治污染的专业知识和技能。

船舶不符合污染危害性货物适载要求的，不得载运污染危害性货物，码头、装卸站不得为其进行装载作业。污染危害性货物的名录由国家海事管理机构公布。

载运污染危害性货物进出港口的船舶，其承运人、货物所有人或者代理人，应当向海事管理机构提出申请，经批准方可进出港口、过境停留或者进行装卸作业。

载运污染危害性货物的船舶，应当在海事管理机构公布的具有相应安全装卸和污染物处理能力的码头、装卸站进行装卸作业。

货物所有人或者代理人交付船舶载运污染危害性货物，应当确保货物的包装与标志等符合有关安全和防治污染的规定，并在运输单证上准确注明货物的技术名称、编号、类别（性质）、数量、注意事项和应急措施等内容。

船舶修造、水上拆解的地点应当符合环境功能区划和海洋功能区划。禁止采取冲滩方式进行船舶拆解作业。

禁止船舶经过中华人民共和国内水、领海转移危险废物。

使用船舶向海洋倾倒废弃物的，应当向驶出港所在地的海事管理机构提交海洋主管部门的批准文件，经核实方可办理船舶出港签证。船舶向海洋倾倒废弃物，应当如实记录倾倒情况。返港后，应当向驶出港所在地的海事管理机构提交书面报告。

6.1.4.4　船舶污染事故应急处置

船舶污染事故是指船舶及其有关作业活动发生油类、油性混合物和其他有毒有害物质泄漏造成的海洋环境污染事故。

船舶污染事故分为以下等级：

（1）特别重大船舶污染事故，是指船舶溢油 1000t 以上，或者造成直接经济损失 2 亿元以上的船舶污染事故；

（2）重大船舶污染事故，是指船舶溢油 500t 以上不足 1000t，或者造成直接经济损失 1 亿元以上不足 2 亿元的船舶污染事故；

（3）较大船舶污染事故，是指船舶溢油 100t 以上不足 500t，或者造成直接经济损失 5000 万元以上不足 1 亿元的船舶污染事故；

（4）一般船舶污染事故，是指船舶溢油不足 100t，或者造成直接经济损失不足 5000 万元的船舶污染事故。

船舶污染事故报告应当包括下列内容：

（1）船舶的名称、国籍、呼号或者编号；

（2）船舶所有人、经营人或者管理人的名称、地址；

（3）发生事故的时间、地点以及相关气象和水文情况；

（4）事故原因或者事故原因的初步判断；

（5）船舶上污染物的种类、数量、装载位置等概况；

（6）污染程度；

（7）已经采取或者准备采取的污染控制、清除措施和污染控制情况以及救助要求；

（8）国务院交通运输主管部门规定应当报告的其他事项。

作出船舶污染事故报告后出现的新情况，船舶、有关单位应当及时补报。

国际海事组织成立于 1948 年，其任务是促进海洋安全运输和海洋清洁。其对来自船舶的海洋污染的关注早于联合国海洋法会议，联合国海洋法会议只是规定由"有能力的国际组织"对来自船舶的海洋污染制定相关的标准和规则。国际海事组织制定的第一个公约《防止海洋石油污染国际公约》于 1954 年在伦敦召开的防止海洋污染第一次国际外交会议上通过。这是有关海洋环境保护的第一个多边公约，并得到各国政府的普遍承认。《防止海洋石油污染国际公约》对于海上排放石油的倾废标准、允许排放的油类物质的范围、排放物的含油量、禁止排放的特区等诸多方面进行了全面具体地规定。标志着人类在防止海洋环境污染方面迈出了决定性的第一步。

1973 年 2 月签订了《防止船舶造成污染国际公约》，但并未生效，现行的公约包括了 1973 年公约及 1978 年议定书的内容，于 1983 年 10 月 2 日生效。该公约是世界上最重要的国际海事环境公约之一。该公约旨在将向海洋倾倒污染物、排放油类以及向大气中排放有害气体等污染降至最低的水平。它的设定目标是：通过彻底消除向海洋中排放油类和其他有害物质而造成的污染来保持海洋的环境，并将意外排放此类物质所造成的污染降至最低。公约有六个附则，分别对不同类型的船舶污染做出了相关规定，这六个附则所针对的内容分别是：①油类；②散装有毒液体物质；③海运包装中的有害物质；④生活污水；⑤垃圾；⑥空气污染。

6.1.5　海洋倾倒

根据《联合国海洋法公约》，海洋"倾倒"是指：①从船只、飞机、平台或其他人造海上结构故意处置废物或其他物质的行为；②故意处置船只、飞机、平台或其他人造海上结构的行为。"倾倒"不包括：①船只、飞机、平台或其他人造海上结构及其装备的正常操作所附带发生或产生的废物或其他物质的处置，但为了处置这种物质而操作的船只、飞机、平台或其他人造海上结构所运载或向其输送的废物或其他物质，或在这种船只、飞机、平台或结构上处理这种废物或其他物质所产生的废物或其他物质均除外；②并非为了单纯处置物质而放置物质，但以这种放置以不违反本公约的目的为限。

根据《中华人民共和国海洋倾废管理条例》(2011 年 1 月 8 日修正版)，"倾倒"是指利用船舶、航空器、平台及其他载运工具向海洋处置废弃物和其他物质；向海洋弃置船舶、航空器、平台和其他海上人工构造物，以及向海洋处置由于海底矿物资源的勘探开发及与勘探开发相关的海上加工的废弃物和其他物质。"倾倒"不包括船舶、航空器及其他载运工具和设施正常操作产生的废弃物的排放。

6.1.5.1　禁止倾倒的物质

(1)含有机卤素化合物、汞及汞化合物、镉及镉化合物的废弃物，但微含量的或能在海水中迅速转化为无害物质的除外。

(2)强放射性废弃物及其他强放射性物质。

(3)原油及其废弃物、石油炼制品、残油，以及含这类物质的混合物。

(4)渔网、绳索、塑料制品及其他能在海面漂浮或在水中悬浮，严重妨碍航行、捕鱼及其他活动或危害海洋生物的人工合成物质。

(5)含有(1)、(2)项所列物质的阴沟污泥和疏浚物。

6.1.5.2　需要获得特别许可证才能倾倒的物质

(1)含有下列大量物质的废弃物：砷及其化合物；铅及其化合物；铜及其化合物；锌及其化合物；有机硅化合物；氰化物；氟化物；铍、铬、镍、钒及其化合物；未列入 6.1.5.1 禁止倾倒的杀虫剂及其副产品；但无害的或能在海水中迅速转化为无害物质的除外。

（2）含弱放射性物质的废弃物。

（3）容易沉入海底，可能严重障碍捕鱼和航行的容器、废金属及其他笨重的废弃物。

（4）含有（1）、（2）项所列物质的阴沟污泥和疏浚物。

6.2　海洋主要污染物及其危害

6.2.1　有毒有机污染物

海洋中有毒有机污染物（包括石油烃、多氯联苯、有机氯农药、多环芳烃、有机磷农药、有机锡等）在近岸海水、沉积物和海洋生物体内普遍能够被检出。这些有机化合物在海水中的溶解度较低，但它们很容易溶解在生物有机相中，从而在海洋生物体内高度富集。一旦这些化合物进入生物生殖细胞，就极大可能破坏和改变遗传物质，不仅影响海洋生物的繁殖能力，最终造成海洋生物资源的衰竭。另外，这些有机化合物还能通过经济鱼类、贝类及其他海产品进入人体，危及人类健康。

6.2.1.1　海洋中有机污染物种类和来源

污染海洋的有机物有两大类：一类是人工合成的有机物，它们包括合成有机氯、有机磷和其他有机化工产品；另一类为天然产物，如生物毒素、石油和天然气等。

有机污染物进入海洋体系的方式主要有三种：

1. 海洋直接污染

在海洋各种污染物中，石油污染是最普遍和最严重的一种。海上浮油主要来自海上运输和海底开发等海洋直接污染。从海底自然溢出的油，相当于因海上事故而进入海洋油的总量。因近海石油钻探溢出的油每年就有 10 万 t 以上。

多环芳烃（PAHs）主要来源于人类活动和能源利用过程，如石油、煤、木材等的燃烧过程、海上石油开发及石油运输中的泄漏等。海洋环境中的多环芳烃的来源之一是石油开采，油轮和机动船舶正常和不正常的废物直接排放进入海洋水体。

有机锡化合物的用途主要有 PVC 稳定剂、防污涂料和杀虫杀菌剂，其中防污涂料广泛应用于船壳表层涂料，在船舶航行中涂料剥落进入海洋，是水环境中有机锡的主要来源之一。

2. 水体携带进入海洋

许多典型的有机污染物都是化工生产的副产物或中间体，随着化工厂污水的排放进入陆地水体后汇入海洋或直接进入海洋。

多氯联苯（PCBs）的一个重要来源是从污染的陆源沥滤而来。多氯联苯由于其良好的化学稳定性、热稳定性以及高电阻、低蒸汽压、低水溶性等特征，广泛应用于变压器、电容器的冷却剂、绝缘材料、耐腐蚀的涂料等。部分陆地地区由于在工业生产过程中使用了 PCBs，比如蓄电器和变压器的泄漏和拆卸等。由于 PCBs 的蒸汽压很低，很难从水体中蒸发，而且其粘度和比重均较大，难溶于水，易被悬浮颗粒吸附而携入海底。

海洋中多环芳烃的来源包括沿海城市生活污水、工业废弃物的排放入海。

有机氯、有机磷和有机锡都可作为杀虫剂应用于农业，这些农药播撒之后也会随着雨水冲刷进入地表径流，之后汇总到海洋中。

此外，通过江河、生活污水、路面径流进入海洋中的石油也是非常可观的。

3. 大气沉降

大气也是许多自然物质和污染物质从大陆输送到海洋的重要途径。在某些沿海区域，经由大气输入的若干痕量物质的总量几乎相当于河流的输入量，有的甚至更多。20世纪60年代，监测到了大气中杀虫剂的存在，进一步的研究证实了这些物质不仅存在于施药地区的大气中，而且存在于从未施药的地区，甚至包括了大洋和极地地区。大气是这些物质被广泛散播的主要途径。对于某些持久性有机污染物如多环芳烃，其产生途径中重要的一种是通过燃料的不完全燃烧，形成后在大气中存在，之后随着干、湿沉降作用等途径进入海洋环境。大气颗粒物沉降也是多氯联苯进入海洋的途径之一。碳氢化合物与其他石油组分也可通过大气进入海洋。对瑞典西海岸持续性有机污染物（POPs）的研究显示，海面上有POPs的连续沉降，且有季节变化，这些物质主要是PAHs、PCBs和HCH等。伴随降水短期内的沉降对这类物质的入海量有重要贡献。

6.2.1.2 有机污染物对海洋环境的危害

有机污染物对海洋的破坏主要表现在产生损害生物资源、危及人类健康、妨碍包括渔业活动在内的各种海洋活动。

当海水中油的含量为1mg/L或溶于水的石油组分的含量为1 μg/L时，就能对敏感生物产生危害。如可以妨碍刚孵化出的幼鱼的健康，一旦鱼卵在大面积油膜下漂浮时，可能会因鱼卵被污染而导致孵出的幼鱼死亡。

PCBs对水生生物亦有毒性，主要表现在：在质量浓度为 $0.1 \sim 1.0$ μg/L 时会引起光合作用的减弱，在质量浓度为 $10 \sim 100$ μg/L 时便会抑制水生植物生长。PCBs虽然难溶于水，不易分解，但易溶于有机溶剂和脂肪，因此可分配到沉积物有机质和生物脂肪中，在水生生物体内得以富集，通过生物链的传递最终大部分沉降到海洋沉积物中。

PAHs不仅具有较强的致癌、致畸和致突变性，还具有免疫毒性，人们长期吸入暴露于高浓度PAHs的烟气，会导致肺癌、皮肤癌等发病率的剧增，同时会使淋巴组织萎缩，降低机体的免疫力。迄今为止已发现的致癌性PAHs有400多种。海洋环境中的PAHs能通过食物链进行富集放大，顶级捕食性生物PAHs的富集甚至可达数万倍，特别是底栖生物对高毒性的PAHs具有极强的富集能力。

酞酸酯类化合物（PAEs）主要作为增塑剂应用于塑料、树脂、合成橡胶的生产中，还可作为纤维系、香料的溶剂及润滑剂、稳定剂等，是环境中分布较广的有机污染物。酞酸酯可引起哺乳动物嗜睡、脱瘾、条件性维生素缺乏等症状，其中2-（二乙基己基）邻苯二甲酸酯有动物致癌性。PAEs在人体中逐渐积累有致癌、致畸、致突变的作用，也是人体激素的干扰物。

有机磷农药可改变浮游植物的种群结构，抑制海洋微藻的生长与繁殖，还可以引起叶绿素a降解和光合作用速度的下降，以及抑制叶绿素a的合成。

有机锡因为其杀生作用而被用作杀虫剂，然而它对一些非靶生物也有影响。有机锡污染能够引发牡蛎的生长畸形和繁殖力衰退等，诱导其产生性畸变，雌性数量下降，最终导致整个种群的衰退。

由上可见，有机污染物对海洋生物的正常生长和繁殖都有破坏性作用，已经严重影响了海洋生物的栖息与繁衍，甚至导致种群衰退，渔业减产。更重要的是，它们沉积在海洋底泥中之后，仍然能够通过食物链在海洋生物中富集，导致处在食物链顶端的海洋生物体内富集大量污染物，不仅对它们的种群生存是巨大威胁，对于人类来说也存在着食品安全的隐患，开始危及人类本身的生存。

6.2.2　石油类

随着海洋溢油事故的不断发生，海洋生态环境逐年恶化。石油对海洋的污染是多渠道的：管道的泄漏、船舶的事故、平台的开采都使会这种黑色液体流进碧蓝的大海。伴着海洋石油的开采与运输事业蓬勃发展，海洋石油污染也日趋严重，海洋石油污染给海洋生态平衡带来了严重的破坏。

6.2.2.1　海洋石油污染主要来源

海洋石油污染来源见图 6 - 1 。

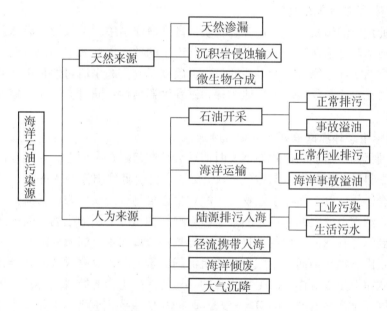

图 6 - 1　海洋石油污染来源

1. 石油开采

随着全球工业化进程的加快，人类社会能源需求急剧增加。海洋油气资源作为主要能源之一，其开采规模迅速扩大，海上平台、油井数量和海上石油运输急剧增加，事故也随之增加，据估计，全世界由开采石油发生的井漏、井喷等事故排放的石油污染物每年均超过 100 万吨。

2. 海洋运输

油轮作业排出的压舱水和洗舱水，通常含油 3% ～ 5% ，以前这些含油废水大多直接排入海中，几乎占入海的油量总污染的一半。近年来，大多数油船对废水中的油进行了回收，因此对海洋的污染得以减轻。然而，多年来的调查仍表明，海上油运交通线海域的油污仍然比较严重。

3. 陆源排污

据估计全世界每年由径流携带入海洋的石油污染物约为 500 万吨。

2010 年 4 月 20 日发生在美国路易斯安那州威尼斯东南约 82 000m 的钻井平台爆炸导致的墨西哥湾海洋石油泄漏事件，由于是深海作业，其影响时间、规模远远超越了历史上此地发生的所有事故，而且墨西哥湾所处环流地带，污染范围十分广泛，对当地海洋环境打击十分巨大。

2011 年 6 月 4 日在渤海湾发生的蓬莱 19 – 3 号油田泄漏事件（简称康菲漏油事件），在半年的时间内，污染海域从 $16km^2$ 扩展到近 $6200km^2$，给当地的海洋环境带来了灾难性的破坏：海洋生物死亡、栖息地被破坏、孵化场被破坏等等。

此外，从康菲石油污染事件和墨西哥湾海底平台爆炸事件又可以看出海洋石油污染对海洋生物和海洋生态环境的破坏巨大、影响深远，且具海洋石油污染的风险高、样式多、污染的范围广、污染的评估难等特点。同时由于海洋是地球上地势最低的区域，是陆源污染物和石油污染的最终聚集地。

6.2.2.2 海洋石油污染的危害

海洋石油污染的爆发，将大量有害物质扩散到海洋当中，不仅影响海水质量，更危害到海洋生态环境和生活在其中的海洋生物，其产生的危害远远大于其他一般的污染。石油中的有害物质给海洋生物带来毁灭性的打击，改变了它们的生活习性和生活环境。随着海洋生物的大量死亡，不仅破坏了当地的食物链和种群结构，同时会因为富集作用最终影响到人类的安危。

1. 对海洋生态环境的危害

海洋石油污染所造成的油膜如不及时清理会长期漂浮在海面上，如同在海水和空气中增加了一层塑料膜，影响海水与空气的 O_2 交换，也会阻碍阳光透入海水，使海水中的浮游生物的光合作用下降。而浮游生物位于海洋生态食物链的最低端，是海洋生物初级生产力的主力军，约占百分之九十。它的减少会影响其食物链上层的生物，受链条关系的影响最终会影响到海洋食物链顶层的生物，从而导致整个海洋生物的减少。

鸟类数量因石油污染而大量减少会使鱼群的数量上升，没有天敌的鱼类其数量会大大提高，大多数鱼类是以海洋浮游生物为食的，这使浮游生物的数量又进一步下降。由于海洋浮游生物因光合作用所产生的 O_2 不仅是海洋 O_2 的主要供应者，更是整个地球生态圈内 O_2 的基础，这使海洋和地球大气中的含氧量下降，也许人类没有什么感觉，但是会使一些敏感的好氧生物的数量减少、厌氧生物的数量增加，引发海洋生态乃至全球生态的不平衡。

食物链上层生物吃掉有毒的食物链下层生物后会中毒，最后会影响到食物链顶端的人类。研究还表明，石油污染的密度高低直接关系到海洋生态环境损害的大小。以硅藻为例，在石油污染密度不大于百分之一时，反而对硅藻的生长有促进的作用，随着浓度的不断加大，被硅藻富集的有毒物质就越多，对海洋生物、海洋生态环境和人类的危害也就越大。同时，海滨风景区和海滨浴场的环境也会受到石油污染的影响，进而影响人类的活动。

2. 对海洋生物的危害

海洋生物是海洋石油污染的直接受害者，其受影响也是最大的。海洋石油污染会在短期内给海洋和海洋周边生物带来极大影响,主要表现为以下几个方面。

(1)对鸟类和海洋哺乳动物的危害。漂浮在海平面上的石油会渗入鸟类的羽毛,使其羽毛粘连到一起,使海鸟不能飞行,由于羽毛中的空气被石油所取代,同时使其羽毛失去保温作用,失去飞行能力和捕食能力的海鸟只能靠原有的脂肪能量维持体温和生命,体质急速下降导致死亡。而且,受到石油污染的鸟类,会用嘴去清理羽毛或想用海水冲掉附着在羽毛上的石油,这种行为反而适得其反,使石油堵住鼻孔或是石油越来越多的粘到羽毛上,加速了鸟类的死亡速度,这是因海洋石油污染导致鸟类死亡的主要原因。另外,在鸟类进食的过程中,难免会把石油吃进胃中,使其中毒或影响其神经系统。和鸟类相比,海洋哺乳动物相比之下体型较大,但是在海洋石油污染致死的原因上却是十分类似的。因为大多数的海洋哺乳动物的体表都是有毛的,其主要作用也是用来防水和保持体温,但是由于海洋石油的污染,这两大主要功能将会完全丧失,和鸟类一样会导致体温过低,并且海洋哺乳类动物在捕食的过程中会浮出海面换气,这样漂浮在海面上的石油将会堵住其呼吸系统导致其窒息,就算是体表无毛的鲸鱼和海豚,除了有窒息的危险外,如果误食了中毒的鱼虾,同样会因中毒死亡。而且有的鲸鱼和海豚会因躲避海洋石油污染的海域而偏离航道,导致集体自杀或丧生在逃亡途中。

(2)对海洋鱼类的危害。由于鱼类特殊的生理构造,受到石油污染的初期并不会马上死亡。因为鱼类的体表、鱼鳃和嘴附近都会分泌出一种粘液,这种粘液会有效地防止石油的有毒害物质进入体内,但是在石油污染爆发的同时不仅仅只有油类物质泄漏,同时会伴有石油残渣等小颗粒状的物质,一旦这种物质吸附的鱼鳃上,鱼类很快便会窒息死亡。同时石油中的有害物质还会对鱼卵和鱼苗造成巨大影响,使其不能孵化或者孵化畸形。

(3)对海底生物的危害。在海洋石油污染爆发的同时,大量的石油颗粒也会同时出现,这样栖息在海洋底部的底栖生物不但会受到海平面漂浮石油阻碍阳光照射的影响,同时还会受到海水中石油有害物质的影响和沉落到海底的石油颗粒的三重危害。而且对大多数海底生物而言,对海水质量的要求是十分苛刻的,如海星、海胆等棘皮类生物对海洋水质的污染表现得极其敏感,就算在发生污染后的十年内,死亡率都会很高。

(4)对海洋生物幼体的危害。海洋生物的幼体对石油中的有毒害物质也十分敏感。由于体型相对较小,它们的脏体器官和神经都十分接近表皮,石油中的有毒物质可以很快侵入体内对其造成影响,而且海洋生物的幼体行动能力有限,不能像哺乳类动物一样有效的回避海洋石油污染,在浓度稍高的区域,海洋生物的幼体会很快死亡。当然也有例外的生物存在,如滨螺,它们会和鱼类一样在体表分泌粘液,阻挡住浓度不超过百分之一的石油污染的损害。

3. 对海洋水产业的危害

某些洄游类鱼类会因避开石油污染而导致路线的改变,这使得它们行踪难以确定,增加捕捞成本。在海洋石油污染的海域作业会使得渔网、养殖器材和捕获的鱼、虾、贝等海产品粘上石油和有害物质使其受到污染,对渔民造成直接的经济损失。

6.2.3　营养盐

海水中的氮、磷、硅元素的可溶性无机化合物在水生植物的生长繁殖过程中被吸收利用，成为生物体的重要组成元素。例如，生物体的蛋白质中，氮元素和磷元素的含量分别约为 16% 和 0.7%；磷元素在脂肪中的含量达 2%；硅元素是硅质生物（如硅藻）的重要组成元素。氮、磷、硅这些元素有效形态的含量过高，就会造成浮游植物大量繁殖。因此，通常把水中可溶性氮、磷、硅的无机化合物称为水生植物营养盐，把组成这些营养盐的主要元素氮、磷、硅称为营养元素。

6.2.3.1　氮

氮（N）是浮游植物生长繁殖最重要的必需营养元素之一，是构成浮游植物细胞内蛋白质、核酸、磷脂和叶绿素等的基本元素，是许多海域初级生产力的主要控制因子，不同氮源的获得、吸收和同化速率对浮游植物的生长都有一定的影响。海洋中的 N 来自于自然和人为两个来源，自然来源主要为大气沉降、浮游植物和动物的代谢、细菌释放等；人为来源为陆地输入，即人类排放的氮肥、排泄物、污水等以陆地径流的方式输入近岸海域中。

海水中的无机氮和有机氮通过物理、化学、生物等作用处于不断转化和循环过程中，使得海洋中的 N 以多种形式存在。无机氮包括：硝氮（NO_3^-—N）、氨氮（NH_4^+—N）、亚硝氮（NO_2^-—N）等；有机氮包括可溶性有机氮（DON）和颗粒态有机氮（PON）。分子量较大的高分子可溶性有机氮（DON）有蛋白质、肽、核酸等，其分解产物多为氨基酸，是海洋异养生物的主要营养来源；分子量较小的低分子可溶性有机氮（DON）有游离态氨基酸、尿素、酰胺、维生素等，多为含 N 量较高的有机物，其中氨基酸种类丰富，可再进一步分解得到 NO_3^-、NO_2^-、NH_4^+、H_2S 等无机营养盐源。PON 包括有机碎屑、细菌和腐殖浮游植物等。形态各异的无机氮和有机氮是可以互相转化、互相影响的，多数海洋浮游植物主要吸收利用的氮源为无机氮，而许多浮游植物也可以同时利用有机氮，特别是一些鞭毛藻类对有机氮利用能力更强。

自然海水中含氮化合物的最终氧化产物是 NO_3^-，是海水无机氮含量的主要成分，在大洋底层 NO_3^- 浓度普遍较高，占可溶性总氮（DTN）的比值约为 90%，其他形态的氮如 NO_2^- 和 NH_4^+ 存在比例普遍较小。一般情况下，河流的 DON 平均浓度较高，海洋底层较低，大洋表层适中，浓度范围为 $0.8 \sim 13$ μmol/L，平均浓度范围为 5.8 ± 2.0 μmol/L，其中尿素的含量在大洋海域通常不高，普遍低于 NO_3^- 和 NH_4^+ 的比例，在近岸区域含量会稍微高些，在河口及河流中含量最高。尿素含量明显受人类活动的影响，在美国 ChesapeakBay 的监测数据显示，在农耕施肥期间尿素浓度达到 10μmol/L，要高出近海表层海水中尿素浓度的 50 倍以上。海水中游离氨基酸 N 浓度也都较低，浓度范围是 $0.001 \sim 0.70$ μmol/L，约占可溶性有机 N 总量的 5.9%，这是由于海水中游离氨基酸吸收和释放速率都很快。但海水中游离氨基酸的浓度也会随着季节、深度、地理位置和环境条件而变化，美国 Chesapeak Bay 甲藻爆发期时游离氨基酸浓度高达 17 μmol/L。我国大亚湾海域存在的溶解游离氨基酸主要包括天冬氨酸、甘氨酸、丝氨酸、丙氨酸、缬氨酸、亮氨酸、鸟氨酸和赖氨酸等，N 的平均浓度范围为 $1 \sim 5$ μmol/L，养殖区平均为 3.09 μmol/L，外海平均浓度为 2.41 μmol/L。

不同海域的不同季节，各形态氮的组成比例也有较大差异，DIN 浓度受季节影响波动较大，主要呈现近岸浓度高，远岸浓度低，春季浓度高，夏秋季浓度降低，冬季浓度回升的时空分布特征；DON 也是呈现近岸浓度高，远岸浓度低的分布特征，垂直分布上呈现近岸区域由表层至底层逐渐减低，远岸则相反，且在赤潮爆发期间叶绿素与 DON 浓度呈负相关，可间接证明浮游植物对有机氮有一定利用能力。

6.2.3.2　磷

与氮不同，天然水中的含磷化合物的价态变化很少，一般都是 +5 价。磷在水中的变化一般只是在不同的化合状态、溶解沉积状态间的变化及生物的吸收利用。磷在水中的主要存在形态如下：

1. 溶解态无机磷

（1）无机正磷酸盐：水溶液中正磷酸盐的存在形态可能有 PO_4^{3-}、HPO_4^{2-}、$H_2PO_4^-$、H_3PO_4，各部分的相对比例（分布系数）随 pH 的不同而不同。在 pH 为 6.5～8.5 的正常天然淡水中以 HPO_4^{2-}、$H_2PO_4^-$ 为主；在海水中，HPO_4^{2-} 为可溶性磷酸盐的主要存在形态，而游离的 H_3PO_4 含量极微。在正常的大洋水中（t 为 20℃，Cl 含量 19‰，pH8），HPO_4^{2-} 占 87%，PO_4^{3-} 占 12%，$H_2PO_4^-$ 占 1%，其中 PO_4^{3-} 的 99.6% 和 HPO_4^{2-} 的 44% 与 Ca^{2+} 和 Mg^{2+} 形成离子对。由于离子强度的影响和离子对的作用，在纯水、NaCl 溶液和人工海水中各种形态的磷酸根离子的相对比例与 pH 的关系有显著的差异。

（2）无机缩聚磷酸盐：受工业废水或生活污水污染的天然水含有无机缩聚磷酸盐，如 $P_2O_7^{4-}$ 和 $P_3O_{10}^{5-}$ 等，它们是某些洗涤剂、去污粉的主要添加成分。随着多聚磷酸盐分子的增大，溶解度变小。通常认为它们是导致一些水体富营养化的重要因素。为了保护环境，世界各国都已经限制多聚磷酸盐在洗涤剂中的应用。

无机多聚磷酸盐很容易水解成正磷酸盐：

$$P_3O_{10}^{5-} + H_2O \longrightarrow P_2O_7^{4-} + PO_4^{3-} + 2H^+$$

$$P_2O_7^{4-} + H_2O \longrightarrow 2HPO_4^{2-}$$

在某些生物及酶的作用下，上述反应速度加快。据实验，在酸性磷钼蓝法中有 1%～2% 的多聚磷酸盐水解而被测定。

2. 溶解态有机磷

溶于天然水中的有机结合态磷的性质还不完全清楚。可溶性有机磷如果是来自有机体的分解，其成分应该包括磷蛋白、核蛋白、磷脂和糖类磷酸盐（酯）。由单细胞藻释放出的某些（不是全部）有机磷，能被碱性磷酸酶所水解，因此这些分泌物中似含有单磷酸酯。此外，许多学者研究认为，天然水中可溶性有机磷包括有生物体中存在的氨基磷酸与磷核苷酸类化合物。

3. 颗粒磷

天然水中悬浮颗粒物一般指可以被 $0.45\mu m$ 微孔滤膜阻留的物质。这些颗粒物内部或表面常常含有无机磷酸盐和有机磷，这两部分一般很难加以分离。颗粒无机磷主要是 $Ca_{10}(PO_4)_6(OH)_2$、$Ca_3(PO_4)_2$、$FePO_4$ 等溶度积极小的难溶性磷酸盐，某些悬浮黏土矿物和有机体表面上可能吸附无机磷。悬浮颗粒有机磷包括存在于生物体组织中的各种磷化合物。

天然水中的总磷含量中各部分所占的比例因不同水域而有显著的差异，贫营养水体通常以可溶性无机磷酸盐所占比例较高。例如，根据 Maine 海湾研究结果，在各种形态磷的化合物中，可溶性无机磷含量很高，占总磷量的 70%～90%（随季节变化）。而可溶性有机磷仅占 2%～20%，颗粒状磷占 6% 以下。湖泊中，可溶性无机磷的含量一般变化较大，但占总磷的比例较小，而可溶性的有机磷可能占总磷的 30%～60%。

天然水中的含磷量通常是以酸性钼酸盐形成磷钼蓝进行测定。根据能否与酸性钼酸盐反应，也可以把水中磷的化合物分为两类：活性磷化合物和非活性磷化合物。凡能与酸性钼酸盐反应的，包括磷酸盐、部分溶解态的有机磷、吸附在悬浮物表面的磷酸盐以及一部分在酸性中可以溶解的颗粒无机磷［如 $Ca_3(PO_4)_2$、$FePO_4$］等，统称为活性磷化合物；其他不与酸性钼酸盐反应的统称为非活性磷化合物。由于活性磷化合物主要以可溶性磷酸盐的形态存在，所以通常称为活性磷（酸盐），并以 $PO_4 - P$ 表示。

以上各种形态的磷化合物中，能被水生植物直接吸收利用的部分称为有效磷。溶解无机正磷酸盐是对各种藻类普遍有效的形态。但实验也表明，很多单细胞藻类［如三角褐指藻（*Phaeodactylum tricornatum*）、美丽星杆藻（*Asterionella formosa*）等］可以利用有机磷酸盐（特别是磷酸甘油）。其原因是很多浮游植物细胞表面能产生磷酸酯酶，这种酶作用于有机磷酸盐，就生成能被浮游植物吸收的溶解无机正磷酸盐。但目前一般把活性磷酸盐视作有效磷。

6.2.3.3　硅

天然水中的含硅化合物的存在形态有可溶性硅酸盐、胶体、悬浮物和作为硅藻组织的硅等。可溶性硅大多以正硅酸及其盐类存在，硅酸可按下式微弱电离：

$$H_2SiO_3 \Longleftrightarrow H^+ + HSiO_3^-$$
$$HSiO_3^- \Longleftrightarrow H^+ + SiO_3^{2-}$$

在海水 pH 值条件下，硅酸盐容易聚合为聚合硅酸盐，至今未发现有可溶性有机硅化合物存在于天然水中。不溶性硅化合物主要存在于岩石风化物、黏土悬浮物以及硅藻和其他生物体内或残骸中。

溶解状态的硅酸盐及胶体硅通常可以用硅钼酸络合物比色法测定。一般把能与钼酸铵试剂反应而被测出的硅化合物称为活性硅酸盐，以 $SiO_3—Si$ 表示。活性硅酸盐大都能为硅藻所吸收利用，可作为水中有效硅含量的指标。天然水中的有效硅是许多浮游植物所必需的一种大量营养元素，尤其是对于硅藻类浮游植物、放射虫和硅质海绵，硅是构成其机体不可缺少的组分。在硅藻及其他由 SiO_2 构成"骨架"的浮游植物中，SiO_2 含量最高可达体重的 60%～75%；当水中硅缺乏时，硅藻细胞难以分裂，蛋白质、DNA、RNA、叶绿素、叶黄素、类脂等物质的合成以及光合作用均受到影响。

一般天然淡水中 $SiO_3—Si$ 浓度变化于 $1.5～66\ \mu mol/L$，海洋中溶解态硅的平均浓度为 $1.0mg/L$。通常认为硅不是限制性营养物质。不过，在其他营养物质供给充足、形成水华时，若补给不及时，硅也会成为限制性营养物质，从而控制赤潮中硅藻的产量。根据研究，在南极 Ross 海西南部的硅藻繁盛期，硅成为限制性元素。

硅藻及其他生物对硅的吸收利用以及与 Ca^{2+}、Al^{3+} 等离子的沉淀反应可能降低有效硅的浓度，而含硅悬浮物的溶解，特别是薄壁硅藻残骸的沉降过程的溶解，则可能使有效硅含量增加。厚壁型硅藻死亡后溶解缓慢，往往会沉降到底层或进入沉积物而脱离循环。

6.2.4　重金属

重金属目前没有严格的统一定义。通常几种说法如下：

相对密度大于 5 者(也有人认为大于 4 者)为重金属。相对密度大于 5 的金属有 45 种左右，大于 4 的约有 60 种；周期表中原子序数大于 20(钙)者，即从 21(钪)起为重金属；相对原子质量大于 40 并具有相似外层电子分布特征的一类金属元素，即为重金属。

6.2.4.1　水中主要重金属污染物的来源

主要来源有 5 类：

(1)地质风化作用：是环境中背景值的来源。但在自然风化过程和矿化带的相互作用过程中并不能完全排除人类的作用。

(2)各种工业过程：大多数工业生产所产生的废水中均含有重金属污染物。采矿、冶炼、金属的表面处理以及电镀、石油精炼、钢铁、化肥、制革工业、油漆和燃料制造等工业生产过程均可产生含重金属的废物和废水。如采矿场采矿过程中以及废矿石堆、尾矿场的淋溶作用。

(3)燃料燃烧引起大气散落：煤炭、石油中重金属燃烧时会以颗粒物形式进入空气中，随风迁移，再随降尘、降水回到地面，随地表径流进入水体。

(4)生活废水和城市地表径流。

(5)农业退水：农业生产中可能大量使用含金属的农药，或在农业土壤中本来就含有一些重金属，这些重金属均可以因淋溶作用而进入水中。

6.2.4.2　重金属元素在水环境中的污染特征

重金属污染物主要的环境特征是在水体中不能被生物降解，而只能在环境中发生迁移和形态转化。水中大多数重金属都富集在黏土矿物和有机物上。其在水环境具有如下污染特征：

(1)分布广泛：重金属普遍存在于自然环境的岩石、土壤、大气和水中，也能存在于一些生物体内。

(2)迁移转化：重金属在水中溶解度都比较小，但多数重金属都能与环境中的许多物质生成配合物或螯合物，大大增加了其溶解性。已经进入沉积物的重金属，可能因为配合物或螯合物的生成再次进入水体，造成二次污染。

(3)毒性强：一般重金属产生毒性的范围，在天然水中大约 $1\sim10mg/L$ 之间。毒性较强的重金属如 Hg、Cd 等产生毒性的浓度范围更低，在 $0.001\sim0.01mg/L$ 之间；有一些重金属还可以在微生物作用下转化为毒性更强的有机金属化合物，如甲基化作用。

(4)生物积累作用：水生生物可以浓缩水体中的重金属组分，还可以经过食物链的生物放大作用积累，逐级在较高营养级的生物体内成千上万倍地富集，然后通过食物进入人体，在人体中积蓄，产生危害。

6.2.4.3　重金属对水生生物的毒性

水中重金属的毒性首先取决于金属本身的化学性质。另外，许多物理、化学及生物因素都会影响重金属的毒性。重金属对水生植物、甲壳动物、软体动物和鱼类均具有一定的毒性。例如，重金属元素 Cd、Pb、Ni、Hg 等对一些淡水藻类的影响主要表现为改变运动器的细微结构、使核酸组成发生变化、影响细胞生长和缩小细胞体积等。一般来讲，几种重金属对水生生物的毒性强弱顺序为：Hg > Cd ≈ Cu > Zn > Pb > Co > Cr。但这不是绝对的，不同藻类对金属离子的毒性反应顺序可能有所不同。对日本对虾仔虾毒性顺序为 $Hg^{2+} > Cd^{2+} > Zn^{2+} > Mn^{2+}$。部分金属对双壳类软体动物的毒性顺序为：Hg > Cu > Zn > Pb > Cd >

Cr。对菲律宾蛤仔毒性的研究表明，锌、铅 48 h LC_{50} 分别为 147.91、31.62mg /L，96 h LC_{50} 分别为 16.40、14.28mg /L。研究表明，部分金属污染物对鱼类的毒性顺序为 Hg > Cu > Zn > Cd > Pb。

重金属对水生生物的毒性与生物学因素有关，也与物理化学因素有关。

生物学因素包括生物大小、重量、生长期、耐受性、竞争和演替能力等。例如，对虾的发育越往后期，它对重金属的忍受限越大。但受精卵相对于无节幼体和溞状幼体，具有更强的忍受能力。对虾不同发育生长阶段对重金属的忍受顺序大致为：无节幼体 < 溞状幼体 < 糠虾 < 仔虾 < 幼虾 < 成虾。

物理化学因素包括：

温度：一般金属污染物质的毒性随温度的升高而增大。通常温度每升高10℃，生物存活时间可能减半。

溶解氧：溶解氧含量减少，金属污染物的生物毒性往往增强。

pH：对水中的金属毒物而言，pH 升高时会生成氢氧化物或碳酸盐等难溶物质沉淀或配合物，使水中游离金属离子浓度降低，毒性降低。反之，pH 降低时，金属沉淀物的溶解度、配合物的离解度一般增大，水中金属离子的浓度增大，因而毒性增强。

硬度：研究发现，多数重金属离子在软水中的毒性往往比在硬水中大。

毒物间的相互作用：不同毒性的重金属之间具有协同作用、拮抗作用和加和作用。

6.2.5　放射性物质

目前海洋中已经测定的放射性同位素有 60 多种，这些核素在海洋中扩散、转移，是海洋污染物质的组成部分。在人类发展利用核能和核技术的同时，海洋中放射性物质不断增加。我国海洋中放射性落下灰带来的核污染总的呈下降趋势，但核设施产生的放射性污染已经开始凸现。生物浓集放射性核素，加强了核素的辐射强度，从而对物种本身和其他生物构成辐射危害，并可能在种群或群落水平上影响生态系统的稳定。在发展沿海核能利用的同时，注重海洋生物辐射防护，符合我国海洋资源可持续利用和以人为本的辐射防护原则。

落下灰污染曾是海洋放射性污染的主要来源之一。1962 年后，随着全球核试验数量减少，目前这一类的核污染已不再成为环境污染的主要来源。1970 年我国渤海、黄海的核素监测表明，人工放射性核素的含量呈下降趋势。1992 年调查结果表明，我国东海和黄海仍存在人工放射性元素，沉积物中积累着 50%～80% 的 ^{137}Cs 和几乎全部的 Pu。

1997～1998 年的第二次全国污染基线调查表明，我国海洋主要的人工放射性核素是 ^{137}Cs 和 ^{90}Sr，海洋中放射性污染的总趋势在下降。我国局部海区核设施排放的放射性核素沾污逐渐明朗化。

辐射环境监测是环境监测的重要组成部分。我国的辐射环境监测工作起步于 20 世纪80 年代，经过近三十多年的发展，已基本建成了由国家、省级、部分地市级组成的三级监测机构，建立了具有相当水平和能力的应急监测队伍。全国辐射环境监测网络是以环境保护部(国家核安全局)为中心，以各省辐射环境监测机构为主体，涵盖部分地市级辐射监测机构的监测网络。

监测方式有连续测量和定期测量，除了环境 γ 辐射水平外，其他环境样品主要测量与核设施运行有关的关键核素，如 ^3H、^{14}C、^{90}Sr、^{137}Cs 等。监测内容或采样样品包括：

①环境 γ 辐射：连续 γ 辐射空气吸收剂量率的测量，通过固定的监测站自动测量。

②空气：在大气环境中采集空气样品以及气溶胶、沉降物、降水等。

③水：包括地表水、地下水、饮用水和海水等。

④水生生物：包括鱼、虾类、螺蛳类、牡蛎、海蜇等。

⑤陆生生物：主要是食物链上的食品，如大米、蔬菜、鲜奶、肉类等，采样时会参考当地的膳食结构来选取。

⑥土壤及岸边沉积物等。

人们生活在地球上总是受到天然存在的辐射照射，包括宇宙辐射、陆地 γ 辐射、氡及其衰变子体、环境介质和食品中天然放射性核素等。食物、房屋、天空大地、山水草木乃至人体内都存在着辐射照射，又称为天然本底辐射。不同地区的天然本底辐射是不同的，同一地区的天然本底辐射监测结果也会有正常的波动，这种波动范围称为本底涨落范围。

6.2.6　噪声

海洋环境噪声的研究始于二战期间，国外的研究资料表明：近年来，海洋环境噪声特性发生了很大变化，海洋环境噪声级的统计平均值已明显上升，这其中有人为因素（包括海上航船、海上石油钻探和各种军用声呐装置的使用等）和自然因素（包括气候变化、海底地震、生物噪声等）的影响。近几十年来，随着经济的快速发展航运量快速增长，海洋环境噪声级大幅升高，尤其在西太平洋海域以及亚欧、亚美等主要航道附近更加明显。人们普遍认为，对于 50～500Hz 频段的低频海洋环境噪声，航船噪声是其主要成分。

在海洋环境中，海面风浪、海洋生物活动、海上航运等自然和人为活动产生的声波，在传播过程中与海面、海底、水体等发生相互作用形成一个复杂的背景噪声场，这些背景噪声就是通常所说的海洋环境噪声。其噪声源主要包括：

（1）水动力噪声。主要由海浪、海流、拍岸浪、风、雨滴和海水中小气泡天然空化所产生，它们与海况和风速有明显的关系。谱级主要由风速决定。深海中这部分噪声的频谱为 0.5～50kHz，斜率为 -5～-6dB/GCt。在任何水文气象条件下，都有水动力噪声。

（2）冰下噪声。与冰原移动和振动、冰块破裂、浮冰群积成、吹过冰表面的涡旋气流的不平稳性及气温变化等因素有关。此外，冰山离开极地向较暖海面浮动时，还产生冰山融化的噪声。当冰不连成一片，且成碎块状时，在同样海况下，冰下噪声功率谱级比无冰时高 5～10dB。

（3）生物噪声。海中能发声的生物有甲壳类、鱼类和海生哺乳类动物（鲸、海豚）。它们发出的声响是多种多样的。甲壳类中以螯虾为主，它们用螯相互撞击作响。鱼类中能够发声的甚多，如北美的叫鱼，发出叩击般的间断噪声序列；中国黄海和东海的大黄鱼和小黄鱼，发出 500～5000Hz 的咕咕声；海豚在各种不同的生态发出不同的调频啸声，在寻找目标时发出短促的脉冲声。远处航船动力装置传来的水下噪声其频谱约为 10Hz 至 1kHz。

（4）极低频噪声。由地震、海底火山爆发、微地震、大尺度湍流和遥远的风暴所产生，

频率为 $1 \sim 10 Hz$。要用水听器准确测定周围的海洋自然噪声，必须设法消除或尽量减轻所有干扰，如悬挂水听器电缆摇摆振动引起的噪声，水流过水听器表面产生的附加噪声等。为此，广泛采用海底深水宽带水听器阵来测量自然噪声场。

6.3 海洋资源开发对海洋的影响

6.3.1 围填海工程

围填海，人们习惯称为填海造陆，是采用人工干预的方式，以倾倒、回填土石料等的形式在海上建设人工陆地的一种土木工程。作为最为重要的海岸工程，围填海工程多运用人为建设堤坝、填埋土石方等工程手段，把原有的海疆、河岸等自然水体空间转化为陆地以扩大社会经济发展空间的人类行为。当沿海城市特别是多山多丘陵地形的沿海城市，填海造陆是一个为市区发展提供平地的有效手段，不少沿海大城市，如香港、澳门、东京、阿姆斯特丹，普遍都是采用围填海的方法制造平地的。更有甚者一些机场，如日本关西国际机场完全是采用填海造陆的方式，在海中人工填筑一块陆地，仅有联络道与陆地相连。

通常情况下，围海造陆的填料来源一般分为两类：一类来自海洋疏浚产生的淤泥，一类来自开山石料。在进行围填海工程前首先对围填海区域进行地质勘查，根据实际情况选择适当方法对围填海区域进行地基加固，采用围堰围护或直接回填土石进而形成陆地。通过长期自然沉降或碾压夯实，使新形成的陆域沉降达到规范要求。

6.3.1.1 填海方式

半岛式填海属于填海的原始阶段，它只是在原有岸线的基础上简单地向海侧延伸形成，虽然工程投资得到了有效控制，但是忽视了宝贵岸线资源的利用效率和生态环境价值，极易引起围海海域生态失衡甚至导致生态污染的一种围海方式。当今在填海造陆工程中已经很少采用这种形式的筑岛方案，但是在一些工业填海项目中这样的填海方式还是大量存在的。

人工岛式围填海即在不改变原有海岸线的条件下，在距离原有岸线较远的海域进行围填造陆，形成独立与自然岸线以外的人工岛。这种围填海形式的优缺点都比较突出，首先不挤占宝贵的自然岸线，对岸线的破坏较半岛式填海工程要小得多。其次是外形较为美观，通过合理的设计规划，更可以增加自然岸线的长度，形成良好的景观效应和环境效应。目前我国在涉海造陆工程中一般鼓励人工岛式的围填海。较之半岛式围填海的优点其缺点也一样突出，就是其造价较高，在工业围填海工程中较少采用。

6.3.1.2 围填海工程对海洋环境的影响

1. 对海域地质及水动力条件的影响

填海工程增加了土地面积，同时也会造成所在区域的水动力变化，如潮流场的布局、地质情况、水下地质构成和海水质量等。围填海工程首先改换了既有的潮滩地形剖面，由于对沿海流速流向的影响，产生了诸如纳潮量减少、岸线和航道冲淤变化等问题，继而影响到了口岸建设条件以及航运能力。围海使得海域的纳潮量降低，降低了海湾内外海水的交换效率，污染物质聚集不宜扩散。同时，围海工程影响了流速，导致流速下降、泥沙大量淤积，最终使得航道变浅，无法进行正常的航运活动，导致港口使用功能的下降。围填海工程在施工期间向海洋中倾倒大量的石料、淤泥并且对海水进行了大量扰动与破坏，导致栖息于海底的动植物大量死亡，海洋生物链断裂，生物种群数量急剧减少。

2. 对海洋生态环境的影响

海洋生态系统是个复杂多样的生境，海底的珊瑚、海中的动植物、洋流都是其组成部分。海洋的生态系统有着强大的自我净化功能，维持着这个系统的平衡。当人类进行围海填海等活动时，不同程度造成了海湾的淤积堵塞，湿地的面积迅速减小。当填海活动结束后往往对环境污染的相应的补救措施又没有跟进。而进入运营期人类活动又过于频繁，导致滥捕滥排的情况发生，已经超过了海洋生态环境的自我净化能力，对海洋的生态环境产生了无法逆转的影响。

3. 对渔业资源的影响

围填海工程的竣工改变了整个近岸地形，原本栖息在那里的动植物的生存空间被挤占，导致了动植物种群的锐减，密度和分布情况都不同程度地改变。如果其影响的辐射范围涵盖了附近渔场，那势必会导致鱼类种群的外游，产量也会受到影响。

围填海工程的施工期往往比较长，在这段时期内密集的挖泥抛填作业，船只机械的使用也比较频繁。这样的结果就是直接导致了水域中的悬浮物数量增加，生活在此片海域的鱼类在呼吸时会伴随吸入大量的颗粒，导致鳃组织的损伤甚至极有可能破坏它们的呼吸系统从而导致鱼类窒息死亡。作业船只机械的噪声会驱使近岸的鱼群向着相对安静未受扰动的海域游动，这样又导致了施工影响区域鱼群数量的急剧减少。

由于围填海在施工期间导致区域内大量的浮游生物死亡、悬浮物增加、海水的透光度降低，海水中 O_2 含量也会降低。浮游生物在进食的时候会一并吞食大量的悬浮颗粒，这会严重影响它们的新陈代谢以及消化系统，更加不利于浮游生物的生存。

受围填海影响最为严重的应该属鱼类的产卵地带。由于鱼类习惯将鱼卵安置在海洋近岸地带海水比较浅的区域，当围填海工程在该区域进行挖泥抛填时，急剧增加的悬浮物会导致鱼卵的呼吸功能降低，最后窒息死亡。研究表明，海水中悬浮物在一定时间段内突然增加，当增加的量超过 10mg/L 时，就会影响到来年的鱼类产量。

4. 对滨海湿地的影响

由于滩涂岸线往往作为陆地海洋之间的过渡地带，主要作用是完成海洋生态系统的自我进化。滨海湿地可以有效降低海水的流速，这样有利于悬浮物的沉淀。海洋中的一些植物也有着吸附污染、净化海水的能力。而在人类活动的干扰下，这一切都会在短时期内解体，而其影响将持续很长一段时间，更大的危害还会潜伏数年乃至更长的时间。

围填海可以引起湿地生态环境转化并导致湿地生态时空动态和湿地生态功能的改变。受到围填海工程影响最为明显的是沿海地区的湿地植物，致使红树林、海草床、芦苇丛等典型植物群落的大批消亡，固碳以及对其的储存功能的丧失，乃至转而变为碳源。生存环境的损坏致使湿地生物栖息环境消失，对生活在海底的动物以及依海而生的鸟类的种群组成有显著的负面影响。

6.3.1.3　国内外围填海情况现状

围填海造地是沿海地区缓解土地供求矛盾、扩大社会生存和发展空间的有效手段，具有巨大的社会和经济效益。世界上许多国家都是通过围填海工程来缓解人口与土地资源间的矛盾，围填海工程较发达的国家有日本、荷兰、韩国等。

日本的陆域面积狭小，经济的发展促使日本很早就开始围海造地，明治（1871 年）至昭和 20 年（1945 年）是日本围填海第一阶段，累计填海 145 km^2；二战之后（1945 年）至 1978 年，是日本填海造地的第二阶段，累计填海 737 km^2，主要目的是发展沿海工业；1978 至 1986 年是日本填海造地的第三阶段，填海造地用途转为第三产业开发，规模和速度放缓，累计约 132 km^2；1987 年至今，由于日本经济增长速度放缓，加上政府及社会各界对填海造地造成的海洋生态环境影响日益关注，日本的围填海总体呈逐年下降趋势，日本每年的填海造地面积在 500 公顷左右。填海在给日本带来巨大收益的同时也留下了很多的后遗症。从 1945 到 1978 的 30 多年间，日本的沿海滩涂减少了约 390 km^2，后来仍以每年约 2000 hm^2 的速度在减少。日本的近海海域在经历了 20 世纪 60、70 年代严重的工业污染之后受破坏情况严重，即使后来政府采取了要求工厂和城市限制排污的措施，海域污染状况得到了一定程度的缓解，但很难恢复到以前的情况。东京、大阪等地区，海岸线被垂直建筑所取代，海洋生物无法栖息在岸边，这样的情况在日本全国普遍存在着。

荷兰国土面积狭小，总面积为 4.1526 × $10^4 km^2$，其中陆地面积为 3.3873 × $10^4 km^2$。通过近 800 年的围填海得来的土地面积占总陆地面积近 20%。荷兰位于西欧北部，面临大西洋的北海，全国约有四分之一的国土面积低于平均海平面，自然地理环境使得荷兰成为围填海工程最先进的国家。围海造地在荷兰具有悠久的历史，1932 年，该国完成了须德海大堤，并逐步完成了垦区开发，1956—1986 年又进行了三角洲工程建设。目前，荷兰全国围海造陆面积达 5200 km^2。荷兰围海造地有近 800 年的历史，前后可分三个阶段：1953 年前，为居住和生活进行的大规模土地围垦；1953—1979 年，为安全进行围垦；1979—2000 年，为安全和河口生态环境保护进行围垦。进入 21 世纪以来，荷兰在保障抵御海潮和防洪安全的前提下，研究退滩还水方案，实施与自然和谐的海洋工程计划。

韩国最早的围海造田项目是建于 1970—1977 年间的平泽垦区，项目总面积 18 419 hm^2，可增加耕地面积 3483 hm^2。新万金围海造陆工程是目前韩国围海造陆工程中最大的项目，该工程位于韩国西海岸中部、锦江下游滨海区，该区为锦江、万倾江、东津江汇集入海处，水利资源丰富，潮滩平坦宽阔，总开发面积 401 km^2，其中淡水湖占 118 km^2、城镇建设用地 94 km^2、农田占 103 km^2、园艺用地 25 km^2、水产养殖用地 20 km^2、旅游和其他用地 41 km^2。

位于阿拉伯半岛中部的迪拜，被誉为"海湾明珠"，是整个海湾地区的中心。迪拜的填海工程侧重于建设人工岛，棕榈岛便是其中的典范。迪拜棕榈岛总共有 3 个，其中久美拉棕榈岛是最小的一个。棕榈岛工程还包括一副由 300 个岛峁构成的世界地图，地图上包含缩小版的法国、美国的俄亥俄州甚至南极洲，棕榈岛计划实施后，迪拜的海岸线将在现有的基础上增加 720 km。世界上唯一的七星级酒店——阿拉伯塔酒店，就坐落在离海岸线 280m 的名叫 Jumeirah BeachResort 的人工岛上。曾有房地产开发商宣布，将在阿联酋打造一系列人工岛，这些人工岛被称为"太阳系奇观"，会模拟太阳、月亮及其他星球建造。

我国沿海省市的围填海活动是从 20 世纪中叶开始的，从 20 世纪 80 年代就开始了大规模的填海造地活动。据资料显示，从建国到 20 世纪末期这 50 年内，我国沿海各省市围

填海造地面积高达 $1.2 \times 10^6 hm^2$。

香港山多地少，为了香港经济的发展，香港政府被迫以填海的方式扩展土地。香港政府于香港开埠后的第二年(即 1842 年)，便已经开始了非正式的填海工程。到 2002 年，香港填海得来的土地已超过 67 km²，占香港总面积的 6.5% 以上。香港的商业区、港口和寓所几乎都建在填海得来的陆地之上。从 1994 到 2004 十年间，香港共填海造陆 32 km²，其中 1999 ~ 2004 年填海造地 6 km²。

澳门地少但人口多，因此有限的土地面积难以满足整个澳门地区经济发展的需要。澳门沿岸大量的淤积浅滩是澳门人眼中很好的土地后备资源。澳门扩大土地面积的主要方法就是填海造地，第一次填海工程开始于 1863 年。从 1866 年到现在，澳门经历了 4 次较大规模的填海工程，即 1866 ~ 1910 年的北渡、浅湾填海；1919 ~ 1924 年内港的填海；1923 ~ 1938 年的新口岸、南湾填海；20 世纪 80 年代后的新口岸和黑沙环填海。澳门土地总面积因填海造陆从 1912 年的 11.6 km² 增加到 2008 年的 29.2 km²。澳门利用填海造地的办法使土地面积在过去的 100 多年里扩大了一倍。

6.3.2　海水淡化

随着人类社会的发展，淡水资源的消耗量不断上升。而淡水资源的储量却非常有限，再加上工业生产等人类活动污染了大量淡水资源，导致淡水资源短缺事件频发。在此背景下，人们开始将目光投向海洋，海洋占地球总面积的 70%，海水储量非常丰富，并且可以作为淡水的潜在来源。利用海水淡化技术过滤掉海水中的盐分，就能生产出淡水以解决淡水资源紧缺问题。目前，这项技术已经过几十年的发展，其产量已具备相当规模，海水淡化工厂遍布世界各地。同时，海水淡化对海洋环境的影响也逐渐显现。

6.3.2.1　大生活用水对海洋环境的影响

大生活用水排放入海主要有两种方式：一是排入城市污水处理系统，经过处理后排放入海；二是直接排放入海。其对海洋环境的影响程度因排放方式而异。大生活用水经过处理后再排放入海，其对海洋环境的影响则同普通污水一样。但由于海水盐度较高，排入普通的污水生化处理系统可能会影响处理效果，甚至破坏其处理能力，因此需要对污水处理系统进行必要的技术改进，这必将增加排放成本，且只适合于小型大生活用水。如果直接排放入海，则混入海水中的生活垃圾和各种化学物质会对海洋生态系统造成较大影响，比如造成海水富营养化，影响海水的化学组成及海水性质等。

6.3.2.2　工业冷却水对海洋环境的影响

海水直流冷却技术具有(深海)取水温度低、冷却效果好和系统运行管理简单等优点；但也存在取水量大、工程一次性投资大、排污量大和温排水热污染明显等问题。海水循环冷却技术因为循环使用海水，所以与同等规模的海水直流冷却系统相比，其取水量和排污量(包括温排水热污染和药剂污染)均降低 95% 以上。

海水作为工业冷却水对海洋环境的影响，主要表现在高温水的输入以及部分药剂污染，在此主要讨论高温水的影响。温排水排入海域后，在水动力条件的作用下，经扩散、稀释的散热过程，温排水水团的温度迅速下降，与此同时，环境水体水温则有不同程度的上升。研究表明，海水温度改变会影响海水性质，会影响海洋生物的新陈代谢，影响其呼吸、代谢速率，生长、繁殖等功能。各种海洋生物都有一定的正常和最佳生长温度范围，它们对温度的突然变化的忍受能力有限。当环境水体水温增加超过海洋生物生长的适宜温度范围时，将可能导致生物生长受到抑制或死亡；但如果环境水体水温增加仍在海洋生物生长的适温范围内，则会促进海洋生物的生长和繁殖。环境水温越接近生物种最适水温，温升引起的种群丰度改变越小，越接近极限水温，则微小温升也可能造成较大的后果。因此，夏季热效应对水生生物影响比其他季节来得明显。

温排水会导致周围海水温度升高，从而影响海水的物理性质，直接或间接导致水质恶化。主要原因如下：

（1）水温升高，溶解氧含量降低，易导致海洋生态系统中的缺氧症和组织缺氧症，在夏季尤为明显。研究表明，水温每升高 6 ～ 10℃ ，溶解氧含量要减少 0.5 ～ 3.0mg/L。

（2）水温升高，海水密度、粘度均降低。密度的变化导致海水密度分布的重新调整，温排水因其密度较小而浮于上层，从而出现水体分层；粘度降低导致海水中悬浮物沉淀速率增加，从而影响沉积物的组成和沉积速率。

（3）温度升高，水蒸气压力增加，从而加速海水的蒸发以及海 – 气之间的热量、水量交换，这在夏季尤为明显。

研究表明：海链藻生长适宜温度是 15 ～ 24℃ ，而对超过 27℃ 以上的高温难以适应；中华盒型藻生长温度范围在 25 ～ 28℃ ，32℃ 时细胞在一天内即全部死亡；扭肖藻在水温 32℃ 条件下只能生活五天，这三种浮游硅藻对高温变化反应敏感；当温度升高超过 12.5℃ 时，红藻逐渐消失，并且当温度超过 30℃ 时，蓝绿藻逐渐占据优势，而且对某些藻类起抑制作用。

对浮游动物而言，水体增温≤3℃ 时，多数情况下不会对其种群有不利影响，相反会促进其种类、数量及生物量的增加，从而提高海域的生产力和物种的多样性。这种情况在水温较低的春、冬、秋季更为明显。但当水温超过一定范围，浮游动物数量会急剧降低。当环境水温为 18℃ ，温升至 30℃ 时，桡足类、蔓足类幼虫死亡 10%，浮游动物死亡率 55%，这些动物对温度冲击很敏感，当水温恢复到正常温度后，这些动物恢复到原来水平需 30 ～ 144h。

为保护海洋生物资源免受热污染的损害，我国《海水水质标准》规定一类、二类海水人为造成的海水温升夏季不超过当时当地 1℃ ；三类、四类海水人为造成的最大温升不超过当时当地 4℃ 。

6.3.2.3　海水淡化浓盐水对海洋环境的影响

经反渗透淡化后，海水浓缩了 1.3 ～ 1.7 倍。这些浓盐水排回海洋中，其对海洋环境影响的大小取决于环境和水文气象状况，如流、浪、水深和风等。这些因素将制约浓盐水与海水的混合程度以及其影响的范围。

1. 对海水水质的影响

浓盐水排入海洋后，在风浪和海流的作用下，与海水发生混合，浓度会逐渐下降。但对地中海阿利坎特海水反渗透淡化厂（生产能力 50 000m³/d，水回收率 40%）排放的浓盐水进行的监测分析表明，海水自身的稀释作用并不像我们想象的那么强。在邻近排放口附近的海域内，稀释作用比较强，随着与排放口距离的增加，稀释作用减弱，在距离排放口 4km 处，出现了稳定的高盐度区。浓排水由于密度较高，一般会沉降到海底，对海洋底层生物影响较大。只有在 8 月份，由于中层海水温度偏低，浓排水会停留在中层，海洋底层生物将不受高盐水的影响。

海水局部盐度的增加会引起水体分层，从而阻止光的穿透并破坏光合作用，扰乱生物链系统，造成深海物种、幼虫和幼小个体的灭亡。淡化厂排出的浓盐水由于密度较大，易在排放口附近形成高盐区域。同时，海水淡化浓盐水中含有大量固体悬浮颗粒及营养盐，这些成分可造成局部海域富营养化，引发赤潮，严重扰乱排放海区的生态平衡。

2. 对排放口生物的影响

淡化厂浓盐水的排放会影响整个排放区域的周围环境，引起当地水文地理环境和水质的恶化，并直接影响生物的生理机能，如生物体内酶的活性、生物繁殖、呼吸和光合作用等。水中溶解氧的改变和有毒化学物质的存在，最潜在的影响是会间接导致生物体抵抗力和免疫能力的降低。

（1）浮游藻类。浮游生物对盐度变化比较敏感，水体含盐量的增加会降低浮游生物的数量甚至导致其死亡（主要是幼虫和幼小个体）。虽然某些种群（如硅藻类）对高盐度有一定的抵制能力，或是在一定的适应期后能忍耐一定的高盐环境，但是其种群密度也可能增加，况且淡化厂排放的浓盐水，往往超出其适应范围。

中肋骨条藻是广盐性藻种，18 ～ 35.7 的盐度范围均适合中肋骨条藻的生长。但是海水淡化浓排水的盐度一般会远大于 35，周围区域的盐度也会有一定程度增加，这很可能会对中肋骨条藻产生影响。海洋原甲藻在盐度为 21 ～ 42 范围内，培养第 9 天后到达相同量级的细胞密度。其中，在盐度为 34 培养介质中，达到最大细胞密度，而增殖速率则在盐度为 25 和 34 培养介质中基本相同。

（2）底栖生物。海水盐度的增加引起水体分层，由于它们相对密度较大而沉入海底，形成一个高盐区域，使底栖生物因细胞脱水、组织膨压降低而死亡，并改变海底原有生态环境，对海洋近岸底层生物影响严重。高盐对底栖动物幼体的影响往往要大于对成体的影响，底栖生物种群会因幼体的大量死亡而衰退，群落稳定性也将降低。由于底栖生物对盐度忍耐能力不同，因此对盐度变化敏感的物种其丰度会降低，引起底栖生物群落组成的改变和多样性减少。

底栖微藻是海洋潮间带滩涂生境的主要初级生产者，以底栖硅藻为主要组成部分，是海洋动物幼虫和幼体的直接饵料，也是一些经济软体动物的主要饵料。新月筒柱藻（*Cylindrotheca closterium*）是底栖微藻的一种，低盐度显著促进新月筒柱藻细胞的蛋白质含量，细胞增殖的速度也较快，而高盐度则具有胁迫作用。海水淡化浓盐水的排放会对底栖微藻造成灾难性的影响，底栖微藻数量的急剧减少，以它为食的其他海洋生物势必受到影响。

Ruso 等对西班牙 Alicante 沿岸的调查发现，在淡化厂排水口附近海域底栖动物群落趋向单一化，线虫丰度较高，生物多样性减少。在盐度超过 39 的海域出现群落演替现象，经过九个月的时间，线虫替代最初的多毛类、甲壳类和软体类成为优势种，其生物量占到总生物量的 98%。

（3）鱼类。盐度升高会增加海水渗透压，从而引起鱼体对渗透压的调节。鱼类对盐度的忍耐能力取决于其对机体渗透压调节、代谢的重新调整和能量的重新分配等。不同的鱼类，在不同区域对于盐度的敏感特性也不同。鱼类受精卵在适宜盐度范围内能正常孵化，但若盐度过高，会影响受精卵细胞内外的物质平衡，导致卵细胞受到损伤或破裂，孵化率降低，仔鱼畸形率也将随之增加。

水温22℃时，脉红螺卵袋在盐度20.0～39.5都可以孵出幼体，孵出后的浮游幼体存活和生长的适宜盐度为29.5～35.5，高于或低于此盐度范围，幼体9d全部死亡，对盐度变化相当敏感。

鲈鱼（*Lateolabrax japonicus*）、鮸状黄姑鱼（*Nibeamiichthioides*）、真鲷（*Pagrosomusmajor*）等的仔、稚鱼存活率在相对低盐的海水中要大于高盐环境，且鱼类胚胎正常发育所需的盐度范围也较幼鱼的窄。

盐度还能改变鱼卵的比重，鮸状黄姑鱼受精卵在盐度26.9以下的海水中呈沉性，在盐度40.7以上的海水中呈浮性。

（4）棘皮动物。棘皮动物为变渗压性生物，体液渗透压与水环境渗透压相接近，并随着水环境的渗透压而变化。由于它们自身调节渗透压的作用不完善，因此对盐度变化非常敏感，当环境盐度升高时，身体会大量失水。赖皮动物灭绝与高盐水的流入密切相关，由此我们将其视为淡化厂对海洋生态环境影响强弱的一种标记物。但对紫海胆、海胆、红鲍三种生物进行的盐度影响实验结果表明，盐度升高至40时尚没有导致其死亡。

（5）海草。盐度升高会改变海草的生理过程，如抑制光合作用和呼吸作用，降低叶绿素含量，改变叶绿体亚显微结构，降低酶的活性等，从而影响其代谢、生长、发育和繁殖。许多学者发现海草的光合作用效率对海水盐度的变化敏感，如海草（*Thalassia testudinum*）的适宜生长盐度为30～40，当盐度超过该范围时，其光合系统及色素会遭到破坏。

Posidonia oceanica 是中海地沿岸的典型海草，是一种濒危品种，同时也是许多动植物物种赖以生存的栖息地和保护所（包括部分濒危物种），它在浅海区形成植被群落，形成具有与陆地森林相同重要性的海洋生态系统。其对盐度变化极为敏感，盐度的增加会导致其个体生长减缓，组织细胞破损，生物量下降和种群结构的改变。*Posidonia oceanica* 海草对高盐水的忍耐性很差，在盐度超过自然水体盐度后，海草死亡率提高，叶子坏死或大量脱落；当盐度提高到50时，海草在15天内全部死亡；死亡率为50%时的盐度值大约是45；在海水盐度为43时，生长速率为天然海水下的一半；浓盐水的排放还会对生活在海草生物群落中的某些海洋生物（如海绵、虾蟹类、腹足类和双壳类等）构成威胁，从而影响该海域的生态平衡；盐度增加到39～43.4，靠近排放口的海草也会出现降解现象。

6.3.2.4 海水淡化过程中使用的化学药剂对海洋环境的影响

海水淡化浓排水除了具有很高的盐度，而且含有多种在脱盐预处理过程中使用的化学物质和防污材料。海水淡化对原水进行预处理的目的是去除对淡化设备有害的物质，以保证淡化设备的正常运行。海水预处理常用药剂有混凝剂（硫酸铝、聚合氯化铝、三氯化铁、聚合硫酸铁、聚丙烯酰胺）、助凝剂（硫酸、盐酸、石灰、活性硅酸）、消毒剂（液氯、漂白粉、次氯酸钠、二氧化氯、臭氧和紫外线）、水质软化剂（硫酸、盐酸、磷酸、石灰、纯碱、烧碱、磷酸钠）、阻垢分散剂（聚磷酸盐、有机磷酸盐、聚羧酸类）、除臭剂（臭氧、高锰酸钾、活性炭）、防沫剂（聚乙二醇）、防腐剂（硫酸铁、苯并三唑及其衍生物）。

海水淡化预处理化学药剂、膜清洗剂以及管道锈蚀产生的大量重金属等随浓盐水一起排放到海洋中，也会对海洋生态系统造成一定程度的影响和破坏，如改变一些种群的结构、组成和多样性，降低生物的繁殖率、成活率，破坏种群生物链等。如果淡化厂厂址设在浅的河口区，封闭或者半封闭的海湾，其影响更应该予以重视。

淡化厂排放水中铜的浓度高于正常海水中浓度的 200 倍，此时铜成为生物酶的抑制剂，会导致大量敏感组织的死亡，抑制浮游植物的光合作用，限制硝酸盐和硅酸盐的吸收与利用，改变河口区鱼类机体的生理特性、生殖能力和成长过程。

6.3.2.5 机械作用对海洋生物的影响

机械作用对海洋生物的影响包括多种非生物因素和生物因素，其中非生物因素主要是海水淡化厂地点和冷却系统的设计，及冷却水的环境状况和用量；生物因素主要与生物的丰度、存活状态、生态作用和再生能力有关。海水流过过滤系统和冷凝系统的过程中均会伴有海洋生物的死亡，从而对海水中生物的数量和群落产生较大的影响，进而影响了海洋中生物链的组成。此外，浮游生物，无脊椎动物和幼小鱼类还受到了水动力的影响，以及因热和化学效应造成的压力影响。

从法国沿海电站观测表明，卷吸的机械冲击对个体微小的浮游植物并未产生明显影响，对浮游动物的影响亦很小，死亡率低于 10%。国内调查表明，水循环冲击对仔虾损伤率在 24.3% ~ 56.9% 之间，平均损伤率为 40%；对梭鱼幼鱼（体长为 25 ~ 40mm）损伤率在 31.6% ~ 46.3% 之间变化。而国外文献报道，水循环冲击对体长 14 ~ 40mm 的幼鱼特别厉害，幼鱼体长每增加 1mm，死亡率增加 3%。

6.3.3 海底缆线工程

6.3.3.1 海底光缆的结构

海底光缆的结构分三部分，详述如下：

1. 缆芯结构

海底光缆的缆芯由不锈钢带纵包焊接，钢管内填充不析氢的阻水纤膏，并使光纤在钢管内有理想的余长，为了能保证光缆在断开后，在高的水压下有良好的阻水性能，钢管内的纤膏其填充率要求在 98% 以上。钢管经焊接之后，要连续对其冷拔，冷拔的作用，一是为了检验其焊缝的焊接质量，二是为了获得理想的设计余长。海底光缆的单根制造段长，在一定程度上决定于钢管的生产段长。

2. 护套结构与材料

海缆的护套指不锈钢管外的保护层，一般应采用进口的高密度聚乙烯材料。为了使钢管与护套粘结牢靠，可以有两种方案：一是对钢管进行预热后挤制；二是在护套与钢管间挤一层热熔胶，护套的厚度通常为 3mm 或更厚些。

3. 铠装及外拔层

海底光缆的铠装层有两个作用，第一个作用是提供海底光缆高的抗张力指标，第二个作用是保护内层的护套及缆芯，使其提高抗冲击抗侧压性能。为了获取高的机械抗张力，铠装钢线通常用强度较高的中碳镀锌钢丝，要求钢线在水中能耐腐蚀。外披层通常是聚丙烯绳绕扎达到紧固钢丝的目的，外披层中包含大量沥青以对钢丝缝隙进行填充，使钢丝不与海水接触，从而提高钢丝在海水中的抗腐寿命。沥青要求在高温时不过分软化或滴流，在低温时不发脆，通常选用进口的沥青较好。根据海底光缆的铠装钢丝的粗度及层数，外披层可以选用单层聚丙烯绳绕扎，也可选用双层聚丙烯绳绕扎。

中碳钢丝绕绞后，尽管对其采取了预变形措施，但由于其硬度较低碳钢线高，所以绕绞后，会存在一定的扭绞应力，这一应力易使光纤产生附加损耗。为了减小这种应力对缆芯的影响，通常在钢丝与缆芯间设置必要的缓冲层，这是一种很好的办法。

无中继浅海光缆的结构如图 6-2 所示。

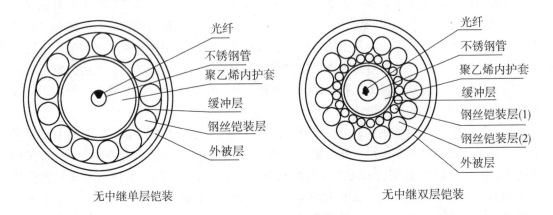

图 6-2　无中继铠装

有中继的浅海光缆，需在不锈钢松套管外纵包有缝紫铜管，紫铜管的截面积需根据实际工程远供电流的大小进行设计。具体结构如图 6-3 所示。

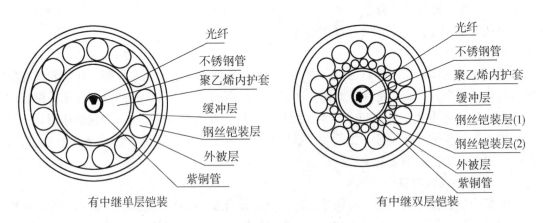

图 6-3　有中继铠装

海底光缆的施工，是一项非常复杂的技术。一般情况下，应先探明海缆所经海域的地质情况，如属浅海泥沙地质，还要查明有无海底电缆经过该海域，如遇交叉情况，则交叉处，不可开挖埋设，只能从其上经过，采用敷设方案，如无电缆交叉，则可全线埋设，埋设深度应大于 0.8m 以上。埋设前应按理论走线，在左右两边各 20m 进行海底地质调查。

在同一条线路上，如有多段缆时，则应在海缆装船时，事先将光缆接续盒安装好。布放时，应有一定的张力。布放埋设过程中应对光缆的另一端(船中的一端)进行动态监测。

海缆上岸后，多余部分应盘留在岸边地下，且弯曲半径应大于 1m 以上。

总之，海缆的施工是一项专业性很强的技术工作，需要有专门的敷设船及齐全的设备，并配备有经验的专业队伍进行。我国许多部队的施工船都已具备了这方面的条件和专业技能，一般都能胜任这项复杂的技术工作。

6.3.3.2　海底缆线工程对海洋环境影响的要素

海底缆线工程分为施工、运营和废弃三个阶段。在施工阶段的主要污染因子是悬浮泥沙，在运行和弃置阶段的主要污染源是海底缆线材料的腐蚀。具体环境影响要素见表 6-1。

表 6-1　海底缆线工程环境影响要素

海缆过程	污染物	主要污染因子	排放方式
海缆施工	悬浮沙	悬浮沙	连续排放
	工业垃圾	光缆边角料	
	海底垃圾	废气网具等	
	机舱含油污水	石油烃	
	发动机尾气	烟尘、CO_2、烃类	间断排放
	发动机噪声	噪声	间断排放
	生活污水	COD、BOD_5	
	生活垃圾	食品废弃物、包装物	
海缆运行及维护	海底缆线材料腐蚀	H_2S、重金属	长期缓慢释放
	机舱含油污水	石油烃	
	发动机尾气	烟尘、CO_2、烃类	间断排放
	发动机噪声	噪声	间断排放
	生活污水	COD、BOD_5	
	生活垃圾	食品废弃物、包装物	
海缆弃置	海底缆线材料腐蚀	H_2S、重金属	长期缓慢释放

6.3.3.3　海底缆线施工期对海洋环境的主要影响

海底缆线施工期对海洋环境的影响分为污染性影响和生态影响，污染性影响的污染源包括悬浮物、船舶污染物、固体废物、废气等。其中，悬浮物是缆沟开挖产生的悬浮泥沙，不同埋设设备的泥沙起沙率达到 10%～15%；船舶污染物为施工作业人员的生活污水、生活垃圾，作业船只的机舱油污水；固体废物主要为光缆边角料、扫海和清障过程从海底打捞上来的垃圾等；废气主要来自于作业船只和运输工具排放的发动机尾气；生态影响的主要污染源是来自在浅海区域掩埋海底光缆时会同时掩埋覆盖大量的底栖生物。

1. 悬浮泥沙对海洋环境的污染性影响

海底缆线在施工过程中，掀起的悬浮泥沙有部分进入水体，在施工线路两侧对海洋环境会产生一定的影响，主要体现在下几个方面：

(1)悬浮泥沙对浮游生物的影响。在施工过程中，部分海水与泥沙混合，形成悬浮泥沙含量高的水团，削弱了水体的真光层厚度，降低水体透光率，直接影响了浮游植物的光合作用，阻碍细胞分裂，使浮游植物生物量下降。减短施工期间悬浮泥沙排放时间，对浮游植物的影响将随着悬浮泥沙的停止排放而逐步减小。随着水中悬浮物质含量的增多，其中所含的碎屑和无机固体物质会妨碍浮游动物获取食物，对浮游枝角类动物的存活及繁殖产生明显的抑制作用。另外，大量的悬浮物质会堵塞浮游动物的食物过滤和消化器官，当水体中悬浮物含量高于 300mg/L 时，危害程度极大，会导致浮游动物的生物量降低；但悬浮物对觅食选择能力强的浮游动物生长和发育影响较小。

(2)悬浮泥沙对底栖生物的影响。悬浮物改变了底栖生物栖息环境，降低了群落结构的稳定性，直接影响滤食性贝类摄食率，尤其是对逃逸能力较弱的底栖生物影响相对较重。过量的悬浮物损伤部分贝类的鳃丝，甚至可能引起贝类动物的外套腔和水管受到阻塞而死亡。

(3)悬浮泥沙对渔业资源的影响。悬浮物对鱼类的影响分为三类，即致死效应、亚致死效应及行为效应。这些影响主要表现为直接杀死鱼类个体；降低其生长率及对疾病的抵抗力；干扰其产卵、降低孵化率和仔鱼成活率；改变其徊游习性；降低其饵料生物的丰度；降低其捕食效率等。

首先，高浓度的悬浮物主要对游泳能力较弱的鱼类有影响，尤其是对幼体的影响较大。一方面，在悬浮物含有毒性物质时，可能引起鱼类表层组织溃烂。另一方面，鱼类会将悬浮物质呼吸进入鳃部，在鱼类的腮腺中积聚泥沙微粒，对鳃组织和鳃部的滤水、呼吸功能都有不同程度的损害。通常认为，水体中低于 200mg/L 悬浮物含量且影响期较短时，不会导致鱼类直接死亡。

其次，对鱼卵和仔鱼的影响。鱼类一般在近岸浅海区产卵，鱼卵、仔鱼对水体浑浊十分敏感，其对悬浮物浓度的忍受度不如成体鱼类，悬浮物的沉降会降低鱼卵的孵化率，主要表现在鱼卵周围黏附着的悬浮物阻碍了与外界能量交换的渠道，进而导致鱼卵窒息死亡。

对鱼类产生影响的悬浮物主要有两种形式：水中的悬浮物和悬浮物沉降到水底。水中的悬浮物大幅增加，严重影响了投射向水中的光线，透光层深度降低，导致初级生产量和鱼类饵料大幅减少，美国科学院和美国工程科学院联合委员会建议，光透射深度不得减少10%(美国科学院，NAS，1974)。同时，由于颗粒吸收了较多的热量，从而使水体趋于稳定，阻止了上下水混合，致使近表层水被加热，上下水混合程度的减少，也减少了溶解氧和营养物向水体下部的扩散。而悬浮固体沉降到水底后，对水中的鱼卵及鱼苗等有不可估量的影响。悬浮物沉降后，泥沙对鱼卵的覆盖作用使孵化率大幅度下降，同时大量的泥沙沉降后，掩埋了水底的砾石、碎石及水底其他不规则的类似物，从而破坏了鱼苗天然的庇护场所，当沉淀固体堵塞了鱼类产卵的砾石层时，鱼卵就会大量死亡。

2. 埋设海底缆线产生的生态影响

海底缆线进行埋设施工期间，泥沙堆积在埋缆沟的明侧，严重破坏了海底生态环境，并对底栖生物进行掩埋，减少了底栖生物量，甚至会对底栖生物造成毁灭性的破坏。

6.3.3.4 海底缆线运行期对海洋环境的主要影响

海底缆线运行期对海洋环境的影响主要是由缆线原料及其他辅料腐蚀所引起的。海底缆线的一般结构从外向内依次为聚乙烯护层、铠装金属钢丝和二氧化硅光纤。在运行期间，海缆会长期暴露在海底，在特殊环境下，聚乙烯护层和铠装钢丝可能未超出海底缆线抗腐蚀的设计年限就发生缓慢腐蚀现象，并产生大量 H_2S。H_2S 易于在细粒沉积物中富集，当 H_2S 的富集含量超过 100mg/L 时，海底土将会呈现强还原性环境，对海洋环境和海底工程造成不利影响。此外，铠装金属钢丝长期暴露，重金属长期溶出，也会影响海底的土质环境和海水水质环境，造成附近海区重金属污染，对海洋生态环境造成不利影响。

6.3.3.5 海底缆线弃置期对海洋环境的主要影响

随着时间的推移和技术的进步，海底缆线在多年以后可能面临着停止运营，随即成为废弃绳线。海底缆线弃置对海洋环境的影响分为直接影响和间接影响两个方面：直接影响与运行期对海洋环境的影响相同，海底缆线弃置在原地，长期暴露在海底或浅层海底土中，超出了缆线的设计抗腐蚀年限，造成铠装钢丝的缓慢腐蚀，重金属长期溶出，对海底土质和水质环境的影响；间接的影响是由于海底环境随着时间发生变化，废弃绳线可能出现悬跨、隆起、开口破坏现象，从而对船舶航行、渔业活动等海洋环境存在一定程度的影响，同时，对新建海缆等海洋工程项目的海洋时空持续利用也存在较大的安全隐患，间接地影响海洋环境。主要体现在如下几个方面：

（1）对船舶航行的影响：废弃的海底缆线常常在船舶抛锚时造成管线与锚及锚链的缠绕，影响船舶正常运行和作业。

（2）对渔业活动的影响：在捕捞作业时，由于船锚刺入海底的深度大于 1.5m，一旦船锚勾住光缆，锚将难以脱身。通常情况下，海缆的抗拉强度很大，一般的船锚不能将光绳钩断，所以只能作弃锚处理。由于海底光缆是永久性设置的，因此，其对渔业活动的影响也是长久性的。

（3）对新建海缆的影响：由于原地弃置的海缆仍将占据一定的海洋空间，加上新建海底光缆越来越多，加大了海洋空间的拥挤程度，这对新建海缆所用海洋空间的分配造成困难。此外，原地弃置的光缆会对该海域新建海底光缆和海洋工程施工增加工作量，影响施工进度，间接对海洋环境产生一定的影响。

6.3.4 海上钻井

海上钻井过程中会产生大量污染物，主要包括：钻屑、废弃泥浆、废水、钻井噪声和弃置钻井平台。

1. 钻屑

钻屑指钻井过程中被钻头破坏、通过泥浆循环携带回地面的地层岩屑。由于混杂有泥浆和油类物质，钻屑对海洋环境可以造成污染。通常，我们希望海上石油钻井使用水基泥浆，但若遇复杂地层或特殊钻井润滑性能要求，有时候必须使用油基钻井液或含油钻井液添加剂。钻进过程中必然会产生大量的含油钻屑。若含油钻屑不经处理就排放入海，则会对海洋环境造成严重危害，主要危害包括：

(1)钻屑上脱落下来的部分油类会在海面上形成油膜，影响海水与大气的交换，降低海水中的溶解氧，造成海洋生物呼吸困难。

(2)油类及其分解产物中，存在着多种有毒物质(如多环芳烃等)，这些物质最终会通过生物链的形式进入人体，危害人体健康。

(3)大面积的海洋浮油还会随风飘浮，造成水质变差，影响旅游业、渔业等。

海上钻屑处理技术主要有：

(1)钻屑回注技术：将含油钻屑注入环形空间或安全地层是近年来国内外十分重视的一项新技术。这种方法能比较彻底地解决废弃钻井液及含油钻屑的环境污染问题。在我国，蓬莱19-3油田在1期开发中，共计24口井选用低毒油基钻井液钻进生产井段。为了不污染渤海湾的海洋环境，首次在国内油田的开发中使用钻屑回注技术，并实现了油基钻井液在海上油田应用的零排放。

(2)热处理(蒸馏)法：该方法是由阿莫科(Amoco)生产公司研制的，是将含油钻屑加入到圆柱形的旋转蒸馏器中，使蒸馏器旋转并在其外侧用燃烧器加热，在加热过程中含油钻屑在圆筒中翻滚，直至加热到大部分液体(油和水)的蒸发点，使油水蒸发并进行冷凝收集，剩余的钻屑含油量大大减少可直接排放，但该法处理成本较高。

(3)钻屑清洗方法：英国石油公司下属的化学公司研制出一种超级润湿清洗剂，这是一种置换剂，能够润湿油污钻屑表面，并把油置换出来。这种清洗剂的处理效果优于各种常用的化学清洗剂，可以使含油钻屑的含油量从20%降低到5%。

(4)运回岸上处理：美国 clydeMaterialsHandiing 公司研制出一种新型 CleanCut 闭式钻屑清除系统。这种系统是在完全封闭的情况下将钻屑由振动筛输送到储罐，再由储罐输送到船上，然后由船运往陆地接收站进行处理。

2. 废弃泥浆

(1)泥浆污染。废弃泥浆是指钻井生产过程中或完工后弃置的泥浆或无法使用的泥浆，由于组分不同，泥浆对海洋环境的影响差别很大。一般而言，海上钻井提倡使用水基泥浆。废弃泥浆所含的污染物主要有：油类、盐类、重金属元素以及有机硫化物和有机磷化物等。对海洋环境影响最大的是其中的重金属成分，因为它们在很长时间内都不会分解。在我国现有条件下，对水基不含任何油类的无毒无害泥浆，一般就地排放，但对含有油类的泥浆，《中华人民共和国海洋环境保护法》规定：油基泥浆和乳化泥浆及其他残油、废油、含油垃圾不得排放入海，应采取回收的措施处理。

(2)泥浆处理。非水基钻井液的处理方法主要有：NAf 钻井废物的岸上处理，NAf 钻井废物的回注。

3. 废水

海上钻井废水主要包括机械废水、平台冲洗废水和普通生活废水。其主要污染物是油类、挥发酚、COD、悬浮物、BOD、有机硫化物和大肠杆菌等，这些污染物将对海洋的生态系统造成威胁。处理方法：对机械废水、冲洗废水，其中油类一般采用平台的油污水处理设备处理后达标排放；对生活污水，通过平台的生活污水处理设备将大肠杆菌杀死后达标排放。

4. 噪声

钻井中噪声来源主要包括：

(1)柴油机组、钻井泵组、钻机、振动筛及生产过程中设备等各种机械设备运转过程中所发出的噪声。

（2）起下钻具、下套管等操作所发出的撞击噪声，底座与基础、转盘与方补心等各种振动冲击噪声。

（3）气控钻机及快速放气阀工作时产生的气流噪声。噪声对海洋环境的影响已经非常严重。据科学家调查，石油平台钻探时的金属咔嚓声和颤动声，最高时可达 180dB，而人耳的痛阈为 120dB。因此噪声对海洋生物造成了巨大危害。为降低钻井噪声，可通过提高钻井设备的精度，加强设备保养维护；熟练操作，提高作业精度；认真作业，减少钻具的碰撞；密切注意地层压力变化，以达到减少和控制噪声的目的，减少对海洋环境和人体的影响。

一般我们将污染治理分为源头控制、中间过程控制和末端治理 3 种类型。上面讲述的都是污染后的末端治理方法，其共同的缺陷是污染已成事实，处理污染物量大、费用高，容易产生二次污染。使用钻井新技术从源头和中间过程控制污染，可以化被动为主动。可考虑采取的控制海洋污染的钻井新技术主要有：

（1）开发应用环保型钻井液及其添加剂，优化钻井液设计。20 世纪 90 年代以来，国内外相继开发出甲酸盐钻井液体系、合成基钻井液及 MEG 甲基葡萄糖酸甙钻井液等体系，其特点是生物毒性低、容易生物降解，对环境影响小，目前已在部分油田小范围应用，但这些钻井液体系仍存在成本较高或不能完全满足钻井工程的需要等不足，大面积推广应用仍需要进行改进和完善。

就钻井液添加剂而言，毒性最大的是润滑剂和解卡剂，而加重剂、增薪剂、降滤失剂等都是低毒或无毒的，并且易生物降解。因此，以后的研究方向是研发无毒或低毒添加剂。

（2）采用小井眼钻井工艺。当钻井深度一定时，井眼尺寸越小，废钻井液和钻屑的产生量越小。在保证正常生产的情况下，采用小井眼钻井工艺会大幅度降低钻井废弃物的产生量。

（3）采用新型固控设施。固相控制系统的组成要依赖于使用钻井液的类型、所钻的地层、钻井平台机上可用的设备和处理的特殊要求。固控处理包括前期和后期处理两个步骤。

（4）采用分支井钻井技术。分支井在环境保护方面的优点：能够减少钻井液的用量，从而减少废弃钻井液的产生量；可减少钻井岩屑的产生量，减少对环境的污染；减少钻井作业的时间，可减少废气排放量。目前该项技术已比较成熟。

6.3.5　海底资源开发

海底资源开发一般说来会产生下列对周围环境的影响：

1. 勘探和开采过程中对周围环境的影响

（1）对该海底区域的海水质量的影响：使海水浑浊度增加；扩展后影响临近海域的清洁度；将开采的各种海底矿物带入海水中，增加海水中各种矿物含量。

（2）对该海底区域及周围海域生物的影响：开采过程中的噪音会影响周围区域的生物生长环境；开采过程伴随排放放射性矿物质的海水使生物死亡或衰退；开采区域内珊瑚礁及微生物被毁，使部分海底生物失去繁衍和栖息的场所。

（3）对周围海域及海洋国家的影响：勘探和开采过程中伴随着机械、化学、电解、激光等，会把各类污染物带入海域，导致周围沿海国家污染。

（4）许多矿物含有放射性元素或重金属（砷、镉、铬、汞、铅、锌、镍等），开采或碎裂后，有毒有害物质大量扩散，造成对周围海域环境的破坏。

2. 矿物在装船和运输过程中对周围环境的影响

（1）开采后运往陆地加工对海洋环境的影响：从事运输业的船舶往返运输过程中船舶生成的废油、废气及固体废弃物等未经净化处理而排入海中，会给海洋环境造成污染；被开采的矿物在海底精选、装船的过程中，会把许多废弃物丢弃海洋中。

（2）开采后就地加工各种矿物对海洋环境的影响：海底加工矿物，一般要比陆地加工困难，来自加工机械的油污、废物、噪音污染将完全排入水体；海底矿物加工过程中，洗矿水伴有不同的化学物质，如氢氧物、氰氧化合物、碳氢化合物等；被开采出来的矿物被堆放在海底，它们在水中分解，也会污染水体；生活垃圾将使清洁的海洋产生"富营养"现象，给海洋生物带来极大的危害。

海底资源开发过程中，如果发生钻井平台倾覆或爆炸事故，其对海洋环境的影响更是灾难性的，例如"深水地平线"钻井平台爆炸事故。

"深水地平线"钻井平台位于美国路易斯安那州威尼斯东南大约82km处，由韩国现代重工业公司造船厂于2001年建成，为总部位于瑞士楚格的越洋钻探公司拥有，英国石油公司租赁了这个平台。这座平台长121m，宽78m，可在最深2438m的海域从事生产，最大钻探深度大约8.85km，平台可容纳最多130名工作人员。"深水地平线"是世界上最先进的钻井平台之一，同等级别钻井平台的造价在6亿至7亿美元。越洋钻探公司是世界最大海上钻井承包商，在墨西哥湾设有14座钻井平台，在世界范围设有大约140座。图6-4为爆炸前和爆炸中的"深水地平线"钻井平台。

图6-4　爆炸前和爆炸中的"深水地平线"钻井平台

2010年4月20日，钻井平台"深水地平线"发生爆炸并引发大火，大约36h后沉入墨西哥湾，11名工作人员死亡。同时导致大量石油泄漏，此次事故中共有超过400万桶原油溢进了大海，影响了德克萨斯州至佛罗里达州的1300多英里*海岸线。几个星期后泄漏

---

* 英里为非法定计量单位，1英里≈1.609 km。

的石油带蔓延至路易斯安那州东南部的巴拉塔里亚湾，该区域的海岸线也受到了污油侵蚀。漏油事故已严重破坏了巴拉塔里亚湾沿岸的生态环境。漏油事故不仅导致巴拉塔里亚湾沿岸湿地中的植物死亡及土壤受到侵蚀，甚至导致海岸边及周边的大片土壤被油层覆盖。

6.3.6　海水养殖

6.3.6.1　主要污染物

海水水产养殖产生的污染物包括底泥的污染和养殖废水的污染。废水的主要污染物包括剩余的饵料、养殖动物排泄物、药物和化学试剂以及生物残骸和病原体等，其中饵料和排泄物占总污染物的 85% 以上。研究发现，在海水网箱养殖鲑鱼中，投喂的干湿饲料有 20% 未被食用，成为输出废物。由于高密度的养殖模式使水体的自净能力很差，为了净化水体、预防和治疗疾病，会定期向水体中投放药物和化学试剂，包括杀虫剂、杀菌剂、除草剂以及消毒水等，这些药品和试剂有很大一部分随水体排除，还有一部分富集到鱼类粪便和底泥里，也成为潜在的污染源。底泥中含有大量病原菌以及部分饵料和养殖鱼类排泄物，也是海水养殖过程中重要的污染源。

6.3.6.2　海水养殖污染对环境的影响

海水养殖污染对环境的影响主要包括三方面：

1. 营养污染对环境的影响

营养污染主要指饵料和排泄物的污染，由于饵料和排泄物中含有大量的 N、P 和 COD，不经处理直接排入近海会导致近海水体的富营养化，严重的可导致赤潮的发生，破坏近海水体的生态平衡。研究发现，养虾残饵溶出的 N、P 等营养物质是对虾养殖水域及其邻近海域的主要营养物质来源。有人曾做过统计，我国沿海赤潮发生的规律与虾养殖产量有较好的正相关关系，也间接证明海水养殖废水的排放是诱发赤潮的重要原因。

2. 药物和化学试剂对环境的影响

在水产养殖中为了提高产量，防止和预防疾病的发生，会向水体中投入大量的药物和化学试剂，而这些药物有相当一部分没有被鱼类利用，而是随污水直接排放到近海水体，造成海洋生态环境的破坏。我国水产养殖病害多达 170 种，中华人民共和国成立以来使用的中西药品近 500 种。据报道，英国水产养殖中使用的化学药物有 23 种，而挪威 1990 年在养殖生产中使用的抗生素比在农业中使用的还多。这些药物和化学试剂进入海里会抑制一些生物的生长，甚至会杀死一些生物，而对另一些物种的生长会产生促进作用，从而破坏近海水体的生态平衡。另外人类食用富集这些药物的海洋产品，也会危害身体健康。

3. 底泥的富集污染

研究发现，水产养殖塘底泥中含有大量的残饵、排泄物以及死亡的生物体，使得底泥中 N、P、COD 等营养物质含量增加，导致底泥中微生物活性加强，加速了营养盐的再生，也使氧的消耗增加，加速了脱氮和硫的还原反应，产生 H_2S 和 NH_3 等有毒气体。通过研究养殖水体中底泥的物质平衡，发现在水产养殖过程中，输入水体的颗粒物、TP、TN 分别有 93%、84%、24% 会最终沉积在底泥里，而富集这些污染的底泥若直接排放到近海，在一定条件下可使营养物质和病原菌释放到水体，从而导致富营养化和疾病的发生。

第7章 海洋调查

海洋调查是指对海洋环境基本要素的调查，要按照国家海洋局组织拟定的《海洋调查规范》进行，包括海洋水文观测、海洋气象观测、海水化学要素观测、海洋声光要素调查、海洋生物调查、海洋调查资料交换、海洋地质地球物理调查、海洋生态调查指南、海底地形地貌调查、海洋工程地质调查等内容。

7.1 海洋调查总则

7.1.1 调查基本程序

调查准备阶段工作内容包括：确定调查项目负责人；收集、分析调查海区与调查任务有关的文献、资料；确定首席科学家（或调查技术负责人）；进行技术设计，编写调查计划，报项目委托单位审批；组织调查队伍，明确岗位责任；做好资源配置，申报航行计划，做好出海准备。

海上作业阶段工作内容包括：获取现场资料和样品；编写航次报告；验收本航次原始资料和样品。

样品分析阶段工作内容包括：验收、交接、预处理样品；分析、测试与鉴定样品；处理数据与样品处置。

资料处理与调查报告编写阶段工作内容包括：验收原始资料；处理资料与编制资料报表；编绘成果图件；编写调查报告。

调查成果的鉴定与验收阶段工作内容包括：调查资料和成果的归档；调查成果的鉴定和验收。

7.1.2 调查质量控制

建立质量控制工作体系：项目承担单位应接受委托单位和技术监督机构的监督；项目承担单位应将调查过程的质量控制纳入本单位的质量体系运行，并根据本单位的质量体系和调查项目要求制定质量计划；项目负责人应制定质量负责人建立调查过程质量管理工作体系。

实施全过程质量控制：项目承担单位应充分理解委托项目的质量目标；对采用的已有文献、资料应就合法性、单位制、溯源性、准确度、时效性、可靠性、容量、密度及适用区域等有明确的质量要求，并进行具体质量分析、评估；技术设计应进行测量准确度估算，保证调查项目诸要素实现调查技术指标；在规定有效期内按规定程序使用符合质量要求的仪器、设备、工具和材料；对海上获取的样品、资料进行现场质量检查；航次结束后，应对原始资料、样品进行全面质量验收；对样品的分析、测试、鉴定结果和资料处理结果进行质量检查；文件、资料成果归档应符合归档要求；调查项目应通过验收，科技成果应通过鉴定。

7.1.3　调查计划编制

调查计划的内容主要包括：任务描述及任务来源；技术设计；分包计划；人员组织；时间安排；条件保证；质量计划；安全措施；经费预算。

7.1.4　调查用计量器具要求

技术设计时应进行测量准确度估算，保证调查用仪器设备的技术指标满足海洋调查项目的要求；国产仪器设备的生产单位应取得由国家有关质量技术监督部门颁发的《制造计量器具许可证》或型式批准证书，属研制、开发的科研样机的仪器设备应经授权的国家法定计量机构鉴定合格；进口仪器设备应经国务院计量行政部门型式批准，或由我国权威机构出具质量认定证书；仪器设备应送授权的法定计量检定机构检定或校准，为保证调查数据质量，仪器设备应在检定、校准证书有效期内使用；出海前应由使用者对出海仪器设备按上述条件逐一检查，调查项目负责人组织填写《海洋调查仪器设备检查登记表》，调查仪器设备的运输、安装、布放、操作、维护，应按其使用说明书的规定进行。

7.1.5　实验室、船舶和潜标

1. 实验室

无论移动的还是固定的实验室(包括观测场及作业场)，均应满足如下一般要求：应安排在方便工作、安全操作的地方；应配有满足调查要求的水、电、照明、排风、消防设施和相应的实验、办公设备；实验室内的温度、湿度、空间、采光等环境参数应符合仪器设备使用与人员安全卫生规定；外界或内部的污染以及机械、噪声、热、光及电磁等干扰水平应对测量结果无显著影响。

实验室应制定周密、切实可行的规章制度，至少应满足如下管理要求：对仪器设备应实行标志管理，满足原技术指标的加贴绿色合格标志；因某项性能消失或降级使用，但仍能满足使用要求的加贴黄色准用标志；发现故障或超检的加贴红色停用标志。样品、试剂应按规定包装、储存、分类摆放，稳固有序，标识应清楚，防止混淆、丢失、遗漏、变质及交叉污染。剧毒、贵重、易燃易爆物品应以特定程序管理、特殊设施存放。应建立仪器设备的管理制度，应规定仪器设备交接班检查和定期通电检查、维护的要求。进出实验室(包括观测场及作业场)或交接班应认真检查水、电、热供应设施是否处于正常开关状态。应建立"三废"处理制度，应规定收集、处理、排风废弃物、废水、废气和过期试剂的有关要求。应建立并保持对有特殊要求(如恒温、恒湿、超净、无菌、电磁屏蔽等)实验室环境条件的测试记录。

2. 调查船

调查船应具有适应海洋调查用的甲板和机械设备；应有满足现场调查作业和现场样品

处理、测试、分析与资料整理所需的实验室；满足调查需要的电源；应有周密、可靠、有效的航海安全、消防和救生措施及设备；应有准确可靠的测深、导航定位系统和通信系统；海洋生物调查船应有满足需要的拖网绞车，船尾适于拖网作业；海洋声、光调查船应噪声低，具有较好的防电磁干扰能力；极地考察船应具有相应的抗风暴和破冰、抗冰能力。

3. 浮标和潜标

浮标和潜标应具有如下基本性能：应有牢固的浮体和系泊系统，应有可靠的应答、释放装置；应有在规定的布放时间内可靠地自动供电和自动采集、贮存和定时传输资料的能力；在布放海区极限海况条件下应能连续正常工作；应具有在规定时间内防生物附着能力和防腐蚀能力；应具有报告其各种状况和位置的能力；浮标应具有夜间灯光显示装置和雷达波反射装置。

浮标和潜标至少应满足如下管理要求：布放的位置（潜标还应固定在设计深度上）应使观测资料有良好的代表性，一般应避开航道和其他危险区，尽可能避免布放在渔船作业区；布放和回收浮标，应选择适宜的海况条件，由专人指挥，按规定程序实施；应经常监测浮标位置，当发现距岸不大于 300km 的浮标移位超过 1km，或距岸大于 300km 的浮标移位超过 2km 时，应立即记录移位后的实际位置，并将浮标重新拖回并系留到原位置上，移位超过以上规定距离后，观测到的资料，不能作为原位置资料使用；正常工作时应按期对浮标各部分进行检修或更换，出现故障应立即进行维修；浮标接收站应选建在有利于遥控指令发射和资料接收的位置上，应配备可靠的资料接收和处理设备，接收设备应配备有效的防雷击装置。

浮标、潜标、漂流浮标布放/回收概况见表 7 - 1。

表 7 - 1　浮标、潜标、漂流浮标布放/回收概况

站位概况	站位号	站　位						布放/回收日期．时间	站位标识
		纬度			经度				
		(°)	(′)	N／S	(°)	(′)	E／W		
主要调查人员	姓名	职责	值班时间		姓名	职责		值班时间	
仪器设备传感器使用情况	名称	型号	出厂编号		布放深度	设定值		工作状况	
资料登记	资料名称	载体编号	位置		数据量	记录者		核验者	

注：视各站的具体信息状况，调查该站该项信息的行数。

7.1.6 调查的导航定位

海洋环境基本要素调查的导航定位设备一般为全球定位系统(GPS)或差分全球定位系统(DGPS);导航定位设备应按规定定期进行校准和性能测设,标定其系统参数;导航定位准确度应符合调查项目的要求,推荐海洋地质地球物理调查(除采样活动外)定位准确度为10m,其他各专业、各要素为50m。

7.1.7 海上作业

时间标准:在领海、专属经济区和大陆架进行的海洋调查,应采用北京时间,远洋调查可采用北京时间或格林威治时间,并在资料载体上标明所采用的时间标准;注意每24小时校对一次计时器,计时绝对误差不应超过±5s。

观测作业要求:按 GB/T12763.2 ~ 12763.6 和 GB/T12763.8 ~ 12763.11 中相应条款的要求进行海洋要素观测、样品采集等海上作业,分割、处理、包装、保存样品,并应及时进行必要的预处理和现场描述,准确记录其状态并标识,填写有关记录表格;现场描述内容包括要素名称、调查海区、调查时间、测线和站位(观测点)层次、编号及样品状态等,标识应有利于实验室对样品的检查确认。

原始记录:按规定的期限记录、保存原始观测数据,以及调查现场状况、突发事件、异常现象、作业概括等信息;原始记录应以"共 页第 页"的形式标注页码,以空白表示无观测数据,以填划横杠表示漏测、缺测数据,以终结线表示其后无记录;观测、采样、测试的执行人员以及结果校核人员应签名;记录应能长期保存,原始记录可以是磁载体、记录纸的自动记录,也可以是表薄的人工记录,人工记录除海上现场用黑色铅笔外,其他一律用蓝黑、黑色墨水笔记录;原始记录的数字或符号应填写在格的左下方,要求字迹清楚,字高约为表格高度的三分之二,不得伪造、涂擦;当记录出现错误时,应在原始记录中间画一横线,在其右上方填写正确的数字或符号,并应有更正人员的签名或印章;应考虑原始自动记录与人工记录间的一致性。

样品、资料载体及采样记录应按有关的包装技术要求整理包装,标注清楚后应由负责人按规范进行保管、存储和运输。

应制定具体明确的人身、仪器、资料的安全保障措施,建立安全岗位责任制。特别应注意规定在大风大浪、夜间、雷暴和雨雪等恶劣天气下工作及遇到特殊情况(如船舶碰撞、火灾、海啸等灾害)时采取的应急安全措施。

7.1.8 调查报告编写内容

编写要求:应在对已有文献、资料和本次调查资料、图件进行深入分析、研究的基础上编写;应按任务书或合同书、调查计划和 GB/T12763 的有关规定编写;应重点论述样品的分析、测试和资料整理、计算,资料、图件的分析和解释;力求内容全面、重点突出、论据充分、文字精练;应有必要的附图和插图;按调查计划规定的时限完成调查报告的编写。

调查报告具体内容包括前言、调查海区、海上调查工作状况、样品分析和资料整理、质量计划实施情况报告、资料分析与结论、存在问题和建议七个方面内容。

前言　任务及其来源、重点论述应突出；调查海区的位置及地理坐标；调查船(飞机)及调查时间；调查方法；任务执行概况；项目组成员、调查队成员、质管人员及其分工。

调查海区　调查海区及周围地区的自然环境；以前对该海区的调查研究程度。

海上调查工作状况　测网、测线及测点的布设；导航定位系统及准确度评价；仪器设备的性能和运转情况；调查方法和现场资料描述。

样品分析和资料整理　原始资料和样品的周转与审核；样品分析、测试、鉴定方法和概况；资料整理、处理、计算和图件编绘方法及概况；调查要素时空分布特征。

质量计划实施情况报告　资源配置的合理性、符合性和量值溯源的实现程度；调查数据处理中统计方法的说明；本单位及分包单位的质量控制措施实施情况与结论；参考资料的溯源性和合理性；样品、原始资料、资料汇编和图集的质量评价；调查结果的质量及应用价值评估；质量目标实现状况。

资料分析与结论　分析解释调查资料和图件时，应阐明调查资料时空分布特征、重要发现，并评价其海洋学意义及其与海洋管理、工程设计、开发利用的关系；应将观测到的数据进行统计分析，并与历史资料、临近水域(站位)资料、相关学科等资料进行比较和综合分析，然后确立分布规律，发现演变规律及相关量间的经验公式，从中发现并解释异常值和异常规律；对调查海域的水文、气象、地质、化学、生物等环境特性进行评估，就委托方提出的调查目的给出客观、科学、公正的评估结论。

存在问题和建议　应总结调查发现的问题，并提出今后应开展工作的建议。

7.2　海洋水文观测

7.2.1　一般规定

1. 技术设计内容

主要包括：调查海区范围与测站布设；观测要素与观测层次；观测方式与时次；调查船及其主要设备的要求；主要观测仪器的名称、型号和数量；人员的组织和分工；观测资料的分析方法；质量要求与质量控制要点；应提交的调查成果、完成时间和验收方式。

2. 观测要素、方式及顺序

海洋水文观测要素一般包括水温、盐度、海流、海浪、透明度、水色、海发光和海冰等。如有需要，还要观测水位。依据调查任务的要求与客观条件的允许程度，水位观测方式主要有大面观测、断面观测、连续观测、同步观测、走航观测。水文观测顺序一般按下列顺序进行：观测前准备和检查仪器；对于大面(或断面)观测，到站后首先测量水深；对于连续观测应在正点前测量水深；观测水温、盐度，并采水；观测海流，对于连续观测站，海流观测应尽可能在正点完成；观测海浪、透明度、水色和海发光；观测海冰。

3. 测站布设原则及观测间隔选取

符合以下原则：布设的测站在观测海区应具有代表性，使所测得的水文要素数据能够反映该要素的分布特征和变化规律；每一水文断面应不少于三个测站，同一断面上各测站的观测工作应在尽可能短的时间内完成；相邻两测站的站距，应不大于所研究海洋过程空间尺度的一半；在所研究海洋过程的时间尺度内，每一测站的观测次数应不少于两次。如条件允许，应尽量缩小时、空观测间隔。

4. 水文观测仪器和设备的基本要求

水文观测仪器和设备应符合 GB/T1 2763. 1 的有关规定，同时还应满足以下要求：仪器的适用水深范围和测量范围应满足观测水深和所测要素的变化范围，同时还须满足对观测要素及其计算参数的准确度及时空连续性的要求；选用的仪器应适于所采用的承载工具和观测方式；调查设备安装位置的基本要求是工作方便，各项工作互不妨碍，防止建筑物、辐射热和船只排出污水等对观测结果的影响；每航次观测结束后，调查设备和观测仪器应认真维护保养。凡入水的仪器均须用淡水洗净晾干后保存。绞车和钢丝绳等应仔细擦拭，并进行保养。

5. 水深测量

水深测量包括现场水深和仪器沉放深度的测量：水深以米（m）为单位，记录取一位小数，准确度为±2%；大面或断面测站，船到站测量一次；连续测站，每小时测量一次；现场水深测量采用回声测深仪。如果条件不具备或水深较浅，可采用钢丝绳测深法；钢丝绳测深时若钢丝绳倾斜，应用偏角器量取钢丝绳倾角。倾角超过 10°时，应进行钢丝绳的倾角订正。倾角较大时，应加大铅锤重量或利用其他方法使倾角尽量控制在 30°以内；仪器沉放深度通常由仪器本身所配压力传感器测得。但当仪器本身未装配压力传感器时，可参照钢丝绳测现场水深的方法进行测量。

7.2.2 水温观测

大面或断面测站，船到站观测一次；连续测站，一般每小时观测一次。水温观测的准确度主要根据目的要求和研究目的，同时兼顾观测海区和观测方法的不同以及仪器的类型。水温观测的准确度和分辨率要求见表 7 - 2，水温观测的标准层次要求见表 7 - 3。

表 7 - 2 水温观测的准确度和分辨率

准确度等级	准确度 / ℃	分辨率 / ℃
1	±0.02	0.005
2	±0.05	0.01
3	±0.2	0.05

表7-3　标准观测层次　　　　　　　　　　　　　（单位：m）

水深范围	标准观测水层	底层与相邻标准层的最小距离
<50	表层，5，10，15，20，25，30，底层	2
50～100	表层，5，10，15，20，25，30，50，75，底层	5
100～200	表层，5，10，15，20，25，30，50，75，100，125，150，底层	10
>200	表层，10，20，30，50，75，100，125，150，200，250，300，400，500，600，700，800，1000，1200，1500，2000，2500，3000（水深大于3000m时，每千米加一层），底层	25

注1：表层指海面下3m以内的水层。

注2：底层的规定如下：水深不足50m时，底层为离底2m的水层；水深在50～200m范围时，底层离底的距离为水深的4%；水深超过200m时，底层离底的距离，根据水深测量误差、海浪状况、船只漂移情况和海底地形特征综合考虑，在保证仪器不触底的原则下尽量靠近海底。

注3：底层与相邻标准层的距离小于规定的最小距离时，可免测接近底层的标准层。

水温的观测方法包括温盐深仪（CTD）定点测温、走航测温。

走航测温的仪器设备包括抛弃式温深仪（XBT）、抛弃式温盐深仪（XCTD）和走航式温盐深仪（MVP300）等，皆可按观测要求，在船只以规定船速航行下投放。

XBT和XCTD观测操作：①仪器探头投放前，输入探头编号、型号、时间、站号、经纬度，并进入投放准备状态；②应用手持发射枪或固定发射架（要求良好接地），将探头投入水中。带有仪器控制器的专用计算机便开始显示采集数据或绘制曲线；③探头的投放，最好选在船体后部进行，以免导线与船舷摩擦。

走航式温盐深仪（MVP300）观测操作：①绞车系统自检、数据采集及通讯软件自检、GPS数据检测；②按观测要求，船只以规定船速航行；③投放CTD拖鱼，并储存数据；④回收CTD拖鱼。

7.2.3　盐度测量

盐度与水温同时观测。大面或断面测站，船到站观测一次；连续测站，一般每小时观测一次。盐度测量的准确度主要根据目的要求和研究目的，同时兼顾观测海区和观测方法的不同以及仪器的类型。盐度测量的准确度和分辨率要求见表7-4。

表7-4　盐度测量的准确度和分辨率

准确度等级	准确度	分辨率
1	±0.02	0.005
2	±0.05	0.01
3	±0.2	0.05

　　盐度测量的标准层次与温度相同(见表7-3)。

　　盐度的观测方法包括:温盐深仪定点测定盐度和走航测定盐度。利用 XCTD 和走航式温盐深仪(MVP300)测盐度与利用这些仪器测温度的观测步骤和要求相同。

7.2.4　海流观测

　　海流即海水的宏观流动,以流速和流向表征。流速的单位为 cm/s,流向指海水流去的方向,单位为度(°),正北为零,顺时针计量。海流观测的主要要素为流速和流向,辅助观测要素为风速和风向,辅助要素的观测应符合 GB/T12763.3 的有关规定。海流观测方式多种,有定点测流、漂流浮标和走航测流。对于定点测流,应达到表7-5 中规定的准确度。

表7-5　海流观测的准确度

流速/(cm·s)	水深 /m	准确度	
		流速	流向
<100	≤200	±5 cm/s	±5°
	>200	±3 cm/s	
≥100	≤200	±5 %	
	>200	±3 %	

　　海流连续观测的时间长度应不少于 25 h,至少每小时观测一次。预报潮流的测站,一般应不少于三次符合良好天文条件的周日连续观测。海流观测方法包括:

7.2.4.1　海表面漂移浮标测流

　　目前使用较为普遍的仪器设备是卫星跟踪海表面漂流浮标。漂流浮标按以下步骤和要求投放:布放前,应提前租用有关卫星的接收通道;投放前,应用信号感应器测试发射机工作情况,发射机工作正常、能连续工作,方可投放;漂流浮标最好在停船前或开船后 1kn 的航速下,在船尾部的左侧或右侧投放,投放时先放漂流袋,后放漂流体;投放结束后,应及时填写漂流浮标观测记录(见表7-6)。

表7-6 漂流浮标记录表

海　区＿＿＿＿＿＿　　调查船＿＿＿＿＿＿

航次号＿＿＿＿＿＿　水　深＿＿＿＿＿＿　　漂流浮标器号＿＿＿＿＿＿

	日期		现场情况记录
开机时间	北京时间		
	GMT		
	日期		
投放时间	北京时间		
	GMT		
排放时间	经度		
	纬度		
海面温度			
海况			
风速			
风向			

观测者　　　　　　计算者　　　　　　校对者

7.2.4.2 船只锚碇测流

在锚碇船上，用以测流的仪器大致可分为直读和自记两大类。目前常用的主要有直读海流计(非自记)和安德拉海流记(自记)等。以锚碇船为承载工具，观测海流的基本步骤和要求如下：

(1)观测期间首先按表7-7的格式记录观测日期、站位(经纬度)等有关信息。

表7-7 船只锚碇测流记录表

调查船＿＿＿＿＿＿　海区＿＿＿＿＿＿　磁偏差＿＿＿＿＿＿　仪器型号＿＿＿＿＿＿

站　号＿＿＿＿＿＿　经度＿＿＿＿＿＿　纬　度＿＿＿＿＿＿　水　深＿＿＿＿＿＿

观测日期			仪器工作情况
投放位置	经度		
	纬度		
直读/自记			
入水时间			
出水时间			
海况			
风速			
风向			

观测者　　　　　　计算者　　　　　　校对者

（2）利用直读等类型非自记海流计测海流时，待海流计沉放到预定水层后，即可进行流速和流向的测量。室内终端设备直接显示观测数据，可采用手工记录，也可采用记录仪记录。

（3）安德拉等类型自记海流计观测海流时，可根据绞车和钢丝绳负载，以及观测任务具体要求，串挂多台海流计同时测多层海流。测流时应记录观测开始时间和结束时间。观测结束后，取出内存记录板，使用厂家配带的交换器与计算机通讯口连接，在计算机上读取观测数据。

（4）当施放海流计的钢丝绳或电缆的倾角超过10°，应对仪器沉放深度进行倾角校正。

（5）在锚碇船上进行海流连续观测时，应每3h观测一次船位。如发现船只严重走锚（超过定位准确度要求），应移动至原位，重新开始观测。

（6）周日连续观测一般不得缺测。凡中断观测两小时以上者，应重新开始观测。

7.2.4.3　锚碇潜标测流

潜标系统的组成见图7-1和图7-2，常用的海流计有ADCP和安德拉海流计等。

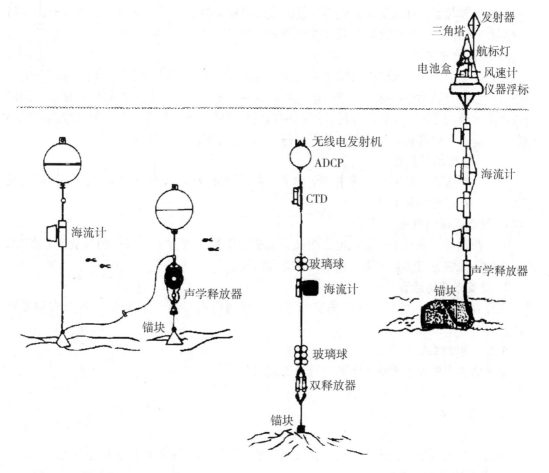

图7-1　锚碇浅水应用型潜标　　　图7-2　锚碇深水应用型潜标　　　图7-3　锚碇明标系统

锚碇潜标测流按以下步骤和要求实施：

1. 任务准备

根据研究目的和任务要求，同时参考收集到的观测海区风场、流场、水深、地形和海底底质及船只设备状况，确定锚碇系统的系留方式(见图7－1和图7－2)，并拟定详细的布放方案。出海前进行仪器的实验检查，使海流仪和声学释放器处于正常工作状态。按锚碇系统设计、计算，准备好全部器材。

2. 锚碇系统的投放

船只到达锚碇投放点前，检查好海流仪的采样装置，再次检查海流仪和声学释放器的工作状态，尤其是无线电发射机的状态。

在甲板上连接各部件。

船只到达测点后，最好抛锚并用GPS进行准确定位。如果水太深，船只无法抛锚，则应随时定位，确保锚碇仪器的准确位置。同时注意调整船向，使作业一舷迎风向。

布放步骤：在浅水海区(水深小于200m)，一般应按"先锚后标"顺序，首先放沉块，然后顺次放下声学释放器、海流计、浮力球；在深水海区，则应按"先标后锚"顺序，首先顺次下放浮力球、海流计、声学释放器，然后释放沉块，沉块拉着锚碇系统直沉海底。

以上各步骤都应详细记录，内容包括海流仪采样设置、开始工作时间、下水时间、沉块着落海底时间、锚碇的准确位置及是否有异常情况等。

3. 碇系统的回收

回收船只应有GPS或其他定位设备，并应配备工作艇；回收应尽量在良好海况下的日间进行；当船只到达锚碇站后，把声学应答器放到海面5～10m处，发射指令信号，同时注意搜索上浮的浮标；浮标上浮后，用抛钩钩住系统尼龙绳，利用船上的吊车绞缆机收回锚碇系统，必要时亦可放下工作艇，把缆绳系到浮标上收回锚碇系统。

7.2.4.4　锚碇明标测流

与潜标系统相比，明标系统主要增加了水上浮筒部分(内装有电池盒和闪光装置)(见图7－3)。其观测步骤和要求如下：

1. 锚碇系统的投放

明标投放前，应根据有关规定发布航行通告；明标投放方法与潜标的投放基本相同；明标上的闪光装置应切实水密，保证正常连续闪光。

2. 锚碇系统的回收

明标目标清晰，当船只到达锚碇站后，即可利用船只上的吊车和绞缆机收回锚碇系统。

7.2.4.5　走航测流

走航测流主要使用船载ADCP进行海流观测。

7.2.5　海浪观测

海浪主要观测要素为波高、周期、波向、波型和海况，辅助要素为风速和风向。

1. 测量的单位和准确度

波高测量单位为米(m)，记录取一位小数。准确度规定为两级：一级为±10%，二级

为 ±15% 。

周期测量单位为秒(s)，准确度为 ±0.5 s。

波向测量单位为度(°)，准确度为 ±5°。

2. 观测时次

大面或断面测站，船到站观测一次；连续测站每 3h 观测一次，观测时间为北京标准时间 02、05、08、11、14、17、20、23 时。目测只在白天进行。

3. 波面记录的时间长度和采样时间间隔

自记测波仪的采样时间间隔应小于或等于 0.5 s，连续记录的波数不少于 100 个波；记录的时间长度视平均周期的大小而定，一般取 17 ～ 20min。

4. 观测方法

观测方法分目测方法和仪器方法两种。下面主要介绍目测方法：

目测海浪时，观测员应站在船只迎风面，以离船身 30m(或船长之半)以外的海面作为观测区域(同时还应环视广阔海面)来估计波浪尺寸和判断海浪外貌特征。

(1)海况的观测。以目力观测海面征象，根据海面上波峰的形状、峰顶的破碎程度和浪花出现的多少，按表 7 - 8 判断海况所属等级，并填入记录表中。

表 7 - 8　海况等级表

海况(级)	海面征状
0	海面光滑如镜
1	皱纹
2	风浪很小，波峰开始破碎，但浪花不显白色
3	风浪不大，但很触目，波峰破裂，其中有些地方形成白色浪花
4	风浪具有明显的形状，到处形成白浪
5	出现高大的波峰，浪花占了波峰上很大的面积，风开始削去波峰上的浪花
6	波峰上被风削去的浪花开始沿海浪斜面伸长成带状
7	风削去的浪花带布满了海浪斜面，有些地方到达波谷，波峰上布满了浪花层
8	稠密的浪花布满了海浪斜面，海面变成白色，只在波谷某些地方没有浪花
9	整个海面布满了稠密的浪花层，空气中充满了水滴和飞沫，能见度显著降低

(2)波型的观测。观测时，按表 7 - 9 判定所属波型，并记录其符号。海面无浪，波型栏空白。

表 7 - 9　波型分类表

波型	符号	海浪外貌特征
风浪	F	受风力直接作用，波形极不规则，波峰较尖，波峰线较短，背风面比迎风面陡，波峰上常有浪花和飞沫
涌浪	U	受惯性力作用传播，外形较规则，波峰线较长，波向明显，波陡较小
混合浪	FU	风浪和涌浪同时存在，风浪波高和涌浪波高相差不大
	F/U	风浪和涌浪同时存在，风浪波高明显大于涌浪波高
	U/F	风浪和涌浪同时存在，风浪波高明显小于涌浪波高

（3）波向的观测。观测波向时，观测员应站在船只较高位置，利用罗经方位仪，使其瞄准线平行于离船舷较远的波峰线，转动90°后使其对着波浪的来向，读取罗经刻度盘上的度数即为波向；当海上无浪或浪向不明显时，波向记为"C"；风浪和涌浪同时存在时，波向分别观测，并填入记录表中。

（4）波高和周期的观测。目测波高和周期时，应先环视整个洋面，注意波高的分布状况，然后目测10个显著波（在观测的波系中，较大的、发展完好的波浪）的波高及其周期，取其平均值，即为有效波高及其对应的有效波周期。从10个波高记录中选取1个最大值作为最大波高。

当波长小于船长时，可将甲板与吃水线间的距离作为参考标尺来测定波高；而以相邻两个显著波峰经过海面浮动的某一标志物的时间间隔，作为这个波的周期。

当波长大于船长时，应在船只下沉到波谷后，估计前后两个波峰相对于船高的几分之几（或几倍）来确定波高；而以船身为标志物，相邻两个显著波峰经过此物的时间间隔，作为这个波的周期。

7.2.6　水位观测

水位观测可采用压力式和声学式等水位计进行观测。

1. 水位观测需测的量

总压强：它是气压与水压的总和。由水位计的压力传感器测得，单位为 kPa。

现场水温：由水位计的温度传感器测得，单位为℃。

现场气压：由自记气压表测得，单位为 kPa。

2. 水位测量的准确度

水位测量的准确度规定为三级：一级为 ±0.01m；二级为 ±0.05m；三级为 ±0.10m。

3. 取样时间间隔

连续观测在30d 以内时，取样时间间隔为5min；连续观测超过30d 时，取样时间间隔定为10min。

7.2.7　海水透明度观测

透明度是表征海洋水体透明程度的物理量，表征光在海水中的衰减程度，计量单位为m。透明度观测只在白天进行，大面或断面测站，船到站观测一次；连续测站，每2h 观测一次。计量单位为 m，观测时读取一位小数。按以下步骤和要求实施：

（1）海水透明度应用透明度盘进行观测。透明度盘为直径30 cm，底部系有重锤，上部系有绳索的木质或金属质白色圆盘。绳索上有以米为单位的长度标记。

（2）透明度盘的绳索标记使用前应进行校正。标记必须清晰、完整。新绳索须事先进行缩水处理。

（3）透明度盘应保持洁白。当油漆脱落或脏污时应重新油漆。

（4）观测应在主甲板的背阳光处进行。观测时将透明度盘铅直放入水中，沉到刚好看不见的深度后，再慢慢提升到白色圆盘隐约可见时读取绳索在水面的标记数值，即为该次观测的透明度值。有波浪时，应分别读取绳索在波峰和波谷处的数值标记，读到一位小数，重复 2～3 次，取其平均值作为该次观测的透明度值。观测结果记入表 7-10。

表 7-10 海水透明度、水色和海发光观测记录表

| 调查海区 | | | | | | | 断面号 | | | 观测日期 | | | | | | | | |
| 调查船 | | | | | | | 航次号 | | | 年 月 日 至 年 月 日 | | | | | | | | |

序号	站号	站位						观测时间		水深(m)	透明度(m)	水色(级)	发光类型	发光等级(级)	海况(级)	有无星月或降水
		纬度(N/S)			经度(E/W)											
		(°)	(′)	(″)	(°)	(′)	(″)	时	分							

观测者　　　　　计算者　　　　　校对者

(5)若倾角超过 10°，应进行深度订正。当绳索倾角过大时，盘下的铅锤应适当加重。

7.2.8 水色观测

水色是指位于透明度值一半的深度处，白色透明度盘上所显示的海水颜色，用水色计的色级号码表示。水色观测与透明度观测同时进行，准确度为 ±1 级。按以下步骤和要求实施：

(1)水色依水色计目测确定。观测完透明度后，将透明度盘提升到透明度值一半的水层，根据透明度盘上方海水呈现的颜色，在水色计中找出与之相似的色级号码，即为该次观测的水色。观测时观测者的视线必须与水色计玻璃管垂直。观测结果记入表 7-10。水色计应保存在阴凉干燥处，切忌日光照射，以免褪色。发现褪色现象，应立即更换。

(2)水色计在六个月内至少应与标准水色计校准一次。作为校准用的标准水色计(在同批出厂的水色计中保留一盒)平时应始终装在里红外黑的布套中，保存在阴凉处。

7.2.9 海发光观测

海发光是指夜间海面上出现的生物发光现象，其观测要素为发光类型和发光强度(等级)，观测只在夜间进行。大面或断面测站，船到站观测一次，并在两站的航行中观测一次；连续测站，在当地时间 20、23、02 时观测。发光类型依发光特征分三类，每类又依发光强弱分五级(见表 7-11)。

表 7 −11 海发光类型及强度等级表

发光类型	发光特征	发光强度等级	强度描述
火花型(H)	发光形态与萤火虫相似，当海面受机械扰动或生物受某些化学物质刺激时，此类发光显著，通常情况下发光微弱。它主要由 0.02～5mm 的发光浮游生物引起，是常见的海发光类型	0	无发光
		1	在机械作用下发光勉强可见
		2	在水面或风浪的波峰处发光明晰可见
		3	在风浪和涌浪波面上发光著目可见。漆黑夜晚可借此见到水面物体轮廓
		4	发光特别明亮，波纹上也能见到发光
弥漫性(M)	海面呈现一片弥漫的光辉，它主要由发光细菌引起，只要有大量细菌存在，任何情况下都会发光	0	无发光现象
		1	发光可见
		2	发光明晰可见
		3	发光著目可见
		4	强烈发光
闪光性(S)	发光常呈阵性，在机械作用或某些物质刺激下，发光较醒目。它由大型发光动物产生，这种发光动物通常孤立出现。当其成群出现时，这种发光更为显著	0	无发光现象
		1	在视野内有几个发光体
		2	在视野内有十几个发光体
		3	在视野内有几十个发光体
		4	视野内有大量发光体

海发光观测按以下步骤和要求实施：

(1)观测点应选在船上灯光照不到的黑暗处。当观测员从亮处到暗处观测时，待适应环境后再进行观测。

(2)观测时依表 7 −11 所述发光特征目视判定发光类型，以符号记录。并依发光强弱程度及征象目视判定发光强度等级，按五级记录。当两种或两种以上海发光类型同时出现时，应分别记录。因月光强，无法观测时记"×"，无海发光时记"○"。观测结果记入表 7 −10。

(3)海面平静观测不到海发光时，可用杆子搅动海水，然后进行观测。

7. 2. 10 海冰观测

所有在海上出现的冰统称为海冰，除由海上直接冻结而成的冰外，还包括来源于陆地的河冰、湖冰和冰川冰。海冰的观测主要包括浮冰观测、固定冰观测和冰山观测。

浮冰观测的要素为：冰量、密集度、冰型、表面特征、冰状、漂流方向和速度、冰厚及冰区边缘线。

固定冰观测的要素为：冰型、冰厚和冰界。

冰山观测的要素为：位置、大小、形状及漂流方向和速度。

海冰观测的其他要素还包括：海面能见度、气温、风速、风向及天气现象，这些辅助观测项目应符合 GB/T1 2763. 3 的有关规定。

海冰通常在调查船或飞机上进行观测。船上观测海冰的位置，应尽可能选在高处。观测对象应以二倍于船长以外的海冰为主，以避免船只对海冰观测的影响。

7.2.10.1　浮冰观测

1. 冰量观测

浮冰量为浮冰覆盖整个能见海面的成数，用 0 ～ 10 和 10⁻ 共 12 个数字和符号表示，记录时取整数。

观测时环视整个海面，估计浮冰分布面积占整个能见海域面积的成数。海面无冰时，记录栏空白；浮冰分布面积占整个能见海域面积不足半成时，冰量记"0"、占半成以上，不足一成半时，冰量记"1"，余类推。整个能见海面布满浮冰时，冰量记"10"，有缝隙时记"10⁻"。

海面能见度小于或等于 1 km 时，不进行冰量观测，记录栏记横杠"—"。

2. 密集度观测

密集度为浮冰覆盖面积与浮冰分布面积的比值。密集度观测和记录方法与冰量相同。海面无冰时，密集度栏空白；冰量为"0"时，密集度记"0"。

当浮冰分布海域内有超过其面积一成以上的完整无冰水域时，此水域不能算作浮冰分布海域。当海面上有两个或两个以上浮冰分区区域时，应分别进行观测，取平均值作为密集度。

3. 冰型观测

冰型是根据海冰的生成原因和发展过程而划分的海冰类型。观测时环视整个能见海面，根据表 7 - 12 判断其所属类型，用符号记录。

当海面上同时存在多种冰型时，按量多少依次记录；量相同时，按厚度大小的顺序记录。每次观测最多记五种。

当海冰距离观测点很远，无法判定冰型时，冰型栏记横杠"—"。

表 7 - 12　浮冰冰型表

浮冰冰型	符号	特　征
初生冰 (new ice)	N	海水直接冻结或雪降至低温海面未被融化而成。多呈针状、薄层状、油脂状或海绵状。其比较松散，且只有当其聚集漂浮在海面上时才具有一定的形状。有初生冰存在时，海面反光微弱，无光泽，遇风不起波纹
冰皮 (ice rind)	R	由初生冰冻结或在平静海面上直接冻结而成的冰壳层。表面光滑、湿润而有光泽，厚度 5cm 左右，能随风起伏，易被风浪折碎
尼罗冰 (nilas)	Ni	厚度小于 10cm 的有弹性的薄冰壳层。表面无光泽，在波浪和外力作用下易于弯曲和破碎，并能产生"指状"重叠现象
莲叶冰 (pancake ice)	P	直径 30 ～ 300 cm、厚度 10 cm 以内的圆形冰块。由于彼此互相碰撞而具有隆起的边缘。它可由初生冰冻结而成，也可由冰皮或尼罗冰破碎而成
灰冰 (grey)	G	厚度为 10 ～ 15 cm 的冰盖层，由尼罗冰发展而成。其表面平坦湿润，多呈灰色，比尼罗冰的弹性小，易被涌浪折断，受到挤压时多发生重叠

浮冰冰型	符号	特　征
灰白冰 (grey – white ice)	Gw	厚度 15～30 cm 的冰层，由灰冰发展而成。其表面比较粗糙，呈灰白色，受到挤压时大多形成冰脊
白冰 (white ice)	W	厚度 30～70 cm 的冰层，由灰白冰发展而成。其表面粗糙，多呈白色

4. 冰表面特征观测

冰表面特征是指浮冰在动力或热力作用下所呈现的外貌。观测时环视整个能见海面，按表 7 – 13 判断其所属种类，用符号记录。

表 7 – 13　浮冰观测记录表

调查海区							断面号				观测日期			
调查船							航次号				年　月　日至　年　月　日			

站号	站　位						观测时间		海面能见度(km)	气温(℃)	风速(m/s)	风向(°)	天气现象	冰量(1/10)	密集度(1/10)	冰型	表面特征	冰状	冰厚(cm)
	纬度(N/S)			经度(E/W)															
	(°)	(′)	(″)	(°)	(′)	(″)	时	分											

漂流速度和方向							冰区边缘线特征点							
起点		终点		移动距离(m)	时间间隔(s)	速度(m/s)	方向(°)	1		2		3		4	
方向(°)	距离(m)	方向(°)	距离(m)					方向(°)	距离(m)	方向(°)	距离(m)	方向(°)	距离(m)	方向(°)	距离(m)

备注	

观测者　　　　　　　计算者　　　　　　　校对者

当同时存在两种或两种以上冰表面特征时，按其数量多少依次记录；量相同时，按表 7 – 14 所列顺序记录。每次观测最多记录三种。

表 7 - 14　浮冰表面特征分类表

冰面种类	符号	特　征
平整冰 (level ice)	L	未受变形作用影响的海冰。冰面平整或冰块边缘仅有少量冰瘤及其他挤压冻结的痕迹
重叠冰 (rafted ice)	Ra	在动力作用下，一层冰叠到另一层冰上形成，有时甚至三、四层冰相互重叠而成，但其重叠面的倾斜角不大，冰面仍较平坦
冰脊 (ridge)	Ri	碎冰在挤压作用下形成的一排具有一定长度的山脊状的堆积冰
冰丘 (hummock ice)	H	在动力作用下，冰块杂乱无章地堆积在一起所形成的山丘状的堆积冰
覆雪冰 (snow-covered)	S	表面有积雪的冰

5. 冰状观测

冰状是浮冰冰块最大水平尺度的表征。观测时环视整个能见海面，按表 7 - 15 判定其所属冰状，以符号记录。

当几种冰状同时存在时，按其数量多少依次记录。数量相同时，按表 7 - 15 所列顺序记录。每次观测最多记三种。

表 7 - 15　浮冰冰状表

冰状类别	符号	水平尺度/m
巨冰盘(giant floe)	Gf	$L \geqslant 2000$
大冰盘(big floe)	Bf	$500 \leqslant L < 2000$
中冰盘(medium floe)	Mf	$100 \leqslant L < 500$
小冰盘(small floe)	Sf	$20 \leqslant L < 100$
冰块(ice cake)	Ic	$2 \leqslant L < 20$
碎冰(brash ice)	Bi	$L < 2$

6. 漂流方向和速度的观测

漂流方向指浮冰漂流的去向，以度(°)表示；漂流速度为单位时间内浮冰移动的距离，以 m/s 为单位，取一位小数。

漂流方向和速度应在锚定船只上利用雷达或罗经和测距仪进行观测。观测时，首先在雷达荧光屏或海面上两倍船长距离以外选择具有明显特征的浮冰块，测定其方向和离船的距离(起点位置)，同时启动秒表计时。当所测冰块移动距离超过原离船距离的二分之一或其方向改变20°时，读取时间间隔。同时测定其方向和距离(终点位置)。然后，根据起点位置和终点位置的方向和距离，用矢量法计算或用计算圆盘求得浮冰的漂流方向和移动距离。再用移动距离除以间隔时间，便得漂流速度。

无仪器时，可根据浮冰块的移动特征，按表 7 - 16 估测漂流速度(v)，以等级记录。

海面无浮冰或仅有初生冰时，流向、流速栏空白；漂流速度小于0.05m/s时，流向记"⊂"，流速记"○"；海面有浮冰，但无法观测漂流速度和方向时，应在备注栏说明。

表7-16　浮冰漂流速度的目测估计

冰块移动特征	相当速度(m/s)	速度等级
很慢	$v<0.3$	1
明显	$0.3 \leqslant v<0.5$	2
快	$0.5 \leqslant v<1.0$	3
很快	$v \geqslant 1.0$	4

7. 冰厚观测

冰厚为从冰面至冰底的垂直距离，单位为厘米(cm)，记录时只取整数。观测时可用绞车或网具捞取冰块(最好取三个以上)，分别测量冰块厚度。最后取其平均值作为冰厚观测值。或选择有代表性的冰块，用冰钻钻孔，用冰尺测量其厚度。

8. 冰区边缘线观测

冰区边缘线指海冰分布区域的廓线，也即冰水分界线。当冰区与开阔水域存在明显分界线时进行此项观测。观测时环视整个能见海域，在冰水分界线上选定几个特征点(一般不少于三个，远离冰区的少量冰块不能选作特征点)，用雷达或罗经和测距仪测出各点相对测站的方向和距离。将各特征点标注在调查研究海区空白图上，用圆滑曲线连接各特征点，即为冰区边缘线。观测不到冰区边缘线时，应在备注栏说明。

7.2.10.2　固定冰观测

1. 冰型观测

固定冰冰型是依冰的生成和形态等划分的固定冰类型。观测时环视整个能见海面，按表7-17判定其所属类型，用符号记录。

表7-17　固定冰冰型表

固定冰冰型	符号	特　征
冰川舌(glacier tongue)	Gf	陆地冰川向一边的舌状伸展。在南极，冰川可以向海延伸数十公里以上
冰架(ice shelf)	Ls	与沿岸相连的、高出海面2～50m或更高的漂浮或搁浅的冰原。其表面平滑或略起伏，向海一边比较陡峭
沿岸冰(coastal ice)	Ci	沿着海岸、浅滩或冰架形成，并与其牢固地冻结在一起的海冰。沿岸冰可以随海面的升降作垂直运动
冰脚(ice foot)	If	固着在海岸上的狭窄沿岸冰带，是沿岸冰流走后的残留部分，它不随潮汐变化而升降
搁浅冰(stranded ice)	Si	退潮时留在潮间带或浅水中搁浅的海冰

当海面上同时存在多种冰型时，按表7-17的顺序记录。当海冰距离观测点很远，无法判定冰型时，冰型栏记横杠"—"。

2. 冰厚观测

冰厚观测通常用冰钻和冰尺进行。测点选好后，用冰钻钻孔。钻孔过程中，冰钻应保持垂直状况，直至钻透为止，然后将冰尺插入冰孔测量其厚度。

3. 冰界观测

固定冰冰界为固定冰和浮冰或固定冰和无冰水域的分界。观测方法与浮冰冰区边缘线的观测方法相同。

固定冰各观测项目的观测结果记入固定冰观测记录表。记录表格式见表 7 – 18。

表 7 – 18　固定冰观测记录表

调查海区						断面号					观测日期							
调查船						航次号					年　月　日 至 年　月　日							

站号	站位						观测时间	海面能见度(km)	气温(℃)	风速(m/s)	风向(°)	天气现象	冰型	冰厚(cm)	冰界特征点							
	纬度(N/S)			经度(E/W)											1		2		3		4	
															方向(°)	距离(m)	方向(°)	距离(m)	方向(°)	距离(m)	方向(°)	距离(m)
	(°)	(′)	(″)	(°)	(′)	(″)	时　分															

备注	

观测者　　　　　　　　计算者　　　　　　　　校对者

7.2.10.3　冰山观测

（1）冰山位置观测：用雷达或 GPS 观测确定冰山实际位置。

（2）冰山大小观测：根据冰山露出水面部分的高度和水平尺度，将其分为四级（见表 7 – 19）。观测时以高度为主，按表 7 – 19 确定其等级，并以符号记录。

表 7 – 19　冰山等级表

等级	名称	符号	高度(m)	水平尺度(m)
1	小冰山	△	5～15	15～60
2	中冰山	△	16～45	61～122
3	大冰山	△	46～75	123～213
4	巨冰山	△	>75	>213

（3）冰山形状观测：冰山形状分平顶（桌状）、圆顶、尖顶和斜顶四种。观测时按表 7 – 20 目视判定，以符号记录。

（4）冰山漂流方向和速度观测：观测与记录方法与浮冰相同。

表7-20　冰山形状分类表

冰山形状	符　号
平顶(桌状)冰山	（梯形）
圆顶冰山	（半圆顶形）
尖顶冰山	（三角形）
斜顶冰山	（直角三角形）

7.3　海洋气象观测

7.3.1　一般规定

1. 术语和定义

海面有效能见度：测站所能见到的海面二分之一以上视野范围内的最大水平距离。

海面最小能见度：测站四周各方向海面能见度不一致时所能看到的最小水平距离。

云量：云遮蔽天空视野的成数。总云量是指天空被所有的云遮蔽的总成数；低云量是指天空被低云遮蔽的成数。

云状：云的外形。

云高：自海面至云底的垂直距离。

天气现象：大气中、海面及船体(或其他建筑物)上，产生的或出现的降水、水汽凝结物(云除外)、冻结物、干质悬浮物和光、电的现象，也包括一些风的特征。

海平面气压：作用在海平面单位面积上的大气压力。

降水量：从天空降落到海面上的液态或固态(经融化后)降水，未经蒸发、流失和扩散而在水平面积聚的深度。

逆温层：温度随高度的增高而增高的气层。

零度层：温度为0℃的气层。

量得风层：与所测到的平均风相对应的高度范围。量得风层是根据气球的上升时间确定的，通常所测到的平均风作为该层的中间高度(或中间时间)上的风。

2. 技术设计的主要内容

海区范围和测站布设；观测方式、项目及时次；对调查船和主要仪器设备的要求；质量控制措施；提交成果的形式和要求；工作进度及完成时间。

3. 观测方式、项目及时次

（1）观测方式。海洋气象观测采用定时观测、定点连续观测、走航观测和高空气象探测。

（2）观测时次及项目。海洋气象观测采用北京时间，以20时为日界。

定时观测在每日 02、08、14、20 时进行观测。观测项目为：云、有效水平能见度、最小水平能见度、天气现象、风、气压、海面空气温度、相对湿度和降水量。

调查船在到达站位后，应立即进行一次观测。观测项目为：云、海面水平能见度、天气现象、风、气压、海面空气温度、相对湿度。

定点连续观测在每日 24 个整点进行。

走航观测采用自动观测的方法连续进行。每 1min 记录一次。观测项目为：气压、海面空气温度、相对湿度、风和降水量。

高空气象探测在每日的 08、20 时进行，探测项目为气压、温度、湿度、风向、风速。

4. 观测程序

(1)海面气象观测。每次定时观测应在观测前 30min 巡视仪器。在正点前 20min 按下列顺序依次观测海面水平能见度、云、天气现象、海面气温和相对湿度、海面风、气压、降水量等。气压观测应尽量接近正点。

(2)高空气象探测。每次探测均应在预定放球时间前 1 h 按下列顺序工作：

将基点检查合格，准备施放的和备份的探空仪置于百叶箱中；施放前 30min 进行基值测定并进行初算；充灌气球；检查接收设备、发射机和电池；装配探空仪和试听信号；正点施放并接收信号。

5. 观测场地及使用仪器的基本要求

海面气象(除气压外)观测场地应选择在调查船的高层甲板，在观测点能看到整个天空和海天交界线。高空气象探测场地应设在空旷处，其上方不得有妨碍施放气球的电线、绳索和建筑物。

6. 观测质量控制

观测人员应于每日 07、19 时校核观测用钟表和仪器设备时钟，观测用钟表 24 h 内误差不得大于 10 s。

各项观测数据使用纸张记录表的，应使用硬度适中的黑色铅笔记录在观测记录表上，书写字迹应工整清楚，不得涂擦和字上改字。若记录有误，改正时将原纪录数据画一横线，并在其右上方写上正确数据。

海面自动观测仪器应在每个航次前、后，用足够准确的标准仪器或基值测定仪器进行现场比对，高空探测仪应在每次释放前进行比对。对比数据应记录在观测记录表相应栏内。在用仪器必须在检定有效期内。

7.3.2　海面有效能见度的观测

海面有效能见度的观测项目为海面有效能见度和海面最小能见度。海面有效能见度以 km 为单位，分辨率 0.1km，准确度为 ±20%。观测和记录方法如下：

海面有效能见度采用目测方法进行。观测时，应站在船上较高处，视野开阔的地方。夜间测定时，应站在不受灯光影响处，并停留至少 5min，待眼睛适应后再进行观测。

海面有效能见度记录到 0.1 km；不足 0.1 km 时，记 0.0。

海面有效能见度的观测可参照表 7–21，按经验判定。

当海面水平能见度小于 10.0 km 时，应伴有雾、降水、浮尘等天气现象，两者不应发生矛盾。

表 7 -21 　海面有效能见度参照表

（单位：km）

海天交界线清晰程度	海面有效能见度	
	眼高出海面≤7m 时	眼高出海面 >7m 时
十分清楚	>50.0	
清楚	20.0 ～ 50.0	>50.0
勉强可以看清	10.0 ～ 20.0	20.0 ～ 50.0
隐约可辨	4.0 ～ 10.0	10.0 ～ 20.0
完全看不清	<4.0	<10.0

7.3.3　云的观测

云的观测要素为总云量、低云量、云状、低云高。

云量以成（1/10）为单位，分辨率为 1 成，准确度为 ±1 成。

最低云高以 m 为单位，分辨率为 1m，准确度为 ±10%。

云的观测和记录方法如下：

1. 云量的观测和记录

将天空分作 10 等份，目测云占天空的成数，记录到成。

全天无云或云量 < 0.5 成，云量记为 0；天空完全被云所遮蔽，云量记为 10。

2. 低云高的观测和记录

参照表 7 -22，按所见低云的最低高度进行记录，记录到 1m。

表 7 -22　云状分类表

云族	云属		云类		常见云底高度范围
	学名	简写	学名	简写	（m）
低云	积云	Cu	淡积云 浓积云 碎积云	Cu hum Cu cong Fc	400 ～ 2000
	积雨云	Cb	秃积雨云 鬃积雨云	Cb calv Cb cap	400 ～ 2000
	层积云	Sc	透光层积云 蔽光层积云 积云性层积云 堡状层积云 荚状层积云	Sc tra Sc op Sc cug Sc cast Sc lent	400 ～ 2500
	层云	St	层云 碎层云	St Fs	50 ～ 800
	雨层云	Ns	雨层云 碎雨云	Ns Fn	400 ～ 2000

云族	云属		云类		常见云底高度范围（m）
	学名	简写	学名	简写	
中云	高层云	As	透光高层云 蔽光高层云	As tra As op	2500～4500
	高积云	Ac	透光高积云 蔽光高积云 荚状高积云 积云性高积云 絮状高积云 堡状高积云	Ac tra Ac op Ac lent Ac cug Ac flo Ac cast	2500～4500
高云	卷云	Ci	毛卷云 密卷云 伪卷云 钩卷云	Ci fil Ci dens Ci not Ci unc	4500～10000
	卷层云	Cs	毛卷层云 薄幕卷层云	Cs fil Cs nebu	4500～8000
	卷积云	Cc	卷积云	Cc	4500～8000

3. 云状的观测和记录

云状按高、中、低三族十属二十九类进行观测。根据云的外形特征、结构、色泽及高度和各种常见的天气现象以及云的发展演变过程判别云状，分辩至类（见表 7 - 22），按云量的多少，依次记录其简写字母。

无云时，云状栏空白；无法判断云状时，云状栏记"—"。

4. 几种特殊情况的云量、云状的观测

因雾使云量、云状不明时，总云量、低云量均记 10，云状记"≡"；透过雾能判断天顶的云状时，总云量、低云量均记 10，云状记"≡"和可见云状。

因霾或浮尘使天空的云量、云状全部或部分不明时，总云量、低云量均记"-"，云状记该现象符号和可见云状。

7.3.4　天气现象的观测

表 7 - 23 中列出了各类天气现象。

表 7 - 23　天气现象种类及对应符号表

天气现象	符 号	天气现象	符 号	天气现象	符 号	天气现象	符 号
雨	●	霰	✕	雨凇	∽	浮尘	S
阵雨	▽̇	米雪	△	雾凇	∨	霾	∞
毛毛雨	9	冰粒	⬟	吹雪	⇸	雷暴	℞

天气现象	符 号	天气现象	符 号	天气现象	符 号	天气现象	符 号
雪	✳	冰雹	△	雪暴	✚	闪电	⟨
阵雪	⧖	冰针	↔	龙卷	)(	极光	⎕
雨夹雪	✳	雾	≡	积雪	⊠	大风	⊨
阵性雨夹雪	⧖	轻雾	=	结冰	⊢	飑	∀

天气现象观测和记录方法如下：

在定时观测中，只观测和记录观测时出现的天气现象。

在定点连续观测中，下列天气现象应观测和记录开始时间和终止时间(时、分)：雨、阵雨、毛毛雨、雪、阵雪、雨夹雪、阵性雨夹雪、霰、米雪、冰粒、冰雹、雾、雾凇、吹雪、雪暴、龙卷、雷暴、极光、大风。飑只观测和记录开始时间。

根据各天气现象的特征，判定视区内出现的各种天气现象，用表 7 – 23 中的符号记入记录表的天气现象栏。

在定点连续观测中，两次观测之间出现的天气现象按出现顺序记入前一次观测记录表。

在视区内出现的天气现象但在测站未出现，也应观测和记录，同时应在纪要栏注明。

当天气现象造成灾害时，应于纪要栏内详细记载。

凡与海面有效能见度有关的天气现象，均应与海面有效能见度相配合。

7.3.5　海面风的观测

1. 观测要素

观测海面上 10min 的平均风速及相应风向。在定点连续观测中，还应观测日最大风速、相应风向及出现时间；日极大瞬时风速、相应风向及出现时间。

2. 技术指标

风速以 m/s 为单位，分辨率为 0.1m/s；当风速不大于 5.0m/s 时，准确度为 ±0.5m/s；当风速大于 5.0m/s 时，准确度为 ±5%。

风向以(°)为单位，分辨率为 1°。正北为 0°，顺时针计量，测量的准确度规定为两级：一级为 ±5°，二级为 ±10°。

3. 观测和记录方法

传感器的安装：风的传感器应安装于船舶大桅顶部，四周无障碍，不挡风的地方；传感器与桅杆之间的距离至少应有桅杆直径的 10 倍；风向传感器的 0°应与船艏方向一致。

风速和相应风向的换算：观测到的合成风速、风向，要根据船只的航速、航向和船艏方向换算成风速和相应风向。

风速、风向的观测方法：每 3 s 采集一次，将合成风速和风向换算成风速和风向作为瞬时风速和相应风向；连续采样 10min，计算风程和相应风向的平均值，作为该 10min 结束时刻的平均风速和相应风向；记录每 1min 的前 10min 平均风速和相应风向，将整点前

10min 的平均风速和相应风向，作为该整点的风速、相应风向值。

极值选取：从每日观测的 10min 平均风速和相应风向中，选出日最大风速、相应风向及出现时间；从每日观测的瞬时风速和相应风向中，选出日极大风速、相应风向及出现时间。

风速的记录：风速记录到 0.1m/s，静风时，风速记 0.0。

风向的记录：风向记录取整数，静风时，风向记 C。

风速的目测：在风速测量仪器故障时，风速的目测，可根据海面征状，估计风力的等级，以该风级中的中数值记录在记录表的风速栏内。

风向的目测：在风速、风向测量仪器故障时，风向的目测可采用观测开阔的海面上风浪的来向作为风向，记录在记录表的风向栏内。

7.3.6　海面空气温度和相对湿度的观测

观测海面上 1min 的空气温度和相对湿度；在定点连续观测中，还应观测日最高、最低温度和最小相对湿度。

空气温度以摄氏度(℃)为单位，分辨率为 0.1℃，测量的准确度规定为两级；一级为 ±0.2℃；二级为 ±0.5℃。相对湿度以百分率(%)表示。

空气温度记录到 0.1℃，相对湿度记录到整数，缺测均记"—"。

7.3.7　气压的观测

观测海面上 1min 的海平面气压；在定点连续观测中，还应观测日最高和最低海平面气压。海平面气压以百帕(hPa)为单位，分辨率为 0.1 hPa，测量的准确度规定为三级：一级为 ±0.1 hPa、二级为 ±0.5 hPa、三级为 ±1 hPa。

海平面气压观测记录到 0.1 hPa，缺测记"—"。

7.3.8　降水量的观测

观测海面上 1min 和定时观测前 6 h 的降水量。在定点连续观测中，还应计算日降水量累计值。降水量以 mm 为单位，分辨率为 0.1mm。

降水量传感器应安装在船上开阔处。

降水量观测记录到 0.1mm。无降水时，降水栏空白；降水量不足 0.05mm 时，记"0.0"；缺测记"—"。

当出现纯雾、露、霜、雾凇、吹雪时，不观测降水量。如有降水量，仍按无降水记录。

当降水量缺测时，应在记录表纪要栏注明原因和降水情况，如小雨、中雨、大雨。

7.3.9　高空气压温度湿度的探测

气压以"百帕"（hPa）为单位，温度以"摄氏度"（℃）为单位，相对湿度以"百分率"（％）表示。

探空气球应采用 300 g 或 750 g 气球。在施放前 0.5～1 h 开始充灌气球。充气速度不应过快，通常在 20min 左右。充灌气球应使用氦气，禁止使用氢气。气球升速应控制在 400m／min 左右，在不同的天气条件下应具有不同的净举力。

气球与探空仪的距离通常为 30m。

7.4　海洋声、光要素调查

7.4.1　一般规定

1. 调查任务技术设计内容

调查项目；提交的资料、成果和对成果的要求；测区、测站的布设；调查方式、方法和质量控制要求；调查仪器设备及器材；调查船的要求、航次；调查时间安排；调查人员的组织和专业配备。

2. 站位布设和标准层次

根据调查目的和要求确定站位点。

声学要素的调查站位应视要素水平变化梯度而定，或以海洋声学应用需求而定。综合调查时，海水声速调查站位与温、盐、深调查站位一致。对于具有中尺度现象的海域调查，应同时进行海流剖面测量。

光学要素的调查站位可根据专项调查需要和测量海区光学要素的水平变化梯度确定，一般的大面调查，近海区可相隔 20 nmile，远海区可相隔 60 nmile。

声学要素调查除海水声速外，一般不设标准层次。

光学要素测量的标准层次为：表层，4m，6m，8m，10m，12m，14m，16m，18m，20m，25m，30m，35m，40m，45m，50m，60m，70m，80m，90m，100m，120m，140m，160m，180m，200m。特殊要求另加。

7.4.2　海水声速测量

测量的量有两种：各个站位的海水声速－深度剖面；各个站位的海水温度－深度剖面。海水声速和深度测量范围的规定如下：

海水声速测量：一般范围取 1430～1550m／s，极限范围 1400～1600m／s；深度测量：指从海面到海底的深度测量。大洋中允许只测海面到深海声道轴位置的深度。

海水声速和深度测量准确度分别为：海水声速测量一级标准为绝对误差不超过 ±0.20m／s，二级标准为绝对误差不超过 ±0.75m／s；深度测量准确度符合 GB／T12763.2

要求。

声速测量方法分直接测量方法和间接测量法两种，以前者为主，并作为仲裁测量方法。

7.4.2.1　直接测量法

其测量原理为采用声速仪直接测出声波通过水中固定两点所需的时间，换算出对应的声速值。吊挂式声速仪配置深度传感器，测出水下声学探头的深度。抛弃式声速仪采用以极限下沉速度的消耗性探头，测量探头落水后的时间，对应给出每个时刻探头到达的深度。

吊挂式声速仪的测量要求：连续垂直测量时，应控制绞车的速度，保证每下放 1m 至少能取得一个声速数据；逐点定深测量时，应取得各标准水层的声速数据；观测过程中，如发现有声速跃层或水下声道存在，探头提升时，应在跃层或声道内连续垂直测量一次，并根据跃层厚度和声速仪的探头响应速度适当降低其提升速度；观测时，调查船应抛锚或漂泊。

抛弃式声速仪的测量要求：出航前应查明探头内的电池不得超过有效期；出航前要先调试好探头到船上处理机的信号传输系统；海上观测时，仪器开机，待船上处理机工作正常，才能投放探头。若用漆包线传输信号，应使水线圈抽线顺畅，防止线被船舷钩断。投放方式应严格按产品说明书的要求；观测时，如发现仪器记录的声速垂直分布曲线有较大的异常现象，应再重测；调查船应在声速仪允许的航速内或漂泊情况下观测。

7.4.2.2　间接测量法

根据海水声速与水温、盐度、压力（或深度）的关系所建立的海水声速经验公式，通过这些水文参数的测量数据可换算出各水层的深度和海水声速值。本方法只适用于已有海水声速经验公式的海域。

7.4.3　海洋环境噪声测量

海洋环境噪声测量的频率范围为 20 Hz ～ 20 kHz，其测量的量主要有：

1. 噪声频带声压级 L_{pf}

$$L_{pf} = 20\log(P_f / P_V)$$

式中　L_{pf}——噪声频带声压级，dB；

　　　P_f——用一定带宽的滤波器（或计权网络）测得的噪声声压，μPa；

　　　P_V——基准声压等于 1μPa；

线性宽带声压级记为 L_p；A 计权宽带声压级记为 L_{pa}。

2. 噪声声压谱级 L_{ps}

当声能在 Δf 中均匀分布时：

$$L_{ps} = L_{pf} - 10\log(\Delta f)$$

式中　L_{ps}——噪声声压谱级，又称等效谱级，dB；

　　　L_{pf}——用中心频率为 f 的带通滤波器测得的频带声压级，dB；

　　　Δf——带通滤波器的有效带宽。

3. 辅助量

在噪声测量中应同时测量海区气象、水文、地质和环境参数，主要包括风速、风向、降雨；海况、波浪、海流；水温垂直分布；海底底质；测量站位附近有无航船和其他发声生物。

噪声频带声压级和声压谱级的准确度要求控制在 ±2 dB 之间。

7.4.4　海底声特性测量

1. 测量的量

主要量：沉积物声速的垂直分布；沉积物声衰减系数。

辅助量：沉积物密度的垂直分布；海水声速的垂直分布；沉积物颗粒中值粒径；沉积物颗粒密度；沉积物孔隙度；沉积物类型；水深、海况；海底分层结构（浅层剖面）。

测量准确度要求：沉积物声速测量准确度 ±3%；沉积物切变波声速测量准确度 ±3%。

2. 测量方法

测量方法有如下三种：直接法；反射法和折射法；经验法。

上列三种测量方法的适用范围不同，直接法精确、直观，但是测量深度较浅，现场测量深度小于 2m，样品实验室测量也只有数米；反射法和折射法测量深度可达数十米，测的是各层平均声速，但观测和处理数据工作量大；经验法虽较简单，最大测 20m 层深，但仅适用于具有经验公式的测量对象，且数据准确度较差，供参考使用。测量者可根据需要选用一种或多种方法结合使用。

直接法是测量声波通过一固定距离的沉积物的传播时间以确定其声速，并测量该距离上声能的衰减，确定其衰减系数。直接法分为现场测量法和实验室样品测量法。

反射法和折射法的测定原理是测定不同水平距离上的直达波、反射波和首波的传播时间，根据折射定律，计算沉积物中各层的声速和厚度。由直达波和反射波的传播路径及声能之差可决定各层沉积层的衰减系数。

经验法是由样品分析而得的沉积物孔隙度、中值粒径的数据按经验公式计算声速。

7.4.5　海面照度观测

照度是照射到物体表面一点处的面元上的光通量除以该面元的面积，照度的单位是 lx。照度的测量范围、准确度和分辨率的测量要求见表 7 – 24。

表 7 – 24　照度的测量要求

（单位：lx）

测量范围	$20 \sim 200\,000$			
分档测量范围	$20 \sim 200$	$200 \sim 2000$	$2000 \sim 20\,000$	$20\,000 \sim 200\,000$
准确度	±15	±150	±1500	±15 000
分辨率	±2	±20	±200	±2000

照度测量的仪器设备是照度计或走航式海面照度计。其测量基本规定如下：

观测位置的要求：离海面高度在 2 ～ 20m 范围内；仪器进光窗口上方周围空间不受船上物体遮蔽，不能有其他光源或反射光线照射到光窗口；光接收部件在船上固定安装时，应便于观测者操作。

观测时间的环境和气象条件：调查过程中，船只处于航行、漂泊或抛锚状态均可进行测量，但下雨、下雪或浓雾天气例外；每天观测的开始时间不晚于太阳升出水天线后 1 h，结束时间不早于太阳没入水天线前 1 h。

照度计的进光窗口应保持干净。

走航式海面照度计的观测要求：开机工作后，至少每 5min 记录和存储一组照度、时间和位置的数据；通过调查船上的卫星导航定位仪自动取得实时定位信号。

照度计的观测要求：在甲板的空旷处手持光接收器测量，当光接收器处于水平时记录读数；每小时测量一次，在整点前后 10min 内进行。若预定时间内有雨、雪、浓雾、太阳被浮云遮挡或其他原因而不能测量时，可以推迟进行。推迟时间大于 40min 时取消该次测量。

7.5　海洋生态调查

7.5.1　站位布设原则

调查对象空间分布变化大的区域，多布站位；调查对象空间差异小的区域，少布站位；

人类活动强度大的海区多布站位，近岸海区多布站位，内湾多布站位，环境复杂的海区多布设站位等；

海湾和近岸调查站位间隔不低于每 10 分 1 个站位，河口和排污口应适当加密设站，远海调查站位间隔不低于每 10° 1 个站位。具体站位间隔应根据调查的目标和对象确定；

沿调查要素变化梯度(如盐度、温度、深度、营养盐、污染物、海流流向、潮区等)布设站位；

考虑经费保障和时间；

其他特殊要求。

7.5.2　调查时间和频率

调查时间应考虑环境对生物的长期效应，应保证资料连续性。调查时间和频次应根据具体的调查对象作适当调整，调查频次的时间间隔原则上应小于调查对象的生活(变化)周期；

昼夜连续观测推荐每 3 h 采样一次，一昼夜共九次。在正规半日潮的海区，应考虑潮周期，采样时间应包括高潮时和低潮时，采用现场自动记录仪可加密观测；

大面和断面调查建议 1～3 个月调查一次，各月调查的时间间隔应尽量相等。海湾、河口、港湾调查应在相同的潮期进行，适当增加调查频次；

季度调查宜安排在 2 月、5 月、8 月和 11 月，如有特殊需要应根据不同海区调整调查月份；

突发事故，如赤潮灾害、溢油、污染物排放等，应增加调查频次；

海洋工程及海岸工程的环境影响调查。根据管理需求安排调查频率和时间。

7.5.3　海洋生物要素调查

1. 海洋生物群落结构要素调查

包括微生物、叶绿素 a、游泳动物、底栖生物、潮间带生物和污损生物调查；浮游植物调查；浮游动物调查。

2. 海洋生态系统功能要素调查

目前着重调查初级生产力、新生产力和细菌生产力。

7.5.4　海洋环境要素调查

1. 海洋水文要素调查

主要包括深度、水温、盐度、水位和海流；温跃层和盐跃层；海面状况（海水浑浊情况、波浪大小、漂浮物种类等）；入海河流径流量和输沙量。

2. 海洋气象要素调查

主要包括日照时数；气温、风速和风向；天气状况。

3. 海洋光学要素调查

主要包括海面照度、水下向下辐照度和真光层深度；透明度。

4. 海水化学要素调查

主要包括总氮、硝酸盐、亚硝酸盐、铵盐、总磷、活性磷酸盐、活性硅酸盐、溶解氧和 pH、化学需氧量、重金属（总汞、铜、铅、铬、镉、砷等）、悬浮颗粒物（SPM）、颗粒有机物（POM）、颗粒有机碳（POC）、颗粒氮（PN）。

5. 海洋底质要素调查

主要包括底质类型、粒度、有机碳、总氮、总磷、pH、Eh。

底质污染物：硫化物、有机氯、油类、重金属（总汞、铜、铅、铬、镉、砷）。

7.5.5　人类活动要素调查

1. 海水养殖生产要素调查

调查海区如果存在一定规模的养殖活动，应调查养殖海区坐标、面积，养殖的种类、密度、数量、方式；收集养殖海区多年的养殖数据，包括养殖时间、种类、密度、数量、单位产量、总产量、养殖从业人口等，并制作养殖空间分布图。具体养殖数据根据不同海区的养殖情况相应增减。

2. 海洋捕捞生产要素调查

存在捕捞生产活动的海区，应现场调查和调访捕捞作业情况，进行渔获物拍照和统计，并收集该海区多年的捕捞生产数据。包括捕捞生产海区坐标、面积，捕捞的种类、方式、时间、产量，渔船数量(马力)，网具规格，捕捞从业人口等，并制作捕捞生产空间分布图。具体捕捞生产数据根据不同海区的情况相应增减。

3. 入海污染要素调查

存在排海污染(陆源、海上排污等)的调查海区，应调查和收集多年的排污数据，包括排污口、污染源分布，主要污染物种类、成分、浓度、入海数量、排污方式等，并制作排污口和污染源的空间分布图。具体情况根据不同海区的污染源的情况相应增减。

4. 海上油田生产要素调查

存在油田生产的调查海区，应收集多年的油田生产和污染数据，包括石油平台位置、坐标、数量、产量、输油方式、污水排放量、油水比、溢油事故发生时间、溢油量，污染面积、持续时间，受污染生物种类和数量，使用消油剂种类和使用量等，并制作石油污染源分布图。具体情况根据不同海区的污染源的情况相应增减。

5. 其他人类活动要素调查

若调查海区存在建港、填海、挖沙、疏浚、倾废、围垦、运动(游泳、帆船、滑水等)、旅游、航运、管线铺设等情况，而且对主要调查对象可能有较大影响时，应调查这些人类活动的情况，调查要素主要包括位置、数量、规模、建设和营运情况，对周围海域自然环境的影响程度，排放污染物的种类、数量、时间等，对海洋生物的影响程度等方面。具体内容根据调查目标确定。

7.5.6　海洋生态评价

评价对象包括微生物、浮游植物、浮游动物、游泳动物、底栖生物、潮间带生物、污损生物。评价内容包括海洋生物群落结构评价、海洋生态系统功能评价、海洋生态压力评价。

其他海洋调查内容还包括海水化学要素调查、海洋生物调查、海洋调查资料交换、海洋地质地球物理调查、海底地形地貌调查、海洋工程地质调查等，这里不再赘述。

第8章 海洋监测

开展海洋环境监测可以掌握污染物的入海量和海域质量状况及中长期变化趋势，判断海洋环境质量是否符合国家标准；可以检验海洋环境保护政策与防治措施的区域性效果，反馈宏观管理信息，评价防治措施的效果；可以监控可能发生的主要环境与生态问题，为早期警报提供依据；可以研究、验证污染物输移、扩散模式，预测新增污染源和二次污染对海洋环境的影响，为制定环境管理和规划提供科学依据；可以有针对性地进行海洋权益监测，为边界划分、保护海洋资源、维护海洋生态健康提供资料；可以开展海洋资源监测，为保护人类健康、合理开发利用海洋资源提供科学依据、实现永续利用服务。

下面，对海洋环境监测相关知识做简单介绍。

8.1 海洋监测分类

海洋监测分类如下：

(1)研究性监测：通过监测弄清楚污染物从排放源排出至受体的迁移变化规律。当监测资料表明存在环境问题时，应确定污染物对人体、生物和景观生态的危害程度和性质。

(2)监视性监测：又称例行监测，包括污染源控制排放监测和污染趋势监测。在排放口和预定海域，进行定期定点测定污染物含量，为评定控制排放，评价环境状况、变化趋势以及改善环境提供科学依据。

(3)海洋资源监测：海洋资源包括可再生和不可再生资源。海洋资源监测包括生物、矿产、旅游、港口交通、动力能源、盐业和化学等的监测和调查。

(4)海洋权益监测：指为维护国家或地区的海洋权益，在多国或多方共同拥有的海域进行的以保护海洋生态健康和海洋生物资源再生产为目的的海洋监测。

(5)海洋监测：在设计好的时间和空间内，使用统一的、可比的采样和监测手段，获取海洋环境质量要素和陆源入海物质资料。

按监测介质，海洋监测可分为水质监测、生物监测、沉积物监测和大气监测；按监测要素，海洋监测可分为常规项目监测、有机和无机污染物监测；按海区的地理区位，海洋监测可分为近岸海域监测、近海海域监测和远海海域监测等。

海洋监测包括海洋污染监测和海洋环境要素监测。海洋污染监测包括近岸海域污染监测、污染源监测、海洋倾废区监测、海洋油污染监测、海洋其他监测等。海洋环境要素监测包括海洋水文气象要素、生物要素、化学要素和地质要素的监测。

(6)基线调查。指对某设定海区的环境质量基本要素状况的初始调查和为掌握其以后间隔较长时间的趋势变化的重复调查。

(7)常规监测。指在基线调查基础上，经优化选择若干代表性测站和项目，进行以求得空间分布为主要目的，长期逐年相对固定时期的监测。

(8)定点监测。指在固定站点进行常年短周期的观测。其中包括在岸(岛)边设一固定采样点，或在固定站附近小范围海区布设若干采样点两种形式监测。

（9）应急监测。指在海上发生有毒有害物质泄放或赤潮等灾害紧急事件时，组织反应快速的现场观测，或在其附近固定站点临时增加的针对性监测。

（10）专项调查。指为某一专门需要的调查，如废弃物倾倒区、资源开发、海岸工程环境评价等进行的调查。

8.2 海洋监测的原则

（1）监测迫切性原则：无论是环境监测、资源监测，还是权益监测，都应遵循轻重缓急、因地制宜、整体设计、分步实施、滚动发展的原则。根据情况变化和海洋管理反馈的信息，随时进行调整、修改和补充。把海洋管理、海洋开发利用和公益服务放在第一位，把兼顾海洋研究和资料积累需求放在第二位。

（2）突出重点，控制一般原则：近岸和有争议的海区是我国海洋监测的重点。在近岸区，应突出河口、重点海湾、大中城市和工业近岸海域，以及重要的海洋功能区和开发区的监测。在近海区，监测的重点是石油开发区、重要渔场、海洋倾废区和主要的海上运输线附近。在权益监测上，重点以海域划界有争议的海域为主。

（3）多介质、多功能一体化原则：建立以水质监测为主体的控制性监测机制，以底质监测为主要内容的趋势性监测机制，以生物监测为骨架的效应监测机制和以维护国家海洋权益为主要对象的权益监测机制，从而形成兼顾多种需求多功能一体化的监测体系。

（4）优先污染物监测原则：探明海洋污染物的分布、出现频率和含量，确定新污染物名单，研究和发展优先监测污染物的监测方法，待方法成熟和条件许可时列为优先监测污染物。通常，监测因子具有广泛代表性的项目，可考虑优先监测。

8.3 采样和分析方法的选择

应按照采样规定的方法，切实采取防污染措施，按照规范来操作，并结合当地当时的情况，通过实地调查，确定合适的采样方法。

在海洋环境中，待测物处于微量或痕量水平，海水中含盐量之高、组分之多、化合物形式复杂，势必给海洋环境监测带来困难。某些经典的分析方法因灵敏度而受到限制，海洋监测应使用高灵敏度的、统一的测定方法，使各海区获得准确可比的监测数据。

监测计划制定时，监测人员应根据所需测项，预算出完成监测任务所需要的费用。在不影响监测目的的情况下，应选择更为专一、准确度和精密度好的分析方法。

8.4 海洋监测的质量保证和质量控制（QA/QC）

8.4.1 相关重要术语

（1）质量保证：海洋监测的质量保证是整个海洋监测过程的全面质量管理，是为了保证环境监测数据准确可靠的全部活动和措施，包括从现场调查、站位布设、样品采集、贮存与运输、实验室样品分析、数据处理、综合评价全过程的质量管理。

（2）质量控制：指为达到监测质量要求所采取的一切技术活动。是监测过程的控制方法，也是质量保证的一部分。

（3）准确度与精密度：准确度是指测量结果与客观环境的接近程度。精密度是指测量结果具有良好的平行性、重复性和再现性。

（4）完整性：指预期按计划取得有系统的、周期性的或连续的（包括时间和空间）环境数据的特性。

（5）代表性：指在有代表性的时间、地点，并根据确定的目的获得的典型环境数据的特性。

（6）可比性：指除采样、监测等全过程可比外，还应包括通过标准物质和标准方法的准确度传递系统和追溯系统，来实现不同时间和不同地点（如国际间、区域间、行业间、实验室间）数据的可比性和一致性。

（7）实验室内部质量控制：又称内部质量控制，是指分析人员对分析质量进行自我控制和内部质控人员实施质量控制技术管理的过程。内部质量控制包括方法空白试验、现场空白试验、校准曲线核查、仪器设备定期校验、平行样分析、加标样分析、密码样分析、利用质控图校核等。内部质量控制是按照一定的质量控制程序进行分析工作，以控制测试误差，发现异常现象，针对问题查找原因，并作出相应的校正和改进。

（8）实验室间质量控制：也称外部质量控制，是指由外部有工作经验和技术水平的第三方或技术组织，对各实验室及分析人员进行定期和不定期的分析质量考查的过程。对分析测试系统的评价，一般由评价单位发密码标准样品，考核各实验室的分析测试能力，检查实验室间数据的可比性。也可在现场对某一待测项目，从采样方法到报出数据进行全过程考核。

8.4.2　海洋监测质量保证

（1）监测人员质量控制。监测人员应专门培训，经考核取得合格证书后上岗；对监测人员进行质量意识教育，明确质量责任。

（2）监测质量控制工作体系。监测项目承担单位应接受项目委托单位和技术监督机构的监督；监测项目承担单位应将监测过程的质量控制纳入本单位的质量运行体系，并根据本单位的质量体系和监测项目要求制定质量计划；监测项目负责人应指定质量负责人，建立监测过程的质量监督管理工作体系。

（3）采样质量保证。严格防止船舶自身以及采样设备的沾污影响；根据监测项目，选用合适材料的采样器、样品瓶；绞车、缆索、导向轮应采取相应的防沾污措施；减少界面富集影响，深层采样建议用闭－开－闭方式采样器；沉积物采样，被采样品应不受扰动，待测样品应冷冻贮存；预处理的样品（过滤、萃取等）应在采样后在现场即时完成，然后再加入稳定剂，并低温保存；受生物活动影响，随时间变化明显的项目应在规定时间内完成。

（4）实验室质量保证。实验室应进行计量认证，取得计量认证合格证书方能承担检测任务；固定级实验室应具有 100 级超净实验室，海区级应有 10 万级简易洁净实验室，一般实验室应具有重金属水样前处理用超净工作台；选定检测方法，主要依据方法的精密度、准确度和检出限，适当考虑分析成本，设备条件和检测时间长短及人员水平等因素。

（5）监测网络质量保证。凡有两个及以上实验室参加的统一监测任务或网络，由监测业务主管单位负责质量监督和管理；监测前应进行实验室间互校，经监测业务主管单位评判合格后，方可参加监测任务；采用统一的标准参比物质，中途若有更换应对先后使用的标准参比物质进行对比检验；实验室间应使用相同的检测方法和仪器；文件资料和成果归档，应符合质量标准。

8.5　监测内容

8.5.1　海洋环境质量监测要素

海洋环境质量监测要素主要包括海洋水文气象基本参数；水中重要理化参数、营养盐类，有毒有害物质；沉积物中有关理化参数和有毒有害物质；生物体中有关生物学参数和生物残留物及生态学参数；大气理化参数；放射性核素。

8.5.2　项目选定原则

除水文气象项目必测外，其他项目的选定原则包括：基线调查应是多介质且项目要尽量取全；常规监测应选基线调查中得出的对监测海域环境质量敏感的项目；定点监测项目为海水的 pH、浑浊度、溶解氧、化学需氧量、营养盐等；沉积物的粒度、有机质、氧化还原电位等；浮游生物的体长、重量、年龄、性腺成熟度等；应急监测和专项调查酌情自定。

8.6　监测站位布设、监测频率和周期

8.6.1　站位布设

1. 站位布设要求

依据任务目的确定监测范围，以最少数量测站，所获取的数据能满足监测目的需要。基线调查站位密，常规监测站位疏；近岸密，远岸疏；发达地区密，原始海岸疏。尽可能沿用历史测站，适当利用海洋断面调查测站，照顾测站分布的均匀性，与岸边固定站衔接。

2. 各类水域测站布设原则

海域：在海洋水团、水系锋面，重要渔场、养殖场，主要航线，重点风景旅游区、自然保护区、废弃物倾倒区以及环境敏感区设立测站或增加测站密度。

　　海湾：在河流入汇处，海湾中部及海湾交汇处，同时参照湾内环境特征及受地形影响的局部环流状况设立测站。

　　河口：在河流左右侧地理端点连线以上，河口城镇主要排污口以下，并减少潮流影响处设立测站。如建有闸坝，应设在闸坝上游；河口处有支流入汇应设在入汇处下游。

8.6.2　监测频率及周期

　　(1)基线调查频率：基线调查初始一次，趋势性调查每五年一次。

　　(2)常规监测频率：水质监测每年两次，在丰水期、枯水期进行；沉积物监测每年或每两年一次；生物质量监测每年一次或两次(在生物成熟期进行)；气象除到站观测外，航行时每日02、08、14、20时进行定时观测。

　　(3)定点监测：按单点观测方式，每1～3 h采样1次，连续采样25 h；按大面观测方式，每月不少于一次；海上发生海损、赤潮等事件，有关联的定点站应酌情或按上级指令要求增加观测次数。

　　(4)应急监测和专项调查：根据监测和调查目的，由项目负责人设计。

8.7　定位要求和船上实验室

8.7.1　海洋监测的定位

　　海洋环境基本要素监测的导航定位设备一般为全球定位系统(GPS)或差分全球定位系统(DGPS)。

　　定位设备应按规定定期进行校准和性能测试，标定其系统参数。

　　GPS或DGPS的安装、操作应按使用说明书进行。

　　在海上调查开始前，由导航定位人员将设计好的监测线和测点画在导航定位图上或输入导航定位系统。

　　航海部门人员应在航海日志中准确记录与海洋监测有关的时间、站号、站位、航向、航速、水深等信息，并及时向监测人员提供航向参数和测线、测点的编号。

　　在河口及有陆标的近岸海域，水、沉积物及生物监测的站点的定位误差不应超过50m，其他海域站点定位误差不应超过100m。

　　河口区断面位置，用地名、河(江)名及当地明显目标特征距离表示。

　　潮间带生物生态监测，断面间距误差不应超过两断面距离的1%；断面上各测点间距不应超过断面长度0.5%。

　　专项监测调查，定位精度按特定要求自行规定。

　　实际站位应与目标站位相符，两者相差，近岸不应超过100m，近海不应超过200m。

8.7.2　船上实验室

应满足如下要求：

（1）实验室应安排在方便工作、安全操作的地方。

（2）应配有满足监测要求的水、电、照明、排风和消防设施。

（3）实验室内的温度、湿度、空间大小、采光等环境应符合有关规定。

（4）实验室应避免受外界或内部的污染以及机械、噪声、热、光和电磁等干扰。

（5）样品、试剂按规定包装、存放，并要分类摆放、标识清楚、安放牢固，防止混淆、丢失、遗漏、变质及交叉污染。

（6）剧毒、贵重、易燃易爆物品应以特定程序管理、特殊设施存放。

（7）建立仪器设备管理制度，严格对仪器交接班检查和定期通电检查、维护。

（8）进出实验室或交接班应认真检查水、电、热供应设施是否处于正常开关状态。

（9）建立"三废"处理制度，正确收集、处理、排放废物、废水、废气和过期试剂。

（10）保持实验室（观测场及作业场）洁净、整齐、有序。

8.8　水质样品采集、贮存和运输

8.8.1　采样通则

（1）采样代表性。欲使采集的样品具有代表性，应周密设计监测海域采样断面、采样站位、采样时间、采样频率和样品数量，使分析样品的数据能够客观表征海洋环境的真实情况，确保所采样品不仅代表原环境，而且应在采样及其处理过程中不变化、不添加、不损失。

（2）采样目标。就是采集运输方便、实验室易于处理、能代表整体环境的样品。采取可行的措施，使样品中相关组分的比例和浓度与其在海洋环境中的相同。在实验室分析之前组分不改变，保持与采样时相同的状态。

（3）采样计划。包括在何地如何进行采样；采样设备及其校验；样品容器，包括清洗、加固定剂；样品的取舍；样品预处理程序；分样程序；样品记录；样品贮存与运输；质量保证与质量控制措施。

（4）采样程序。在设计采样程序时，首先确定采样目的和原则，采样目的是决定采样地点、采样频率、采样时间、样品处理及分析技术要求的主要依据。

（5）样品监管。即从样品采集到样品分析过程的完整性，样品的采集、分析应是可追踪的；对样品封条、现场记事本、监管记录和样品清单以及使用的程序等均有明确的要求；对不同阶段样品，保管人职责、采样人、现场监察负责人、交接人均有明确的职责。

8.8.2　安全措施

样品采集应采取如下安全措施：

在各种天气条件下采样，应确保操作人员和仪器设备的安全。

在大面积水体上采样，操作人员应系好安全带，备好救生圈，各种仪器设备均应采取安全固定措施。

在冰层覆盖的水体采样前，应仔细检查薄冰的位置和范围。

监测船在所有水域采样时要防止商船、捕捞船及其他船只靠近，应随时使用各种信号表明正在工作的性质。

应避免在危险岸边等不安全地点采样。如果不可避免，不应单独一个人，可由一组人采样，并采取相应措施。若具备条件，应在桥梁、码头等安全地点采样。安装在岸边或浅水海域的采样设备，应采取保护措施。

采样时，应采取一些特殊防护措施，避免某些偶然情况出现，如腐蚀性、有毒、易燃易爆物品，以及病毒和有害动物等对人体的伤害。

使用电操作采样设备，在操作和维修过程中，应加强安全措施。

8.8.3　样品类型

1. 瞬时样品

瞬时样品是不连续的样品。无论在水表层或在规定的深度和底层，一般均应手工采集，在某些情况下也可用自动方法采集。

考察一定范围的海域可能存在的污染或调查监测其污染程度，特别是在较大范围采样，均应采集瞬时样品。对于某些待测项目，如溶解氧、硫化氢等溶解气体的待测水样，应采集瞬时样品。

2. 连续样品

连续样品通常包括在固定时间间隔下采集的定时样品(取决于时间)及在固定的流量间隔下采集的定时样品(取决于体积)。采集连续样品常用在直接入海排污口等特殊情况下，以揭示利用瞬时样品观测不到的变化。

3. 混合样品

混合样品是指在同一个采样点上以流量、时间、体积为基础的若干份单独样品的混合。混合样品用于提供组分的平均数据。若水样中的待测成分在采集和贮存过程中变化明显，则不能使用混合水样，要单独采集并保存。

4. 综合水样

把从不同采样点同时采集的水样进行混合而得到的水样(时间不是完全相同，而是尽可能接近)。

样品一旦采集完成，应保持与采样时相同的状态。应避免样品在采集、贮存和分析测试过程中受到来自船体、采水装置、试验设备、玻璃器皿、化学药品、空气及操作者本身产生的沾污。样品中的待测成分也可因吸附、沉降或挥发而受到损失。

8.8.4　采样站位的布设

1. 布设原则

监测站位和监测断面的布设应根据监测计划确定的监测目的，结合水域类型、水文、气象、环境等自然特征及污染源分布，综合诸因素提出优化布点方案，在研究和论证的基础上确定。采样的主要站点应合理布设在环境质量发生明显变化或有重要功能用途的海域，如近岸河口区或重大污染源附近。在海域的初期污染调查过程中，可以进行网格式布点。影响站点布设的因素很多，主要遵循如下原则：能够提供有代表性信息；站点周围的环境地理条件；动力场状况（潮流场和风场）；社会经济特征及区域性污染源的影响；站点周围的航行安全程度；经济效益分析；尽量考虑站点在地理分布上的均匀性，并尽量避开特征区划的系统边界；根据水文特征、水体功能、水环境自净能力等因素的差异性，来考虑监测站点的布设。

2. 监测断面

监测断面的布设应遵循近岸较密、远岸较疏，重点区（如河口、排污口、渔场或养殖场、风景游览区、港口码头等）较密，对照区较疏的原则。

断面设置应根据掌握水环境质量状况的实际需要，考虑对污染物时空分布和变化规律的控制，力求以较少的断面和测点取得代表性最好的样点。

一个断面可分左、中、右和不同深度，通过水质参数的实测后，可做各测点之间的方差分析，判断显著性差别。同时分析判断各测点之间的密切程度，从而决定断面内的采样点位置。为确定完全混合区域内断面上的采样点数目，有必要规定采样点之间的最小相关系数。海洋沿岸的采样，可在沿海设置大断面，并在断面上设置多个采样点。

入海河口区的采样断面应与径流扩散方向垂直布设。根据地形和水动力特征布设一至数个断面。

港湾采样断面（站位）视地形、潮汐、航道和监测对象等情况布设。在潮流复杂区域，采样断面可与岸线垂直设置。

海岸开阔海区的采样站位呈纵横断面网格状布设。也可在海洋沿岸设置大断面。

3. 采样层次

采样层次见表 8 - 1。

表 8 - 1　采样层次

水深范围（m）	标准层次	底层与相邻标准层最小距离（m）
小于 10	表层	
10 ～ 25	表层、底层	
25 ～ 50	表层、10m、底层	
50 ～ 100	表层、10m、50m、底层	5
100 以上	表层、10m、50m、以下水层酌情加层、底层	10

注 1：表层是指海面以下 0.1 ～ 1m；

注 2：底层，对河口及港湾海域最好取离海底 2m 的水层，深海或大风浪时可酌情增大离底层的距离。

8.8.5　采样装置

8.8.5.1　水质采样器的技术要求

具有良好的注充性和密闭性。采样器的结构要严密，关闭系统可靠，且不易被堵塞，海上与采样瓶中水交换应充分迅速。零件应减少到最小数目。

材质要耐腐蚀、无沾污、无吸附。痕量金属采水器应为非金属结构，常以聚四氟乙烯、聚乙烯及聚碳酸酯等为主体材料。如果采用金属材质，则在金属结构表面加以非金属材料涂层。

结构简单、轻便、易于冲洗、易于操作和维修，采样前不残留样品，样品转移方便。

能够抗抵恶劣气候的影响，适应在广泛的环境条件下操作。能在温度为 $0 \sim 40℃$，相对湿度不大于90%的环境中工作。

价格便宜，容易推广使用。

8.8.5.2　采样器类型

1. 瞬时样品采样器

近岸表层采水器：在可以伸缩的长杆上连接包着塑料的瓶夹，采样瓶固定在塑料瓶夹上，采样瓶即为样品瓶。

抛浮式采水器：采样瓶安装在可以开启的不锈钢做成的固定架里，钢架用固定长度的尼龙绳与浮球连接，通常用来采集表层油类等水样。

2. 深度综合采样器

深度综合采样器需要一套用以夹住采样瓶并使之沉入水中的机械装置，加重物的采样瓶沉入水中，同时通过注入阀门使整个垂直断面的各层水样进入采样瓶。采样瓶沉降或提升速度随深度不同相应变化，同时具备可调节注孔，用以保持在水压变化的情况下，注入流量恒定。

在无上述采样设备时，可采用开 – 闭式采水器分别采集各深度层的样品，然后混合。

开 – 闭式采水器是一种简便易行的采样器，两端开口，顶端与低端各有可以开启的盖子。采水器呈开启状沉入水中，达到采样深度时，两端盖子按指令关闭，此时即可以取到所需深度的样品。

3. 选定深度定点采水器（闭 – 开 – 闭式采水器）

固定在采样装置上的采样瓶呈闭合状潜入水体，当采样器到达选定深度，按指令打开，采样瓶里充满水样后，按指令呈关闭状。用非金属材质构成的闭 – 开 – 闭式采水器非常适合痕量金属样品的采集。

4. 泵吸系统采水器

利用泵吸系统采水器，可以获取很大体积的水样，又可以按垂直和水平方向进行连续采样，并可以与 CTD、STD 参数监测仪联用，使之具有独特之处。取样泵的吸入高度要最小，整个管路系统要严密。

8.8.5.3　采样缆绳及其他设备

水文钢丝绳应以非金属材质涂敷或以塑料绳代替。使锤应以聚四氟乙烯、聚乙烯等材质喷涂。水文绞车应采取防沾污措施。

8.8.6　现场采样操作

（1）岸上采样：如果水是流动的，采样人员站在岸边，应面对水流动方向操作。若底部沉积物受到扰动，则不能继续取样。

（2）冰上采样：若冰上覆盖积雪，可用木铲或塑料铲清出面积为 1.5m×1.5m 的积雪地，再用冰钻或电锯在中央部位打开一个洞。由于冰钻和锯齿是金属的，这就增加了水质沾污的可能性，冰洞打完后用冰勺（若取痕量金属样品，冰勺需用塑料包覆）取出碎冰。此时要特别小心，防止采样者衣着和鞋帽沾污了洞口周围的冰，数分钟后方可取样。

（3）船上采样：采用向风逆流采样，将来自船体的各种沾污控制在尽量低的水平上。由于船体本身就是一个污染源，船上采样要始终采取适当措施，防止船上各种污染源可能带来的影响。当船体到达采样站位后，应该根据风向和流向，立即将采样船周围海面划分成船体沾污区、风成沾污区和采样区三部分，然后在采样区采样。发动机关闭后，当船体仍在缓慢前进时，将抛浮式采水器从船头部位尽力向前方抛出，或者使用小船离开大船一定距离后采样。在船上，采样人员应坚持风向操作，采样区不能直接接触船体任何部位，裸手不能接触采样器排水口，采样器内的水样先放掉一部分后，然后再取样。

采集痕量金属水样时，应避免接触铁质或其他金属物品。

8.8.7　特殊样品的采样

1. 溶解氧、生化需氧量样品的采集

应用碘量法测定水中溶解氧，水样需直接采集到样品瓶中。采样时，注意不使水样曝气或残存气体。如使用有机玻璃采水器、球阀式采水器、颠倒采水器等应防止搅动水体，溶解氧样品需最先采集。采样步骤如下：

乳胶管的一端接上玻璃管，另一端套在采水器的出水口，放出少量水样涮洗水样瓶两次。

将玻璃管插到分样瓶底部，慢慢注入水样，待水样装满并溢出约为瓶子体积的二分之一时，将玻璃管慢慢抽出。

立即用自动加液器（管尖靠近液面）依次注入氯化锰溶液和碱性碘化钾溶液。

塞紧瓶塞并用手按住瓶塞和瓶底，将瓶缓慢地上下颠倒 20 次，使样品与固定液充分混匀。待样品瓶内沉淀物降至瓶体三分之二以下时方可进行分析。

2. pH 样品的采集

pH 样品的采集应按照以下步骤：

初次使用的样品瓶应洗净，用海水浸泡 1d。

用少量水样涮洗水样瓶两次，再慢慢将瓶充满，立即盖紧瓶塞。

加 1 滴氯化汞溶液固定，盖好瓶盖，混合均匀，待测。

样品允许保存 24h。

3. 浑浊度、悬浮物样品的采集

水样采集后，应尽快从采样器中放出样品。

在水样装瓶的同时摇动采样器，防止悬浮物在采样器内沉降。

除去杂质如树叶、样状物等。

4. 重金属样品的采集

水样采集后，要防止现场大气沉降带来的沾污，尽快放出样品。

防止采样器内样品中所含污染物随悬浮物的下沉而降低含量，灌装样品时必须边摇动采水器边灌装。

立即用 0.45μm 滤膜过滤处理（汞的水样除外），过滤水样用酸酸化到 pH 值小于 2，塞上塞子存放在洁净环境中。

5. 油类样品的采集

测定水中油含量应用单层采水器固定样品瓶在水体中直接灌装，采样后立即提出水面，在现场萃取。

油类样品的容器不应预先用海水冲洗。

6. 营养盐样品的采集

在灌装样品时，样品瓶和盖至少洗涤两次。

灌装水样量应是瓶容量的四分之三。

采样时，应防止船上排污水的污染、船体的扰动。

要防止空气污染，特别是防止船烟和吸烟者的污染。

推荐用采样瓶采营养盐样品。

应有 0.45μm 过滤膜过滤水样，以除去颗粒物质。

8.8.8 采样中的质量控制

1. 现场空白样

现场空白样是指在采样现场以纯水作样品，按照测定项目的采样方法和要求，与样品相同条件下装瓶、保存、运输，直至送交实验室分析。通过将现场空白和室内空白测定结果对照，掌握采样过程和环境条件对样品质量影响的状况。

现场空白样所用的纯水，其制备方法及质量要求与室内空白样纯水相同。纯水应用洁净的专用容器，由采样人员带到采样现场，运输过程应注意防止沾污。

2. 现场平行样

现场平行样是指在相同采样条件下，采集平行双样密码送实验室分析。测定结果可反映采样与实验室测定精密度。当实验室精密度受控时，主要反映采样过程的精密度变化状况。现场平行样要注意控制采样操作和条件的一致。对水质中非均相物质或分布不均匀污染物，在样品灌装时摇动采样器，使样品保持均匀。

3. 现场加标样

现场加标样是取一组现场平行样，将实验室配制的一定浓度的被测物质标准溶液，加入到其中一份已知体积水样中，另一份不加标。然后按样品要求进行处理，送实验室分析。将测定结果与实验室加标样对比，可掌握测定对象在采样、运输过程中变化状况。现场使用的标准溶液与实验室使用的为同一标准溶液。现场加标操作应由熟练的质控或分析人员执行。

4. 采样设备和材料的防沾污

样器、样品瓶等均须按规定的洗涤方法洗净，按规定容器分装测样。

现场作业前，应先抽查器皿的洁净度。

用于分装有机化合物的样品容器，洗涤后用 Teflon 或铝箔盖内衬，防止污染水样。

采样人员的手应保持清洁，采样时，不能用手、手套等接触样品瓶的内壁和瓶盖。

样品瓶应防尘、防污、防烟雾和污垢，应置于清洁环境中。

过滤膜及其设备应保持清洁。可用酸和其他洗涤剂清洗，并用洁净的铝箔包藏。

消毒过的瓶子应保持无菌状况直到样品采集。

外界金属物质不能与酸和水样接触。

采样器可用海水广泛漂洗，或放在海水较深处，再提到采样深度采样。

8.8.9　样品的贮存与运输

1. 样品容器的材质选择

容器材质对水质样品的沾污程度应最小。

容器便于清洗。

容器的材质在化学活性和生物活性方面具有惰性，使样品与容器之间的作用保持在最低水平。

选择贮存样品容器时，应考虑对温度变化的应变能力、抗破裂性能、密封性、重复打开的能力、体积、形状、质量和重复使用的可能性。

大多数含无机成分的样品，多采用聚乙烯、聚四氟乙烯和多碳酸酯聚合物材质制成的容器。常用的高密度聚乙烯，适合于水中硅酸盐、钠盐、总碱度、氯化物、电导率、pH 分析和测定的样品贮存。

玻璃质容器适合于有机化合物和生物样品的贮存。塑料容器适合于放射性核素和大部分痕量元素的水样贮存。带有氯丁橡胶圈和油质润滑阀门的容器不适合有机物和微生物样品的贮存。

2. 样品容器的洗涤

新样品容器应彻底清洗，使用的洗涤剂种类取决于待测物质的组分。

对于一般性用途，可用自来水和洗涤剂清洗尘埃和包装物质，然后用铬酸和硫酸洗涤液浸泡，再用蒸馏水淋洗。使用过的容器，在器壁和底部多有吸附和附着的油分、重金属及沉淀物等，重复使用时，应充分洗净后方可使用。

对于具塞玻璃瓶，在磨口部位常有溶出、吸附和附着现象，聚乙烯瓶特别易于吸附油分、重金属、沉淀物及有机物，难以清除，洗涤时应十分注意。

使用聚乙烯容器时，先用 1mol/L 的盐酸溶液清洗，然后再用硝酸溶液进行较长时间的浸泡。用于贮存计数和生化分析的水样瓶，还应该另用硝酸溶液浸泡，然后用蒸馏水淋洗以除去任何重金属和铬酸盐残留物。如果测定的有机成分需经萃取后进行测定，在这种情况下，也可以用萃取剂处理玻璃瓶。

3. 水质样品的固定与贮存

水质样品的固定通常采用冷冻和酸化后低温冷藏两种方法。水质过滤样加酸酸化，使

pH 值小于 2，然后低温冷藏。未过滤的样品不能酸化（汞的样品除外），酸化可使颗粒物上的痕量金属解吸，未过滤的水样应冷冻贮存。

水样现场处理及贮存方法按照 GB17378.4 的规定执行。

4. 样品运输、标志和记录

空样容器送往采样地点或装好样品的容器运回实验室供分析，都应非常小心。包装箱可用多种材料，用以防止破碎，保持样品完整性，使样品损失降低到最小程度。包装箱的盖子一般都应衬有隔离材料，用以对瓶塞施加轻微压力，增加样品瓶在样品箱内的固定程度。

采样瓶注入样品后，应立即将样品来源和采样条件记录下来，标志在样品瓶上。

采样记录应从采样时起直到分析测试结束，始终伴随样品。

8.9　海水分析

海水分析涉及内容很多，这里只简要介绍各种海水测定项目的方法原理。

8.9.1　汞

原子荧光法的测定原理是：水样经过硫酸 – 过硫酸钾消化后，在还原剂硼氢化钾的作用下，汞离子被还原为单质汞。以氩气为载气将汞蒸气带入原子荧光光度计的原子化器中，以特种汞空心阴极灯为激发光源，测定汞原子荧光强度。

8.9.2　镉

火焰原子吸收分光光度法适用于近海、河口水体中镉的测定。在 pH 为 4～5 条件下，海水中的镉与吡咯二硫代甲酸铵（APDC）和二乙氨基二硫代甲酸钠（DDTC）形成螯合物，经甲基异丁酮（MIBK）和环己烷混合溶液萃取分离，用硝酸溶液反萃取，于 228.8 nm 波长测定原子吸光值。

8.9.3　总铬

无火焰原子吸收分光光度法适合于海水中总铬的测定。在 pH 为 3.8 ±0.2 条件下，低价态铬被高锰酸钾氧化后，同二乙氨基二硫代甲酸钠（DDTC）螯合，用甲基异丁酮（MIBK）萃取，于铬的特征吸收波长处测定原子吸光值。

8.9.4　砷

原子荧光法适用于海水中砷的测定。在酸性介质中，五价砷被硫脲 – 抗坏血酸还原成三价砷，用硼氢化钾将三价砷转化为砷化氢气体，由氩气作载气将其导入原子荧光光度计的原子化器进行原子化，以砷特种空心阴极灯作激发光源，测定砷原子的荧光强度。

8.9.5　油类

（1）荧光分光光度法：适用于大洋、近海、河口等水体中油类的测定。海水中油类的芳烃组分，用石油醚萃取后，在荧光分光光度计上，以 310 nm 为激发波长，测定 360 nm 发射波长的荧光强度，其相对荧光强度与石油醚中芳烃的浓度成正比。

（2）重量法：适用于油污染较重海水中油类的测定。用正己烷萃取水样中的油类组分，蒸除正己烷、称重、计算水样中含油浓度。

8.9.6　六六六、DDT

气相色谱法适用于河口、近岸海水中六六六、DDT 的测定。水样中的六六六、DDT 经正己烷萃取、净化和浓缩，用填充柱气相色谱法测定其各异构体含量，总量为各异构体含量之和。

8.9.7　狄氏剂

气相色谱法适用于近岸和大洋海水中狄氏剂含量测定。海水样品通过树脂柱，溶解态的狄氏剂被吸附于树脂上，用丙酮洗脱、正己烷萃取，通过硅胶混合层析柱脱水、净化、分离、浓缩后进行气相色谱法测定。

8.9.8　活性硅酸盐

硅钼黄法适用于硅酸盐含量较高的海水。水样中的活性硅酸盐与钼酸铵－硫酸混合试剂反应，生成黄色化合物（硅钼黄），于 380 nm 波长测定吸光值。

8.9.9　挥发酚

4－氨基安替比林分光光度法适用于海水及工业排污口水体中酚含量低于 10mg/L 的测定。被蒸馏出的挥发酚类在 pH10.0 ±0.2 和以铁氰化钾为氧化剂的溶液中，与 4－氨基安替比林反应生成有色的安替比林染料。此染料的最大吸收波长在 510 nm 处，颜色在 30min 内稳定，用三氯甲烷萃取，可稳定 4 h 并能提高灵敏度，但最大吸收波长移动至 460 nm。本方法不能区别不同类型的酚，而在每份试样中各种酚类化合物的百分组成是不确定的，因此不能提供含有混合酚的通用标准参考物，本方法用苯酚作为参比标准。

8.9.10　水色

比色法适用于大洋、近岸海水水色的测定。海水水色是指位于透明度值一半的深度处，白色透明度盘上所显示的海水颜色。水色的观测只在白天进行。观测地点应选在背阳光处，观测时应避免船只排出污水的影响。

水色根据水色计目测确定，水色计是由蓝色、黄色、褐色三种溶液按一定比例配成的22 支不同色级，分别密封在 22 支内径 8mm、长 100mm 无色玻璃管内，置于敷有白色衬里两开的盒中。

8.9.11　透明度

透明圆盘法适用于大洋、近岸海水透明度的测定。海水透明度是指白色透明度盘在海水中的最大可见深度。透明度观测只在白天进行，观测地点应选在背阳光处，观测时要避免船只排出污水的影响。

透明度用透明度盘观测。透明度盘是一块漆成白色的木质或金属圆盘，直径 30 cm。盘下应拴有铅锤(约 5 kg)，盘上系有绳索，绳索上标有以 m 为单位的长度记号，绳索长度应根据海区透明度值大小而定，一般可取 30m～50m。

8.9.12　嗅和味

1. 原水样的嗅和味

感官法适用于海水嗅和味的测定。取 100mL 水样，置于 250mL 锥形瓶中，振荡后从瓶口嗅水的气味，用适当词句描述，并按六级记录其强度(见表 8-2)。与此同时，取少量水放入口中，不要咽下去，尝水的味道，加以描述，并按六级记录强度(见表 8-2)。原水的水味检定只适用于对人体健康无害的水样。

表 8-2　嗅和味的强度等级

等级	强度	说明
0	无	无任何嗅和味
1	微弱	一般人甚难察觉，但嗅、味敏感者可以发觉
2	弱	一般人刚能察觉，嗅、味敏感者已能明显察觉
3	明显	能明显察觉
4	强	已有很明显的嗅和味
5	很强	有强烈的恶臭或异味

2. 原水煮沸后的嗅和味

将上述锥形瓶内的水样加热到开始沸腾，立即取下锥形瓶，稍冷后嗅味和尝味，按上法用适当词句描述其性质，并按六级记录其强度。

8.9.13　水温

表层水温表用于测量海洋、湖泊、河流、水库等的表层水温度，它由测量范围为 -5～+40℃，分度 0.2℃ 的玻璃水银温度表和铜制外壳组成(见图 8-1)。

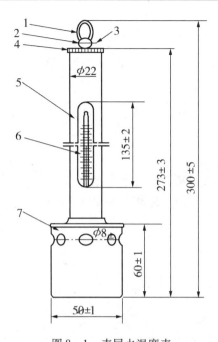

图 8 - 1　表层水温度表

1—提环；2—销钉；3—开口销；4—帽头；5—表管；6—温度表；7—贮水筒

用表层水温表测量时应先将金属管上端的提环用绳子拴住，在离船舷 0.5m 以外的地方放入 0～1m 水层中，待与外部的水温达到热平衡之后，即感温 3min 左右，迅速提出水面读数；然后将筒内的水倒掉，把该表重新放入水中，再测量一次；将两次测量的平均值按检定规程修订后，即为表层水温的实测值。

风浪较大时，可用水桶取水进行测量，测量时把表层水温表放入水桶内，感温 1～2min 后，将水桶和表管中的水倒掉，重新取水，将该表再放入水桶中，感温 3min 读数，然后过 1min 再读数。当气温高于水温时，把两次读数偏低的一次读数，按检定规程修订后的值，即为表层水温的实测值。反之，把两次读数偏高的一次读数，按检定规程修读后的值，即为表层水温的实测值。

8.9.14　pH

pH 计法适用于大洋和近岸海水 pH 值的测定。水样采集后，应在 6h 内测定。如果加入 1 滴 HgCl 溶液，盖好瓶盖，允许保存 2 d。水的色度、浑浊度、胶体微粒、游离氯、氧化剂、还原剂以及较高的含盐量等干扰都较小，当 pH 大于 9.5 时，大量的钠离子会引起很大误差，读数偏低。

方法原理为：

将玻璃 - 甘汞电极对插入水样中，组成电池，则水样的 pH 与该电池的电动势（E）有如下线性关系：

$$pH_S = A + \frac{E_X}{2.3026RT/F}$$

当玻璃 - 甘汞电极对插入标准缓冲溶液时，则得：

$$A = \mathrm{pH_S} - \frac{E_X}{2.3026RT/F}$$

在同一温度下，分别测定同一电极对在标准缓冲溶液和水样中的电动势，则水样的 pH 值为：

$$\mathrm{pH_X} = \mathrm{pH_S} + \frac{E_X \cdot E_S}{2.3026RT/F}$$

式中　$\mathrm{pH_X}$——水样的 pH 值；

　　　$\mathrm{pH_S}$——标准缓冲溶液的 pH 值；

　　　E_X——玻璃－甘汞电极对插入水样的电动势；

　　　E_S——玻璃－甘汞电极对插入标准缓冲溶液中的电动势；

　　　R——气体常数；

　　　F——法拉第常数；

　　　T——绝对温度，K。

8.9.15　悬浮物

　　重量法适用于河口、港湾和大洋水体中悬浮物质的测定。一定体积的水样通过 $0.45\mu\mathrm{m}$ 的滤膜，称量留在滤膜上的悬浮物质的重量，计算水中的悬浮物质浓度。

8.9.16　盐度

　　盐度计法适用于在陆地或船上实验室中测量海水样品的盐度。典型的仪器应用范围：
$$2 \ll S \ll 42, \quad -2\text{℃} \leq \theta \leq 35\text{℃}$$

　　实验室用的盐度计分为感应式和电极式两种类型。测量海水样品与标准海水在 101.325 Pa 下的电导率比 R_θ，再查国际海洋常用表，得出海水样品的实用盐度。或按下式计算：

$$S = a_0 + a_1 R_\theta^{1/2} + a_2 R_\theta + a_3 R_\theta^{3/2} + a_4 R_\theta^2 + a_5 R_\theta^{5/2} +$$

$$\frac{\theta - 15}{1 + K(\theta - 15)}(b_0 + b_1 R_\theta^{1/2} + b_2 R_\theta + b_3 R_\theta^{3/2} + b_4 R_\theta^2 + b_5 R_\theta^{5/2})$$

式中，$a_0 = 0.0080$，$a_1 = -0.1692$，$a_2 = 25.385$，$a_3 = 14.0941$，$a_4 = 7.0261$，$a_5 = 2.7081$；$b_0 = 0.0005$，$b_1 = -0.0056$，$b_2 = -0.0066$，$b_3 = -0.0375$，$b_4 = 0.0636$，$b_5 = -0.0144$；$K = 0.0162$；

　　　R_θ——被测海水与实用盐度为 35 的标准海水在温度为 θ 时的电导率的比值（均在 101.325 Pa 下）。

8.9.17　浑浊度

　　浊度计法适用于近海海域和大洋水浊度的测定，其规定 1 L 纯水中含高岭土 1mg 的浊度为 1°，水样中具有迅速下沉的碎屑及粗大沉淀物都可被测定为浊度。

　　其方法原理是以一定光束照射水样，透射光强度与无浊纯水透射光强度相比较而定值。

8.9.18　溶解氧

碘量法适用于大洋和近岸海水及河水、河口水溶解氧的测定。水样中溶解氧与氯化锰和氢氧化钠反应，生成高价锰棕色沉淀，加酸溶解后，在碘离子存在下即释放出与溶解氧含量相当的游离碘，然后用硫代硫酸钠标准溶液滴定游离碘，换算溶解氧含量。

8.9.19　化学需氧量

碱性高锰酸钾法适用于大洋和近岸海水及河口水化学需氧量(COD)测定。在碱性加热条件下，用已知量并且是过量的高锰酸钾氧化海水中的需氧物质，然后在硫酸酸性条件下，用碘化钾还原过量的高锰酸钾和二氧化锰，所生成的游离碘用硫代硫酸钠标准溶液滴定。

8.9.20　生化需氧量

五日培养法适用于海水的生化需氧量的测定。水体中有机物在微生物降解的生物化学过程中，消耗水中溶解氧。用碘量法测定培养前后两者溶解氧含量之差，即为生化需氧量，以氧的含量(mg/L)计。培养五天为五日生化需氧量(BOD_5)。水中有机质越多，生物降解需氧量也越多，一般水中溶解氧有限。因此，须用氧饱和的蒸馏水稀释，为提高测定的准确度，培养后减少的溶解氧要求占培养前溶解氧的40%～70%为适宜。

8.9.21　总有机碳

总有机碳仪器法适用于海水中总有机碳(TOC)的测定。海水样品经进样器自动进入总碳(TC)燃烧管(装有白金触媒，温度680℃)中，通入高纯空气将样品中含碳有机物氧化为CO_2后，由非色散红外检测器定量。然后同一水样自动注入无机碳(IC)反应器(装有25%磷酸溶液)中，于常温下酸化无机碳酸盐，所生成的CO_2，由非色散红外检测器检定出IC含量，由TC减去IC即得TOC含量。

亦可用2mol/L盐酸先酸化水样，然后通气鼓泡5～10min，除去IC，由此测得的TC即为TOC。由于鼓泡过程会造成水样中挥发性有机物的损失而产生部分误差，其测定结果仅代表不可吹出有机碳含量。

8.9.22　无机氮

无机氮的化合物种类很多，这里所指无机氮仅包括氨氮、亚硝酸盐氮、硝酸盐氮的总和。

8.9.23　氨氮

靛酚蓝分光光度法适用于大洋和近岸海水及河口水中氨氮的测定。其方法原理是在弱碱性介质中，以亚硝酰铁氰化钠为催化剂，氨与苯酚和次氯酸盐反应生成靛酚蓝，在 640 nm 处测定吸光值。

8.9.24　亚硝酸盐

萘乙二胺分光光度法适用于海水及河口水中亚硝酸盐氮的测定。在酸性介质中亚硝酸盐与磺胺进行重氮化反应，其产物再与盐酸萘乙二胺偶合生成红色偶氮染料，于 543 nm 波长测定吸光值。

8.9.25　硝酸盐

镉柱还原法适用于大洋和近岸海水、河口水中硝酸盐氮的测定。水样通过镉还原柱，将硝酸盐定量还原为亚硝酸盐，然后按重氮 – 偶氮光度法测定亚硝酸盐氮的总量，扣除原有亚硝酸盐氮，得硝酸盐氮的含量。

8.9.26　无机磷

磷钼蓝分光光度法适用于海水中活性磷酸盐的测定。在酸性介质中，活性磷酸盐与钼酸铵反应生成磷钼黄，用抗坏血酸还原为磷钼蓝后，于 882 nm 波长测定吸光值。

8.9.27　总磷

过硫酸钾氧化法等效采用 GB12763.4。

8.9.28　总氮

过硫酸钾氧化法等效采用 GB12763.4。

8.9.29　镍

无火焰原子吸收分光光度法适用于海水中痕量镍的测定。在 pH 为 4～6 介质中，镍与吡咯烷二硫代甲酸铵（APDC）和二乙基二硫代甲酸钠（DDTC）混合液形成螯合物，经甲基异丁酮（MIBK）– 环己烷萃取分离，再以硝酸溶液反萃取，于 232.0 nm 波长测定镍的原子吸光值。

8.10 沉积物分析

采集有代表性的沉积物样品是实施沉积物监测，反映海洋环境的沉积现状和污染历史的重要环节。开展沉积物成分研究，可以掌握海洋环境中各种污染物的沉积、迁移转换规律，确定海区的纳污能力，可以掌握水体污染对海洋生物特别是海洋底栖生物的影响，进行海洋环境评价、预测和综合管理。

8.10.1 样品采集设备和工具

采样使用的设备和工具如下：

接样盘或接样板(用硬木或聚乙烯板制成)。

样品箱、样品瓶(125mL、500mL 磨口广口瓶)和聚乙烯袋、塑料刀、勺。

其他：记录表格、塑料标签卡、铅笔、记号笔、钢卷尺、橡皮筋等。

8.10.2 分析样品的采取

1. 表层沉积物样品的采取

表层沉积物样品的采取按以下步骤进行：

用塑料刀或勺从采泥器耳盖中仔细取上部 $0 \sim 1$ cm 和 $1 \sim 2$cm 的沉积物，分别代表表层和亚表层。如遇沙砾层，可在 $0 \sim 3$ cm 层内混合取样。

通常情况下，每层各取 $3 \sim 4$ 份分析样品，取样量视分析项目而定。如一次采样量不足，应再采一次。

取刚采集的沉积物样品，迅速装入 100mL 烧杯中(约半杯，力求保持样品原状，避免空气进入)供现场测定氧化还原电位(也可在采泥器中直接测定)用。

取约 5 g 新鲜湿样，盛于 50mL 烧杯中，供现场测定硫化物(离子选择性电极法)用。若用比色法或碘量法测定硫化物，则取 $20 \sim 30$ g 新鲜湿样，盛于 125mL 磨口广口瓶中，充 N_2 后塞紧磨口塞。

取 $500 \sim 600$ g 湿样，放入已洁净的聚乙烯袋中，扎紧袋口，供测定铜、铅、镉、锌、铬、砷及硒用。

取 $500 \sim 600$ g 湿样，盛入 500mL 磨口广口瓶中，密封瓶口，供测定含水率、粒度、总汞、油类、有机碳、有机氯农药及多氯联苯用。

2. 柱状沉积物样品的采取

柱状沉积物样品采取步骤如下：

样柱上部 30 cm 内按 5 cm 间隔，下部按 10 cm 间隔(超过 1m 时酌情确定)用塑料刀切成小段，小心地将样柱表面刮去，沿纵向剖开三份(三份比例为 $1:1:2$)。

两份量少的分别盛入 50mL 烧杯(离子选择性电极法测定硫化物。如用比色法或碘量法测定硫化物时，则盛于 125mL 磨口广口瓶中，充 N_2 后密封保存)和聚乙烯袋中。

另一份装入 125mL 磨口广口瓶中。

8.10.3 分析样品制备

1. 供测定重金属(铜、铅、镉、锌、铬、砷及硒)的分析样品制备

样品制备步骤如下:

将聚乙烯袋中的湿样转到洗净并编号的瓷蒸发皿中,置于 80～100℃烘箱中,烘干过程中用玻璃棒经常翻动样品并把大块压碎,以加速干燥。

将烘干的样品摊放在干净的聚乙烯板上,剔除砾石和颗粒较大的动植物残体。将样品装入玛瑙钵中,每 500mL 玛瑙钵中装入约 100 g 干样。

放入玛瑙球,在球磨机上研磨至全部通过 160 目(96μm)筛。也可用玛瑙研钵手工粉碎,用 160 目尼龙筛,盖上塑料盖过筛,严防样品逸出。将研磨后的样品充分混匀。

按四分法缩分分取 10～20 g 制备好的样品,放入样品袋(已填写样品的站号、层次等),送各实验室进行分析测定。其余的样品盛入玻璃磨口广口瓶或有密封内盖的塑料广口瓶中,盖紧瓶盖,留作副样保存。

操作人员应戴口罩并在通风良好的条件下进行操作。碎样及取样工具及器皿均要先净化处理,以避免样品被沾污。

2. 供测定油类、有机碳、有机氯农药及多氯联苯的分析样品的制备

样品的制备按以下步骤进行:

将已测定过含水率、粒度及总汞后的样品摊放在已洁净并编号的搪瓷盘内,置于室内阴凉通风处,不时翻动样品并把大块压碎,以加速干燥,制成风干样品。

将已风干的样品摊放在聚乙烯板上,剔除砾石和颗粒较大的动植物残骸。

在球磨机上粉碎至全部通过 80 目(180μm),也可用瓷研钵手工粉碎,用 80 目金属筛盖上金属盖过筛。严防样品逸出。将研磨好的样品充分混匀。

按四分法缩分分取 40～50 g 制备好的样品,放入样品袋(已填写样品的站号、层次等),送各实验室进行分析测定。

8.10.4 主要分析项目

沉积物主要分析项目有总汞、铜、铅、镉、锌、铬、砷、硒、油类、六六六、DDT、多氯联苯(PCB_S)、狄氏剂、硫化物、有机碳、含水率、氧化还原电位等。

8.11 生物体分析

采集生物样品,可以了解污染物在生物体内的积累分布和转移代谢规律,评价海域污染物含量及其随时间变化的状况,计算污染物在海洋环境中的质量平衡程度,评价海域环境质量。有关沉积物样品、生物样品的采集、保存等内容这里不再详述。

8.12　近海污染生态调查和生物监测

8.12.1　一般规定

1. 近岸污染生态调查和生物监测

近岸污染生态调查内容：浮游生物生态调查；大型底栖生物生态调查；潮间带生物生态调查。

生物监测内容：叶绿素 a、粪大肠菌群、细菌总数、生物毒性实验、鱼类回避反应实验、滤食率测定、赤潮毒素－麻痹性贝毒的检测。

2. 调查和监测项目的选择

近岸污染生态调查和监测项目选择应遵循以下原则：

在调查和监测中，应依据目的、任务和性质考虑生物调查和监测内容。通常，在基线（背景）调查和环境质量综合评价中，浮游生物生态调查、大型底栖生物生态调查、潮间带生物生态调查、叶绿素 a、粪大肠菌群和细菌总数等是应测项目。

在危害调查和排污口、倾废区、海上石油开发区等的监视监测中，应选测生物毒性试验、鱼类回避反应实验和滤食率测定等项目。

赤潮毒素（麻痹性贝毒）的检测，应在赤潮发生区和赤潮多发季节定期监测，或发现可疑的麻痹性贝毒（PSP）中毒事件时应用。

运用污染生态调查资料常用评述方法时应慎重，应比较几种方法所得的结果，并与传统的生态描述方法结合，进行综合分析。

几种受试动物的亲体产卵和幼虫阶段培养条件，因生物地区性很强，各地用其进行毒性实验时，应进行必要的试养。

在生物监测中，对生物体内污染物质累积量的测定，也是主要内容之一。

8.12.2　浮游生物生态调查

8.12.2.1　调查内容

调查内容包括生物调查和环境调查两种。

生物调查要确定浮游植物的种类组成和数量分布，浮游动物的生物量、种类组成和数量分布。

环境调查要根据污染调查的目的、类型及污染源的性质，确定调查和监测项目。赤潮环境调查和监测，应重点考虑营养盐、溶解氧、化学耗氧量、pH、水色、微量重金属、铁、锰、叶绿色 a 等的测定。

8.12.2.2　调查类型

1. 现状调查（或称基础调查）

掌握调查海域浮游生物的种类组成、数量分布、季节变化等生态学现状，为调查海域的污染生态监测和评价，提供背景资料。

调查站位的布设应与环境监测设站一致。若站位较密，工作量太大，浮游生物可考虑间隔站取样。调查时间每月一次，根据需要于大潮期和小潮期间进行。

2. 监测性调查

掌握污染海域，尤其是赤潮频发区的浮游生物（特别是赤潮生物种）的动态及其与环境的关系。通过长期资料积累，为环境和赤潮的预测、预报做好必要的准备工作。

此类调查，站位布设不宜过多，可在现状调查的基础上，选择若干"热点"设站，定期取样分析。一旦发现异常，应密切注意其动向，适当增加调查次数，并按现状调查站位，进行一次较全面的调查。每月大潮期间进行一次，在赤潮常发期（4～10 月），5 天调查监测一次，并设置对照测站。

3. 应急跟踪调查

应急跟踪调查是在发生突发性污染事故（如溢油）或发生赤潮时所采取的应急性行动。调查、监测应尽快赶赴现场取样，并持续到直观迹象消失。每天或隔天采样一次。站位布设应根据污染或赤潮发生范围，按梯度变化酌情而定。同时应在事故范围之外，选取 1～2 个站作为对照。

8.12.2.3　调查方法

1. 采样

浮游植物调查，一般只需采水样。测站水深在 15m 以内的浅海，采表层、底层水样；水深大于 15m 的，采表、中、底三层。若需要详细了解其垂直分布，可按 0m，3m，5m，10m，15m 和底层等层次采样。当有必要进行昼夜连续观测时，可每间隔 2 h 或 3 h 按上述层次采样一次。

2. 拖网

通常用于浮游动物采样。浮游植物拖网采样，可考虑在需要详细分析种类组成时采用。一般使用规定的网具自海底至水面垂直拖网采样。若需了解其垂直分布，可按 5～0m，10～5m，底至 10m 等层次垂直分层拖网。若需进行昼夜连续观测，应与浮游植物采水样的时间间隔一致。

8.12.2.4　海上调查采样工具和设备

（1）浮游植物样品常用采水器：颠倒采水器、卡盖式采水器。

（2）网具。网具类型如下：

浅水 I 型浮游生物网：用于采集大型浮游动物及鱼卵、仔稚鱼等。规格见表 8-3。

表 8-3　浅水 I 型浮游生物网规格

部位		尺寸和材料
网口部		内径 50 cm，网口面积 0.20m^2，网圈用直径 10mm 的圆钢条
过滤部	1	长 5 cm，细帆布
	2	长 135 cm，CQ14 或 JP$_{12}$ 筛绢
网底部	3	直径 9 cm，长 5 cm，细帆布
全长		145 cm

浅水Ⅱ型浮游生物网：用于采集中、小型浮游动物。规格见表 8 - 4。

表 8 - 4 浅水Ⅱ型浮游生物网规格

部位		尺寸和材料
网口部		内径 31.6 cm，网口面积 0.08m²，网圈用直径 10mm 的圆钢条
头锥部	1	长 35 cm，细帆布，中圈直径 50 cm，网圈用直径 10mm 的圆钢条
过滤部	2	长 100 cm，CB36 或 JP₁₂ 筛绢
网底部	3	直径 9 cm，长 5 cm，细帆布
全长		140 cm

浅水Ⅲ型浮游生物网：用于采集浮游植物样品，供分析种类组成时采用。规格见表 8 - 5。

表 8 - 5 浅水Ⅲ型浮游生物网规格

部位		尺寸和材料
网口部		内径 37 cm，网口面积 0.1m²，网圈用直径 10mm 的圆钢条
过滤部	1	长 5 cm，细帆布
	2	长 130 cm，JF₆₂ 或 JP₈₀ 筛绢
网底部	3	直径 9 cm，长 5 cm，细帆布
全长		140 cm

（3）网底管：是浮游生物网末端收集标本的装置。其外径为 9 cm，所用筛绢套与浮游生物网网衣的筛绢规格一致。

（4）闭锁器：是分层采集时控制浮游生物网网口关闭的装置。

（5）流量计：是测量浮游生物网滤水量的装置。使用时安装于网口半径的中点，通过水流驱动其叶轮转动，记录器记录转数，经必要的换算，可求出流经网具的实际水量。

未经检定的流量计，使用前应检定或在平静海区经现场标定后方可使用。标定方法是将流量计按实际使用的位置，安装在不带网衣的网圈上，并按实际采样时的拖网速度从一定深度（10m 或 30m）垂直拖至表层，记录其转数。如此反复 5 ~ 10 次，取得平均值，再计算每转的流量，则为流量计标定值。此值至少需要保留三位有效数字。

（6）船上设备。绞车、吊杆及钢丝绳：绞车为配有变速（0.3 ~ 1.5m/s）排缆装置和计数器的电动绞车。若缺乏该设备，可用建筑用的升降机或手摇绞车代替。钢丝绳直径一般为 4.8mm 左右。吊杆安装需高出船舷 3m，跨舷距约 1m。

冲水设备：水泵、水管、水桶和吸水球（大的洗耳球）。

照明设备。

8.12.2.4 样品采集

1. 浮游植物水样采集

浮游植物水样采集应按以下要求进行：

用颠倒采水器或卡盖式采水器，其使用方法和操作步骤与水质项目采样相同。

采样层次视调查需要、计划规定和海区各站实际水深而定。

水样采集务必与叶绿素 a 和水质项目的采水同步进行。

所需水样量一般为 500mL。

采样后，应及时按每升水样加 6～8mL 碘液固定。

2. 垂直拖网采样

分别用浅水Ⅰ，Ⅱ型浮游生物网自底至表垂直拖拽采集浮游动物。若需网采浮游植物，则用浅水Ⅲ型网。其操作步骤如下：

每次下网前应检查网具是否破损，发现破损应及时修补或更换网衣；检查网底管和流量计是否处于正常状态，并把流量计指针拨至零；放网入水，当网口贴近水面时，需调整计数器指针于零的位置；网口入水后，下网速度一般不能超过 1m／s，以钢丝绳保持紧直为准；当网具接近海底时，绞车应减速，当沉锤着底，钢丝绳出现松弛时，应立即停车，记下绳长。

网具到达海底后可立即起网，速度保持在 0.5m／s 左右；网口未露出水面前不可停车；网口离开水面时应减速并及时停车，谨防网具碰刮船底或卡环碰撞滑轮，使钢丝绳绞断，网具失落。

把网升至适当高度，用冲水设备自上而下反复冲洗网衣外表面（切勿使冲洗的海水进入网口），使粘附于网上的标本集中于网底管内；将网收入甲板，开启网底管活门，把标本装入标本瓶，再关闭网底管活门，用洗耳球吸水冲洗筛绢套，如此反复多次，直至残留标本全部收入标本瓶中。

按样品体积的 5% 加入甲醛溶液进行固定。

3. 分层拖网采样

分层采集时，应在网具上装置闭锁器，按规定层次逐一采样。操作步骤为：

下网前使网具、闭锁器、钢丝绳、拦腰绳等处于正常采样状态，下网时按垂直拖网方法。

网具降至预定采样水层下届时应立即起网，速度如垂直拖网；当网将达采样水层上界时，应减慢速度（避免停车，以防样品的外溢）；当钢丝绳出现瞬间松弛或振动时，说明网已关闭（记录此时的绳长），可适当加快起网速度直至网具露出水面；之后，将闭锁状态的网具恢复成采样状态，并按垂直拖网法冲网和收集、固定标本。

各项样品采样完毕，应及时详细记录。

4. 采样结束后的工作

采样后应进行以下工作：

所有样品应装入牢固的标本箱内搬运。

用过的网具、闭锁器和流量计等需用淡水冲洗，晾干后收藏。

绞车、钢丝绳、计数器等需经擦拭，上油保养。

5. 注意事项

遇倾角超过 45°时，应加重沉锤重新采样。

遇网口刮船底或海底，应重新采样。

8.12.3 大型底栖生物生态调查

8.12.3.1 调查内容

1. 生物调查

鉴定生物种类，测定栖息密度和生物量，分析其相对丰度和群落多样性；确定群落中的主要种，并尽可能测量其个体大小，年龄结构、性别比例等。有条件的可做干湿比和灰重、生长率、生殖率的测定。

主要种类体内污染物质测定。

2. 环境调查

环境调查包括海区的地理环境、形态和沉积物、状况、污染源的位置等；水文气象调查(天气状况、水温、水深、水色、透明度等)；沉积物粒度、有机质、氧化还原电位、氧化物、底温等；污染物的测定项目应根据污染源的性质选定，分析方法按 GB17378.4 和 GB17378.5 的规定执行。

8.12.3.2 调查方法

1. 准备工作

调查之前，应对调查水域的基本状况有所了解，包括陆上和海上污染源的位置分布、海区的沉积物类型、海流、泥沙运动和底栖生物的基本特点等。并应进行必要的社会调查，特别应注意沿海工业和海上工程建设对海区环境的影响，为制定调查方案提供依据。

2. 站位布设

站位的布设应根据污染源的位置和分布，结合海区的水文、水质、沉积物等环境资料综合考虑。特别应注意水深、沉积类型和底栖动物区系异同。调查站位与沉积物污染调查一致。同时还应选择生态类型相同的非污染点或断面作为参照，以便进行资料对比和评价。

与污染源有关的调查 城市工业排污、海上石油平台及海上倾废区等点源污染的调查，应按点源污染的浓度梯度布设直线型或辐射型的站位，站位多少可根据实际情况酌定。一般在封闭和半封闭的海湾、河口或在复杂沉积类型的水域应密些，在浅海或沉积类型均匀的水域可适当疏些。

一般性的普查 作为一般性的污染普查，应按方格式布设站位。断面的布设主要考虑水深和盐度梯度的变化。

3. 调查类型和次数

基线(背景)调查 按生物季节(春季 3～5 月、夏季 6～8 月、秋季 9～11 月、冬季 12～翌年 2 月)一年调查 4 次或根据需要适当增减调查次数。

监测性调查 根据各地实际情况和需要，选择若干固定月份和若干站点定期取样分析。所选时间和站位应与基线调查时的时间和站位相应。

应急调查 若遇突发污染事故，如倾废、赤潮等，应跟踪监测，并于事故后进行若干次危害评价调查。

4. 取样面积、次数和手段

沉积物采样　一般使用 $0.1m^2$ 采泥器，每次取 3 次；在港湾中或无动力设备的小船上，可用 $0.05m^2$ 采泥器，每站取 3 次。特殊情况下，不少于 2 次。

拖网取样　应在调查船低速(2kn 左右)时进行。如船只无 $1\sim3kn$ 的低速档，可采用低速间歇开车进行拖网。每站拖网时间一般为 15min；半定量取样，拖网时间 10min(以网具着底时算起至起网止)。深水拖网，可适当延长时间。

8.12.3.3　采样工具

1. 采泥器

以下为常用的采泥器类型。

抓斗式采泥器　由两个可活动的颚瓣构成，两瓣的张口面积为 $0.1m^2$。两颚瓣顶部由一条铁链连接，当铁链被挂到钢丝绳末端的挂钩上时，两颚瓣呈开放状态。采泥器一经触及海底，挂钩锤即下垂与铁链脱钩。当采泥器上提时，通过挂钩对横梁的拉力，连接两颚瓣的钢丝绳拉紧，使两颚瓣闭合，将沉积物取入。深水(500m 以上)采泥，应换上带重锤的挂钩，并在两颚瓣的外面附加配重，以增加采泥器的重量。

弹簧采泥器　该采泥器主要靠弹簧作用使左右颚插入沉积物内取样。两瓣的张口面积为 $0.1m^2$。操作时，把采泥器放在木制框架(规格 65cm×55cm×30cm)上，将负载板插入导管中，在负载板的下孔中插入一铁销，上孔中插入一长铁杆，另在铁杆下方基架台上放一块三角铁。然后，用铁杆将负载板撬起，左右挂分别钩住两颚瓣限动臂上的眼环，使弹簧被压缩受力。这时再把左右颚瓣臂向上推，使之与释放杆上的制动栓卡在一起，两颚瓣即成开放状态。当采泥器平稳地降至海底时，由两个启动板的触底带动释放杆将导管周围的环托起，挂钩即脱落，在弹簧的作用下颚瓣插入底质内。此时，制动栓也互相脱离。当钢丝绳上提时，两瓣闭合将沉积物取入。在风浪较大和遇到砂底的情况下，均宜使用弹簧采泥器，并加配重。

大洋 −50 型采泥器　结构基本与抓斗式采泥器相同，取样面积为 $0.05m^2$。适于无动力设备的小船在内湾取样。

2. 拖网

以下为几种常用的拖网类型。

阿拖网　网架用钢板或钢管制成，网口呈长方形，两边皆可在着底时进行工作。口缘的网架上绕有钢丝绳($\Phi4\sim6mm$)。网袋长度为网口宽度的 $2.5\sim3$ 倍。进口处网目较大(2cm)，尾部较小(0.7cm)。为使柔软的小动物免受损坏，可在网内近尾部附加一个大网目的套网以使之与大动物隔开。该网网口宽度可根据调查船吨位及调查海区酌定。一般调查船上用 1.5m 宽的即可。船上起重设备差，或在内湾调查，也可用 $0.7\sim1m$ 宽的小型网。深水调查一般多用宽度为 3m 的大型网，其网架也要相应加重。拖网时，应用两根粗绳分别扣结在网架两侧边上，并将其另一端绕结在网袋末端，避免网内泥沙多时网衣破裂。

三角形拖网　网架为钢质材料，呈三角形，架的四周横接三根圆钢，起加固作用。网口宽度、大小及网衣结构与阿拖网相同。三角形拖网适于沿岸浅水和底质较复杂的海区。

双刃拖网　网架长方形，以刀刃形铁板作网口的上下缘，连接网口的网叉分为两段，其中有一段用线绳或麻绳连接，以防网口卡于底上岩石或荷重过大时，导致网具损坏或发生危险。网口宽度有 60 cm 和 80 cm 两种，网袋的长度为宽度的 2 倍。该网具适于硬底、碎石或沙砾沉积物区域工作。

8.12.4　潮间带生物生态调查

8.12.4.1　调查内容

1. 生物调查

不同生境动、植物的种类、数量(栖息密度、生物量和现存量)及其水平和垂直分布的调查。

污染生态效应调查，如污染指示生物的出现或消失；主要种类的增减、异常、死亡；种群动态；丰度、多样性、生长率、生殖力的改变；各生物类群比例关系的变化以及群落结构的演替等。

主要种类体内污染物质的测定。

2. 环境调查

(1)环境基本特征：港湾形态、潮汐类型、滩涂阔狭、沉积物类型、污染源分布及位置等。

(2)水文气象要素：天气(晴、雨、阴)、气温、水温、水色、底温、风向、风速等。

(3)化学要素：盐度、溶解氧、化学需氧量、pH 值等，并依调查区污染源性质和调查目的，选测其他有关项目。

沉积物要素：粒度、有机质、硫化物、氧化还原电位等，并依调查区污染源性质和调查目的，选测其他有关项目。

8.12.4.2　调查地点的选择

调查地点的选择应遵循以下原则：

了解有关地点的历史、现状和未来若干时期的可能变化(如建厂、围垦和其他海岸工程建设)。

根据调查目的，结合污染源分布状况，考虑污染可能影响的范围。

调查区内可能有岩岸、沙滩、泥沙滩、泥滩等多种海岸类型，选点应包括不同类型。若有困难，为保证资料的可比性，所选点的沉积物类型应力求一致。

应在远离污染源的地方，选一生态特征大体相似的清洁区(非污染区)作为对照点。

8.12.4.3　潮间带的划分

1. 潮汐参数划分法

调查地点选定后，应根据当地的潮汐水位参数或岸滩生物的垂直分布，将潮间带划分为若干区(带)、层(亚带)，划分方法如下：

(1)半日潮类型按以下方法划分

高潮区(带)：最高高潮线至小潮高潮线之间的地带；

中潮区(带)：小潮高潮线至小潮低潮线之间的地带；

低潮区(带)：小潮低潮线至最低低潮线之间的地带。

(2)日潮类型按以下方法划分

高潮区(带)：回归潮高潮线至分点潮高潮线之间的地带；

中潮区(带)：分点潮高潮线至分点潮低潮线之间的地带；

低潮区(带)：分点潮低潮线至回归潮低潮线之间的地带。

(3)混合潮类型按以下方法划分

高潮区(带)：高高潮线至低高潮线之间的地带；

中潮区(带)：低高潮线至高低潮线之间的地带；

低潮区(带)：高低潮线至低低潮线之间的地带。

2. 生物垂直分布带划分法

根据生物群落在潮间带的垂直分布来划分，由于生物群落可随纬度高低、沉积物类型、外海内湾、盐度梯度、向浪背浪、背阴向阳等复杂环境因素的不同而改变。因此，要提供一个统一模式是困难的。一般来说，岩石岸大体分为滨螺带、藤壶－牡蛎带、藻类带。泥沙滩可有绿螂－沙蚕－招潮蟹滩(或南方的盐碱植物带)、蟹类－螺类滩、蛤类滩。各地在调查时可根据各区、层的群落优势种给以更确切的命名。

8.12.4.4　断面和取样站布设

1. 断面布设

断面布设应遵循如下原则：

调查地点选定后，对该地生境要有宏观概念，选取不被或少被人为破坏，具代表性的地段布设调查断面。

每调查一地点，通常要设主、辅两条断面，若生境无大差异，可只设一条主断面。

断面位置应有陆上标志，走向应与海岸垂直。

2. 取样站布设

取样站布设应遵循如下原则：

依据潮带划分，各潮区(带)均应布有取样站位，通常高潮区(带)布设 2 站、中潮区(带)布设 3 站、低潮区(带)布设 1～2 站。

岩石岸布站应密切结合生物带的垂直分布；软相滩涂除考虑生物的垂直分布外，应特别注意潮区(带)的交替、沉积物类型的变化和镶嵌。

各站间距离视岩岸坡度、滩涂阔狭酌定。确定站位后，应设有固定标志，以便今后调查找到原位。为防标志物遗失，需按站序测量、记录各站间距离。

岩沼和滩涂水洼地是一种特殊生境，在污染调查中具有重要意义，应另布站取样。

8.12.4.5　调查时间

调查时间的确定应遵循以下原则：

潮间带采样受潮汐限制，为获得低潮区(带)样品，须在大潮期间进行。若断面或站数较多而工作量较大时，可安排大潮期间调查各断面的低潮区(带)，小潮期间再进行高、中潮区(带)的调查。

基础(背景)调查,应按生物季节(春季 3～5 月、夏季 6～8 月、秋季 9～11 月、冬季 12～翌年 2 月),一年最少调查 4 次。

监测性调查可根据各地实际情况选择若干月份定期进行(如枯水期、丰水期等)。但为了资料比较,所选月份应与基础调查月份一致,并应注意避开当地主要生物种类的繁殖期。

应急调查(偶发污染事故、赤潮等)应进行跟踪观测,并对事故后所造成的影响做若干次必要的调查。

8.12.4.6　采样工具和设备

采样器　泥、沙等软相沉积物的生物取样,用滩涂定量采样器。其结构包括框架和挡板两部分,均用 1.5～2.0mm 厚的不锈钢板弯制而成。规格 25cm×25cm×30cm。配套工具是平头铁锨。

定量框　岩岸生物取样用 25cm×25cm 定量框。若在高生物量区取样,可用 10cm×10cm 定量框。计算覆盖面积,则用相应的计数框。其框架可用镀锌铁皮或 3mm 厚塑料板制成。

配套工具有小铁铲(或木工凿子)、刮刀和捞网。

漩涡分选装置　用于潮间带滩涂调查的生物样品淘洗时,应配备 3～5 kW 的简易汽油抽水泵作动力。

还有过筛器等。

8.12.4.7　生物样品采集

1. 定量取样

定量取样按以下方式进行:

(1)滩涂取样用定量采样器,样方数每站通常取 8 个(合计 0.5m²)。若滩面沉积物、类型较一致、生物分布比较均匀,则可考虑取 4 个样方。样方位置的确定切忌人为,可用标志绳索(每隔 5m 或 10m 有一标志)于站位两侧水平拉直,各样方位置要求严格取在标志绳索所标位置;无论该位置上生物多寡,均不要移位。取样时,先将取样器挡板插入框架凹槽,用臂力或脚力将其插入滩涂内;继而观察记录框内表面可见的生物及数量;然后,用铁锨清除挡板外侧的泥沙再拔去挡板,以便铲取框内样品。铲取样品时,若发现底层仍有生物存在,应将取样器再往下压,直至采不到生物为止。若需分层取样,可视沉积物分层情况确定。

(2)岩石岸取样一般用 25cm×25cm 定量框,每站取 2 个样方。若生物栖息密度很高,且分布较均匀,可采用 10cm×10cm 定量框。确定样方位置应在宏观观察基础上选取能代表该水平高度上生物分布特点的位置。取样时,应先将框内的易碎生物(如牡蛎、藤壶等)加以计数,并观察记录优势种的覆盖面积;然后再用小铁铲、凿子或刮刀将框内所有生物刮取干净。

(3)对某些栖息密度很低的底栖生物(如海星、海胆、海仙人掌等)或营穴居、跑动快的种类(沙蟹、招潮蟹、弹涂鱼等),可采用 25m²,30m² 或 100m² 的大面积进行计数(个数或洞穴数),并采集其中的部分个体,求平均个体重,再换算成单位面积的数和量。

2. 定性采集

每站定量取样的同时，应尽可能将该站附近出现的动植物种类收集齐全，供分析时参考，但定性样品务必与定量样品分装，切勿混淆。

3. 供分析体内污染物质的生物样品的采集

采集供分析生物体内污染物质累积情况的生物种类，应按以下基本原则选择：

固定生活在一定区域、个体大小和数量适于分析测定的经济种和优势种；

力求在各断面、全年均能采到的种类；

对污染物质有较强忍受能力和较高富集能力的种类；

为保护水产养殖业和人体健康，对附近养殖品种也采样分析。

8.12.4.8 水质和沉积物样品采集

1. 水样采集

应在各断面调查的同时，于高平潮和低停潮时各采一次水样。河口区可考虑在两次采水期间内增加一次。岩沼和滩涂水洼内积水应另行采样。必要时，酌情对生物定量取样站穴内积水或沉积物间隙水采样分析。

2. 沉积物采集

应与生物定量取样同步进行，取样站数依滩涂沉积物变化酌情确定。遇表、底层沉积类型有明显差异时，最好分层取样，并记录其层、色、嗅味。

8.13 海洋环境监测技术的发展

在海洋环境监测中，监测技术的发展和进步使海洋环境监测工作迎来了新的发展机遇，不仅提高了海洋环境监测的质量和效率，同时也为人类的生存和发展提供了更为广阔的空间。

8.13.1 浮标监测技术

当前应用比较广泛的浮标技术主要包括海洋资料浮标技术和漂流浮标技术两种。随着科学技术的发展和进步，其通信能力、自动化水平和工作寿命等都有了很大程度的提高。

海洋资料浮标技术的发展主要体现在以下方面：首先，新技术和新材料的应用从整体上促进了浮标技术的发展；其次，除了以往资料浮标技术中采用的气象水文传感器之外，还增加了包括温度传感器、光辐射传感器以及电导率传感器等在内的测量传感器，在很大程度上提高了资料浮标技术的功能；此外，还安装了先进的通信与数据采集系统，不仅能够对水面与水下环境参数实行立体检测，同时还实现了数据资料的实时传输。

漂流浮标技术的发展主要表现为以下几点：① 测量参数大大增加，使得其功能显著提高；② 利用 Argos 与 GPS 进行双重定位，定位的精确度有了很大的提高；③ 消耗式与可回收式并存的标型取代了以往单一的消耗式标型；④ 智能化自动化的沉浮式标型得到了广泛应用。

8.13.2 岸基台站监测技术

岸基台站监测主要指的是在石油平台或者是沿岸设置固定的海洋监测平台，对沿岸海域水文气象环境以及环境质量进行实时监测。它主要依赖海洋环境监测仪器进行监测工作，如声学测波仪、自动测风仪、空气声学水位计、电极式盐度计、浮子式验潮仪等。

近年来，各种新型的海洋环境监测仪器不断出现，如压力式波潮仪、拖缆式便携验潮仪以及轻便式浪高仪等。同时，传统的单要素测量仪器已经被自动监测系统所取代，不仅提高了海洋环境监测数据的准确度，同时也提高了海洋环境监测工作的效率。此外，岸基高频地波雷达的应用不仅能够测量包括海冰、海浪场以及海面风场等在内的海面环境参数，同时还能够实现对海上移动目标或者是大范围海表状态的远距离探测。

8.13.3 海洋遥感监测技术

海洋遥感技术主要包括：① 卫星遥感技术。该技术起源于 20 世纪 60 年代，具有遥感范围广、提供资料及时以及同步性强等优点，在很大程度上提高了海洋环境预报与资源探测的能力。当前，全球大约有三十颗在轨运行涉海卫星，主要的星载遥感器包括雷达高度计、雷达散射器、微波辐射计以及全色相机等。②航空遥感技术。该技术与其他监测技术相比具有机动监测与离岸应急监测能力、空间覆盖面积大、监测效率高等优点，主要功能是海岸环境与资源的监测、溢油与赤潮等突发事件的监测以及卫星遥感器的校飞与外定标等。航空遥感技术的遥感器主要有测试雷达、红外辐射计、激光测深仪以及成像光谱仪等。

8.13.4 水下自航式海洋环境监测平台技术

该技术是基于无人有缆遥控潜器与载人潜器技术的而研发的一种海洋环境监测平台技术，它主要用于长时间、大范围的水下环境监测，包括海洋化学和物理学参数、海洋地质学参数以及海洋生物学参数等的监测。

当前一种新型水下监测平台是将机器人技术和浮标技术结合而研制出的水下滑翔机器人，具有浮标技术的部分功能。水下滑翔机器人的制造成本与维护成本相对较低，并且具有续航能力长、投放回收方便和可重复利用等优点，能够进行大量布放，比较适用于大范围和长期性的海洋环境监测。同时，还可以利用水下滑翔机器人来建设立体的海洋环境实时监测系统，作为对立体监测系统的完善和补充。不仅能够提高海洋环境监测的时空密度，同时还能实现大尺度大范围的海洋环境测量。

8.13.5 海床基监测技术

海床基指的是放置在海底的一种监测系统，它通过多种仪器来对海底周围的海洋参数进行探测，同时还能够利用声学仪器对海洋剖面参数进行测量。当前，不少国家已经建立了长期的水下观测站，以便全面系统地了解和掌握海洋生态环境的变化趋势。我国从"九五"期间开始研究海床基，并建立了一套悬浮泥沙式的自动监测系统，成为海洋环境监测中的一个新突破。而"十五"期间研制的海床基是为了对近海动力要素进行监测，不仅能够提供潮汐、风速以及波浪等参数，同时还能在水下进行长期监测，大大提高了海洋环境监测质量。

第9章　海洋灾害

受到太阳光照的影响，海洋是地球上多种自然灾害的渊源，中国是世界上遭受海洋灾害影响最频繁的国家之一。澳大利亚科学家 S. L. Southern 做出统计，每年全世界由热带气旋造成的经济损失高达 60 亿～70 亿美元，全球自然灾害 60% 的生命损失是由热带气旋及其引发的其他海洋灾害造成的。近年来，随着全球气候变暖，突发性极端海洋气象灾害，如台风灾害、风暴潮灾害、海浪灾害，有明显加剧的趋势。

我国海洋灾害主要以风暴潮、海浪、海冰、赤潮和绿潮等灾害为主，海平面变化、海岸侵蚀、海水入侵及土壤盐渍化、咸潮入侵等灾害也有不同程度发生。此外，我国还存在发生海啸巨灾的潜在风险。海洋灾害对我国沿海经济社会发展和海洋生态环境造成了诸多不利影响。国家海洋局《2015 年中国海洋灾害公报》指出：2015 年，我国海洋灾情总体偏轻，各类海洋灾害共造成直接经济损失 72.74 亿元，死亡（含失踪）30 人。其中，造成直接经济损失最严重的是风暴潮灾害，占总直接经济损失的 99.8%；造成死亡（含失踪）人数最多的是海浪灾害，占总死亡（含失踪）人数的 77%。

9.1 风暴潮

9.1.1 风暴潮概念

风暴潮是指由于热带气旋、温带天气系统、海上飑线等风暴过境所伴随的强风和气压骤变而引起的局部海面振荡或非周期性异常升高（降低）现象。风暴潮中海面非周期性异常升高现象称为风暴增水，简称增水。

风暴潮的空间范围一般由几十公里至上千公里，时间尺度或周期为 1～100h，介于地震海啸和低频天文潮波之间。但有时风暴潮影响区域随大气扰动因子的移动而移动，因而有时一次风暴潮过程可影响一两千千米的海岸区域，影响时间多达数天之久。风暴潮叠加在天文潮（由天体的引潮力作用而产生的海面周期性涨落）之上，而周期为数秒或十几秒的风浪、涌浪又叠加在前二者之上。由前二者结合（通常称为总潮位，或称为风暴潮汐）引起的沿岸涨水会造成灾害，而前三者的结合引起的沿岸涨水能酿成巨大灾害。由前二者或前三者的结合引起的沿岸涨水造成的灾害，通称为风暴潮灾害。

一次逐时风暴增水过程中的最大值称为最大增水。警戒潮位是一种潮位值，当潮位达到这一既定值时，防护区沿岸可能出现险情，须进入戒备状态，预防潮灾的发生。

9.1.2 风暴潮的基本成因

风暴潮的形成条件是：

（1）有利的地形，即海岸线或海湾地形呈喇叭口状，海滩平缓，使海浪直抵湾顶，不易向四周扩散。

（2）持续的刮向岸的大风，由于强风或气压骤变等强烈的天气系统对海面作用，导致海水急剧升降。

（3）地球表面的海水不仅受地球引力的吸引，而且受来自月球和太阳引力的吸引。其中，海水受到月球和太阳引力的作用产生规律性的上升下降运动，这种海面的升降现象叫做海洋潮汐，也称为天文潮。正常的潮汐在一天内有两次高潮和两次低潮，并且相邻的两个高潮的时间间隔约为12h。逢农历初一、十五的天文大潮，它是形成风暴潮的主体。当天文大潮与持续的向岸大风遭遇时，就形成了破坏性的风暴潮。

风暴潮是发生在海洋沿岸的一种严重自然灾害，这种灾害主要是由大风和高潮水位共同引起的，使局部地区猛烈增水，酿成重大灾害。风暴潮会使受到影响的海区的潮位大大地超过正常潮位。如果风暴潮恰好与影响海区天文潮位高潮相重叠，就会使水位暴涨，海水涌进内陆。风暴潮的高度与台风或低气压中心气压低于外围的气压差成正比，中心气压每降低1hPa，海面约上升1cm。

9.1.3　风暴潮分类

9.1.3.1　台风风暴潮

台风风暴潮多发生于夏秋季节。当台风由开阔的外海向近岸移来时，岸边验潮站最先观测到海面的上升是缓慢的，一般只有20～30 cm，持续时间通常有十几个小时。这是台风风暴潮来临的预兆，随着台风的逐渐移近，风暴潮位急剧升高，并在台风过境前后达到最大值。

台风风向为逆时针方向旋转，当它逐渐靠近岸边时，台风中心右半圆的强风（通常称为向岸风，如图9－1所示）把海水不断吹向岸边，并在岸边堆积，导致海面迅速上升，从而引起风暴潮。在台风登陆前后几个小时内，风力达到最大，此时的风暴潮也最高。所以，最大风暴潮往往发生在台风移动方向右侧的岸段，而左侧岸段的风暴潮通常较右侧岸段的偏小。这里所指的右半圆是相对于台风移动方向的右侧。

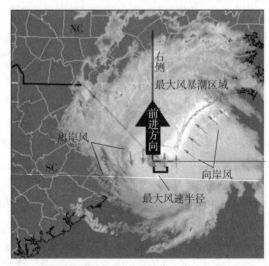

图9－1　离岸风和向岸风

（台风登陆时的风向，灰色箭头为台风中心右侧的风，为向岸风；黑箭头为台风中心左侧的风，是离岸风）

袭击我国沿海的台风，大部分是由东南方向向西北方向移动，也有一部分是从西南向东北方向移动。台风风暴潮的特点是：多见于夏秋季节，来势猛、速度快、破坏力强。

9.1.3.2　温带风暴潮

温带风暴潮多发生于春秋季,渤海湾、莱州湾沿岸发生的风暴潮大多属于这一类。通常是由冷空气(寒潮)或者温带气旋引起的。虽然引起温带风暴潮的天气系统和台风风暴潮的天气系统不同,但是也是通过大风来推动海水并在沿岸堆积,从而形成温带风暴潮。

温带风暴潮特点是:多见于春秋季,持续时间长,增水过程比较平缓。我国是世界上两类风暴潮灾害都非常严重的国家之一,风暴潮灾害一年四季均可发生,从北到南的所有沿岸都不能幸免。

9.1.4　风暴潮灾害

风暴潮能否成灾,在很大程度上取决于其最大风暴潮位是否与天文潮高潮相叠,尤其是与天文大潮期的高潮相叠。当然,也取决于受灾地区的地理位置、海岸形状、岸上及海底地形,尤其是滨海地区的社会及经济(承灾体)情况。如果最大风暴潮位恰与天文大潮的高潮相叠,则会导致发生特大潮灾。当然,如果风暴潮位非常高,虽然未遇天文大潮或高潮,也会造成严重潮灾。

风暴潮灾害居海洋灾害之首位,世界上绝大多数特大海洋灾害都是风暴潮造成的。沿海城市、港口、近海养殖场区等,都易遭受风暴潮灾害的破坏。1970 年 11 月 13 日在孟加拉湾沿岸发生了一次震惊世界的特大风暴潮灾害,这次超过 6m 的潮灾夺走了恒河三角洲一带 30 万人的生命,溺死牲畜 50 万头,使 100 多万人无家可归。1991 年 4 月 30 日又一次特大风暴潮袭击孟加拉湾,在有飓风和风暴潮事先警报的情况下,仍夺去了 13 万人的生命,经济损失超过 30 亿美元。1959 年 9 月 26 日日本伊势湾地区遭受一次日本历史上最严重的风暴灾害,最大增水 3.45m,最高潮位达 5.81m,防潮海堤被冲毁,造成 5180 人死亡,伤亡合计 7 万余人,150 万人口受灾,直接经济损失 850 亿日元。温带风暴也是引发风暴潮的主要原因之一,荷兰、英国、波罗的海沿岸、美国东北部海岸、我国渤海沿岸都是温带风暴的多发区域。

中国风暴潮灾害发生频率高,是世界上遭受风暴潮灾害损失最严重的国家之一。我国海岸线漫长,滨海地区地域辽阔,南北纵跨温、热两带。我国是西北太平洋沿岸各国中台风登陆最多的国家,西北太平洋每年生成台风 30 多个,占全球三分之一以上,其中影响我国的约有 20 个,在中国登陆的 7～8 个。每逢夏秋季节,我国东南沿海频繁遭受台风袭击,台风风暴潮大部分发生在这两个季节里。我国北部的渤海属于超浅海,易于温带风暴潮的形成和发展。春秋季节冷暖空气频繁在黄、渤海域交汇,出现温带风暴潮的几率较大。因此,我国风暴潮的地域分布具有以下特点:台风风暴潮一般分布在东海、南海、黄海南部及台湾以东太平洋海域,发生季节多在夏季;温带风暴潮一般分布在渤海、黄海北部,渤海湾和莱州湾岸段是受灾较为严重的地区,主要发生在秋末初冬和冬末春初。其中台风风暴潮对我国沿海地区的影响较大,浙江、福建、广东、海南沿海是台风风暴潮的多发区。

中国历史上,由于风暴潮灾造成的生命财产损失触目惊心。1782 年清代的一次强温带风暴潮,曾使山东无棣至潍县等 7 个县受害。1895 年 4 月 28、29 日,渤海湾发生风暴潮,毁掉了大沽口几乎全部建筑物,整个地区变成一片"泽国","海防各营死者 2000 余人"。1922 年 8 月 2 日,一次强台风风暴潮袭击了汕头地区,造成特大风暴潮灾。据史料记载和我国著名气象学家竺可桢先生考证,有 7 万余人丧生,更多的人无家可归,流离失所。这是 20 世纪以来我国死亡人数最多的一次风暴潮灾害。

1969 年第 3 号(Viola)强台风登陆广东惠来,造成汕头地区特大风暴潮灾,汕头市进水,街道漫水 1.5～2m,牛田洋大堤被冲垮。在当地政府及军队奋力抢救下,仍有 1554 人丧生。但较 1922 年同一地区相同强度的风暴潮,死亡人数减少了 98%。

1964 年 4 月 5 日发生在渤海的温带气旋风暴潮,使海水涌入陆地 20～30 km,造成了 1949 年以来渤海沿岸最严重的风暴潮灾。黄河入海口受潮水顶托,浸溢为患,加重了灾情,莱州湾地区及黄河口一带人民生命财产损失惨重。

“森拉克”台风于 2002 年 9 月 7 日 18 时 30 分登陆浙江省温州市苍南县,登陆时近中心最大风速达 40m/s。受其影响,福建、浙江、上海沿海普遍出现了 100～300cm 的风暴潮灾害,如图 9-2、9-3 所示。从福建东山到上海高桥沿海有近 20 个验潮站超过当地警戒水位,其中浙江南部的鳌江站最大增水达 321cm,最高潮位 690cm,超过该站有观测记录以来最高潮位,并超过当地警戒水位 130cm,是一次特大风暴潮灾。浙江省受灾人口 792.2 万,其中转移人口 50 多万,死亡 29 人;受灾面积 2.1 × 10^5hm^2,成灾 1.05 × 10^5hm^2,其中海洋水产养殖受灾 2.8 × 10^4hm^2;房屋倒塌 9100 间;堤坝损坏 659 处、总长 231.6km;护岸损坏 1397 处;堤防决口

图 9-2　“森拉克”风暴潮影响范围

443 处、总长 25.3km;水闸损毁 89 座,塘坝损毁 314 座;船只沉损 320 艘(大都为木制小渔船)。直接经济损失总计 29.6 亿元,其中渔业直接经济损失达 7.9 亿元。福建省受灾人

图 9-3　2002 年浙江沿岸受“森拉克”风暴潮袭击

口 221.0 万，死亡 1 人，受伤 39 人。农田受灾 $1.25 \times 10^5 \text{hm}^2$；水产养殖受灾 $1.7 \times 10^4 \text{hm}^2$、水产品损失 19.6 万吨；房屋倒塌 3.5 万间；船只损坏 1666 艘；堤防损坏 358 处、总长 123.6km，决口 127 处、总长 11.5km。直接经济损失近 32.6 亿元。上海地区潮位普遍偏高，其中黄浦公园站最高潮位达 533cm，是有验潮记录以来的第三高潮位。由于措施得力，仅部分防潮设施受到损坏，直接经济损失约 210 万元。

据统计，1949—1993 年的 45 年中，我国共发生过程最大增水超过 1m 的台风风暴潮 269 次，其中风暴潮位超过 2m 的 49 次，超过 3m 的 10 次。共造成了特大潮灾 14 次，严重潮灾 33 次，较大潮灾 17 次和轻度潮灾 36 次。另外，我国渤、黄海沿岸 1950—1993 年共发生最大增水超过 1m 的温带风暴潮 547 次，其中风暴潮位超过 2m 的 57 次，超过 3m 的 3 次。造成严重潮灾 4 次，较大潮灾 6 次和轻度潮灾 61 次。

9.1.5 风暴潮预报和警报

根据《GB/T 19721.1— 2005 海洋预报和警报发布第 1 部分：风暴潮预报和警报发布》，现将风暴潮预报和警报介绍如下。

9.1.5.1 等级划分

（1）预报。受热带气旋(台风、强热带风暴、热带风暴、热带低压)影响，或受温带天气系统影响，预计在预报时段内，沿岸受影响区域内有一个或一个以上有代表性的验潮站将出现低于当地警戒潮位 30 cm 以内的高潮位时，发布风暴潮预报。

预计在预报时段内，台风登陆沿岸受影响区域内没有一个有代表性的验潮站将出现低于当地警戒潮位 30 cm 以内的高潮位，发布风暴潮预报。

（2）警报。受热带气旋影响，或受温带天气系统影响，预计未来沿岸受影响区域内有一个或一个以上有代表性的验潮站将出现达到或超过当地警戒潮位 30 cm 以内的高潮位时，应发布风暴潮警报。受热带气旋影响至少提前 12 h 发布，受温带天气系统影响至少提前 6 h 发布。

（3）紧急警报。受热带气旋影响，或受温带天气系统影响，预计未来沿岸受影响区域内有一个或一个以上有代表性的验潮站将出现达到或超过当地警戒潮位 30 cm 以上的高潮位时，至少提前 6h 发布风暴潮紧急警报。

9.1.5.2 预报和警报内容

（1）预报。预报的内容包括：热带气旋(含台风、强热带风暴和热带风暴，热带低压则无编号和名字，下同)的编号和中文名字或温带天气系统状况；预报未来时段内沿岸增水情况，严重影响范围；最大增水与天文潮的关系；验潮站高潮位与当地警戒潮位的关系。给出预报(沿岸增水空间分布)图、表等。

（2）警报。警报的内容包括：热带气旋的编号和中文名字或温带天气系统状况；预报未来时段内沿岸增水情况，严重影响范围；最大增水与天文潮的关系；验潮站高潮位超过当地警戒潮位的量值表述。给出预报(沿岸增水空间分布)图、表等。最后给出下一次警报的发布时间(必要时可提前发布)。

（3）紧急警报。紧急警报的内容包括：台风的编号和中文名字或温带天气系统状况；预报未来时段内沿岸增水情况，严重影响范围；最大增水与天文潮的关系；验潮站高潮位超过当地警戒潮位的量值表述。给出预报(沿岸增水空间分布)图、表等。最后给出下一次紧急警报的发布时间(必要时可提前发布)。

9.1.5.3 发布方式

通过传真、互联网等方式向防潮主管部门发布的风暴潮预报、警报和紧急警报称为专业预报。通过广播、电视等媒体向公众发布的预报、警报和紧急警报称为公众预报。公众预报要求文字通俗易懂、图文并茂,但不包括列表给出的预报值。

9.1.5.4 发布格式

国家及地方各级海洋预报部门采用预报和警报的发布格式应统一。每份预报和警报应有编号,发布单位和发布时间,发布时间、预报和警报中出现的时间一律采用北京时间,风暴增水、高潮位一律以 cm 为单位。

1. 风暴潮警报示例(专业预报)

风暴潮警报   编号:0012 - 1

国家海洋预报台   2000 年 8 月 8 日 08 时发布

杭州湾、长江口将出现超过警戒潮位的高潮位

受 2000 年第 12 号台风(派比安)影响,预计:今天下午到明天上午,江苏省连云港至浙江省坎门一带沿海的潮位将先后比正常潮位偏高 50 cm 至 150 cm,其中杭州湾、长江口沿岸为影响严重岸段,其潮位将比正常潮位偏高 100 cm 至 150 cm,吴淞、高桥验潮站最大增水有可能出现在本月天文大潮期高潮时;9 日 08 时前后杭州湾的镇海、乍浦,上海的吴淞、高桥验潮站将出现超过警戒潮位 20 cm 至 25 cm 的高潮位。请有关部门切实做好防御风暴潮灾害的工作。具体验潮站高潮位预报如下:

站名	高潮时	高潮位	警戒潮位	超警戒潮位值
镇海	9 日 07 时 30 分	460 cm	440 cm	20 cm
乍浦	9 日 08 时 00 分	635 cm	610 cm	25 cm
吴淞	9 日 08 时 15 分	505 cm	480 cm	25 cm
高桥	9 日 08 时 00 分	500 cm	480 cm	20 cm

下一次警报将在今日 20 时发布,或必要时将提前发布。

2. 风暴潮紧急警报示例(专业预报)

风暴潮紧急警报   编号:0012 - 2

国家海洋预报台   2000 年 8 月 8 日 20 时发布

杭州湾、长江口将出现超过警戒潮位的高潮位

受 2000 年第 12 号台风(派比安)影响,预计:今天夜间到明天上午,江苏省连云港至浙江省坎门一带沿海的潮位将先后比正常潮位偏高 50 cm 至 180 cm,其中杭州湾、长江口沿岸为影响严重岸段,其潮位将比正常潮位偏高 130 cm 至 180 cm,吴淞、高桥验潮站最大增水有可能出现在本月天文大潮期高潮时;9 日 08 时前后杭州湾的镇海、乍浦,上海的吴淞、高桥验潮站将出现超过警戒潮位 40 cm 至 60 cm 的高潮位。请有关部门切实做好防御风暴潮灾害的工作。具体验潮站高潮位预报如下:

站名	高潮时	高潮位	警戒潮位	超警戒潮位值
镇海	9 日 07 时 30 分	480 cm	440 cm	40 cm
乍浦	9 日 08 时 00 分	660 cm	610 cm	50 cm
吴淞	9 日 08 时 15 分	540 cm	480 cm	60 cm
高桥	9 日 08 时 00 分	530 cm	480 cm	50 cm

下一次警报将在 9 日 08 时发布，或必要时将提前发布。

9.1.5.5　资料

制作风暴潮预报、警报所需的资料包括实时潮位、海浪资料和气象资料。

实时潮位、海浪资料包括各验潮站逐时潮位、高、低潮位与潮时，以及同期的海浪实时资料。

气象资料包括各验潮站逐时风速、风向，以及逐时海平面气压；热带气旋警报资料；热带、温带天气系统的地面、高空天气图、卫星遥感等资料。

9.2　海浪

9.2.1　灾害性海浪

海浪是海上最普遍、最易于观察的波动现象，海浪的波高从几厘米到十几米不等。波高较大的海浪会对海上船只航行安全造成影响，甚至可以使船舶倾覆和结构损坏。二战期间，灾害性海浪对美国海军造成的损失不亚于日本偷袭珍珠港造成的损失。正是为了避免军事行动中此类悲剧再次发生，美国才开始重视海浪研究，以期待能准确地对海浪进行预报。

灾害性海浪可以由热带气旋、温带气旋和寒潮大风引起，分别称为台风浪、气旋浪和寒潮浪。其中台风浪具有独特的空间分布和成长过程，是台风在海洋上破坏力的主要来源。根据形成原因，可以将海浪分为风浪和涌浪：风浪是由风直接引起的，海浪的波向一般和风向相同；涌浪是远处风浪传播到本地的结果，和本地风场没有直接关系，但会和本地风浪相互叠加形成更为复杂的海浪。

一般讲，在海上或岸边能引起灾害损失的海浪叫灾害性海浪。但在实际上，很难规定什么样的海浪属于灾害性海浪。对于抗风抗浪能力极差的小型渔船、小型游艇等，波高 2~3m 的海浪就构成威胁。而这样的海浪对于千吨以上的海轮则不会有危险。结合实际情况，在近岸海域活动的多数船舶对于波高 3m 以上的海浪已感到有相当的危险。对于适合近、中海活动的船舶，波高大于 6m，甚至波高 4~5m 的巨浪也已构成威胁。而对于在大洋航行的巨轮，则只有波高 7~8m 的狂浪和波高超过 9m 的狂涛才是危险的。根据国际惯例，一般把波高超过 6m 的海浪归为灾害性海浪，即国际波级表中"狂浪"（highsea）以上的海浪。对其造成的灾害称为海浪灾害或巨浪灾害。通常，6m 以上波高的海浪对航行在海洋上的绝大多数船只已构成威胁。

9.2.2　灾害性海浪的危害

灾害性海浪到了近海和岸边，对海岸的压力可达到 $30 \sim 50t/m^2$。据记载，在一次大风暴中，巨浪曾把 1370 t 重的混凝土块移动了 10m，20 t 的重物也被它从 4m 深的海底抛到了岸上。巨浪冲击海岸能激起 $60 \sim 70m$ 高的水柱。灾害性海浪不仅威胁海上船只航行安全，还会破坏海上石油平台等海上建筑。此外，灾害性海浪对近海水产养殖业也有影响，水产养殖使用的养殖网箱往往经不起大风浪的破坏，造成所养殖水产的损失。同时近岸的灾害性海浪还会冲击港口、堤坝、桥梁等海岸工程。

我国海浪灾害出现最频繁的海域有渤海海峡的老铁山水道，浪大流急，被认为是危险区域；黄海中部的成山头外海，时有大浪发生，受沿岸流和黑潮支流的影响，这一带海域是发生海难事故最多的海区，故有"中国好望角"之称；东海南部和台湾海峡，大浪出现频率较大，尤其是冬季该海区是海难事故频发区。

有史以来，全世界差不多有 100 多万艘船舶沉没于惊涛骇浪之中。中国古代航海文献中，多处记载了航海者与狂风恶浪搏斗的场面。隋唐时期，鉴真和尚在 11 年内东渡日本 6 次，前 5 次都因遇飓浪而失败。据史书记载，公元 1281 年农历 6 月，元世祖忽必烈命范文虎率 10 多万军队，乘 4400 多艘战舰攻占日本的一些岛屿。8 月 23 日，一次台风突然袭击，战舰几乎全部毁坏、沉没，10 多万军队仅 3 人生还。

灾害性海浪给近几十年来蓬勃发展的海上油气勘探开发事业带来巨大损失。据统计，从 1955—1982 年的 28 年中，因狂风恶浪在全球范围内翻沉的石油钻井平台就有 36 座。1980 年 8 月的阿兰(Allen)飓风，摧毁了墨西哥湾里的 4 座石油钻井平台。1989 年 11 月 3 日起于泰国南部暹罗湾的"盖伊"台风横行两天，狂风巨浪使 500 多人失踪，150 多艘船只沉没，美国的"海浪峰"号钻井平台翻沉，84 人被淹死。我国类似的石油海难事故也发生多起，其中沉没两座石油钻井平台。1979 年 11 月，"渤海 2 号"石油钻井平台在移动作业中，遇气旋大风海浪沉没于渤海中部。平台上 74 人全部落水，除 2 人获救外其余全部遇难。1983 年 10 月 26 日，美国阿克(ACT)石油公司租用的"爪哇海"号钻井船在南中国海作业时，因遭 8316 号台风(国外名称 Lex)激起波高达 8.5m 的狂浪袭击而沉没，船上中、外人员 81 人同时遇难。1991 年 8 月 15 日，美国阿克石油公司租用的美国泰克多墨特公司的大型铺管船 DB29 船，在躲避 9111 号台风时，在珠江口外被海浪断为两截而沉没，船上人员全部落水。经各方出动飞机 12 架，救捞船只 14 艘，历经 32h，救起 189 人，其中 14 人已死亡，另有 6 人随船沉入水中或失踪。

9.2.3　海浪预报和警报

根据《GB/T19721.2—2005 海洋预报和警报发布　第 2 部分：海浪预报和警报发布》，现将海浪预报和警报介绍如下：

9.2.3.1　等级划分

1. 预报

参照世界气象组织规定，无论预报海区有无大浪出现，每天都应按时发布 24h、48h、

72h海浪预报。

2. 警报

预计未来沿岸受影响海域出现达到或超过国际波级查算表(表9-1)6级巨浪(有效波高4.0～5.9m)时，或者东经130°以西的近海海区出现达到或超过国际波级表8级狂涛(有效波高9.0～13.9m)时，至少提前12h发布海浪警报。

表9-1 国际波级查算表

浪级	波高区间(m)	中值(m)	风浪名称	涌浪名称	对应风级
0	—	—	无浪 calm sea	无涌	<1
1	<0.1	—	微浪 smooth sea	小涌	1～2
2	0.1～0.4	0.3	小浪 small sea	中涌	3～4
3	0.5～1.2	0.8	轻浪 sea	中涌	4～5
4	1.3～2.4	2.0	中浪 moderate	中涌	5～6
5	2.5～3.9	3.0	大浪 rough sea	大涌	6～7
6	4.0～5.9	5.0	巨浪 very rough sea	大涌	8～9
7	6.0～8.9	7.5	狂浪 high se	巨涌	10～11
8	9.0～13.9	11.5	狂涛 very high sea	巨涌	12
9	>14.0	—	怒涛 precipitous sea	巨涌	>12

3. 紧急警报

预计未来沿岸受影响海域出现达到或超过国际波级查算表7级狂浪(有效波高6.0～8.9m)时，或者东经130°以西的近海海区出现达到或超过国际波级查算表9级怒涛(有效波高大于14m)时，至少提前12h发布海浪紧急警报。

9.2.3.2 预报和警报内容

1. 预报

预报内容包括预报海区海浪实况描述及未来预报海区海浪的分布状况。给出当日预报海区海浪实况图和未来24h海浪预报图。

2. 警报

警报的内容包括台风的编号和中英文名字，或寒潮、温带天气系统状况；受影响的沿岸海域和近海海浪实况描述；未来受影响的沿岸海域和近海海浪的分布状况；下一次警报发布时间。

3. 紧急警报

紧急警报的内容包括台风的编号和中英文名字，或寒潮、温带天气系统状况；受影响的沿岸海域和预报海区海浪实况描述；未来受影响的沿岸海域和预报海区海浪的分布状况；下一次紧急警报发布时间。

9.2.3.3 发布方式

通过传真、广播、电视、互联网等发布预报、警报和紧急警报。

9.2.3.4 格式

国家及地方各级海洋预报部门预报和警报的发布格式应统一。每份预报和警报应有编号，发布时间和预报、警报中出现的时间一律采用北京时间，波高以 m 为单位，波周期以 s 为单位。

1. 海浪预报示例

预报：No. 243

国家海洋预报台，北京

2001 年 9 月 10 日　星期五下午 18：30 发布

三天海浪预报

今日 08 时，西北太平洋有三个大浪区：第一个位于东海、台湾海峡、南海、巴士海峡、菲律宾以东和日本以南洋面，最大波高 5m；第二个位于日本海，最大波高 4m；第三个位于关岛以北洋面，最大波高 12m。

预计：第一个大浪区中东海北部的大浪区 11 日消失，其余维持并扩展至日本以东洋面，最大波高 4.5m，12 至 13 日维持，最大波高 4m；第二个大浪区三天内维持，最大波高分别为 4m，3.5m，3m；第三个大浪区 11 日维持，最大波高 9m，12 日将移至日本以东洋面，最大波高 5m，13 日维持，最大波高 4m。

另外，12 日夜间受黄海气旋影响，渤海、黄海将形成大浪区，最大波高 3.5m，13 日渤海的大浪区消失，黄海的大浪区维持并扩展到东海，最大波高 4m。

2. 海浪警报示例

警报：No. 0010 - 05

国家海洋预报台，北京

2000 年 8 月 23 日　星期五上午 9：30 发布

受 2000 年第 10 号台风"碧利斯"影响，福建省北部外海形成 6m 至 8m 的狂浪区，该浪区正向福建省北部和浙江省南部沿海逼近。预计今晚或明晨受该浪区影响，许多海滨将形成波高达 4m 至 5m 的巨浪。福建的北霜海洋站将出现 5.1m 的巨浪，浙江的南魔、大陈海洋站将出现 4.5m 和 5.5m 的巨浪。沿海各有关单位要采取预防措施。今晚 n 时至明天上午 H 时左右的巨浪将会增加对海滨建筑物的危害。下次警报将在 8 月 23 日下午 6：00 发布。

3. 海浪紧急警报示例

紧急警报：编号 0216 - 02

国家海洋预报台，北京

2002 年 9 月 5 日　星期四上午 9：30 发布

受 2002 年第 16 号台风"森拉克"影响，北纬 28°，东经 129°附近海面形成波高为 14m 的怒涛区，正向浙江省北部和上海市沿海逼近。预计今晚或明晨受该浪区影响，沿岸海滨将形成波高达 6m 至 8m 的狂浪，个别可达 9m 左右的狂涛。此过程近似于 2000 年"悟空"台风浪影响浙江沿海时情景，浙江的南魔、大陈海洋站将出现 6.5m 和 7.8m 的狂浪。沿海各有关单位要采取预防措施。今晚 8 时至明天上午 10 时左右的狂浪将会增加对海滨建筑物和水产养殖业的危害。下次紧急警报将在 9 月 5 日下午 6：00 发布。

9.2.3.5　资料

制作海浪预报和警报所需的资料包括海浪、潮位和气象资料。海浪资料包括沿岸和岛屿海洋站、船舶、浮标和卫星遥感海浪实时资料，潮位资料来自沿岸验潮站。

气象资料包括沿岸和岛屿海洋站、船舶、浮标观测的风速、风向、海平面气压；热带气旋警报资料；地面、高空天气图、卫星遥感等资料。

9.3　海冰

所有在海上出现的冰统称海冰，除由海水直接冻结而成的冰外，还包括来源于陆地的河冰、湖冰和冰川冰。因海冰引起的航道阻塞、船只损坏及海上设施和海岸工程损坏等灾害称为海冰灾害。海洋占地球表面积的70%左右，是全球气候系统的重要组成部分，同时海洋以其丰富的生物资源与矿产资源一直受到人们的关注。近年来，北极夏季航道初步开通，海洋资源开采向寒区不断延伸，海冰这一自然现象逐渐吸引了人们的注意力。随着海冰覆盖面积和冰量的急剧变化，以及各种海冰灾害的频繁产生，海冰及其引发的工程灾害引起了人们更加密切的关注。

9.3.1　北冰洋海冰

北冰洋是世界上最小、最浅和最冷的大洋。位于地球最北端，被欧亚大陆和北美大陆环抱，有狭窄的白令海峡与太平洋相通，通过格陵兰海和诸多海峡与大西洋相连；其面积仅为 $1.31 \times 10^{7} km^{2}$，不到太平洋的10%，约占世界海洋总面积4.1%；其平均深度为1097m，最深的南森海盆达5449m。北冰洋占北极地区面积的60%以上，其中2/3以上的海面全年覆盖着厚 $1.5 \sim 4m$ 的巨大冰块。随着洋流运动，漂浮于北冰洋表层的海冰总在不停地漂移、裂解与融化。北冰洋表面绝大部分终年被海冰覆盖，是地球上唯一的白色海洋。北冰洋中央的海冰已持续存在约300万年，属永久性海冰。

北冰洋气候寒冷，洋面大部分常年冰冻。北极海区最冷月平均气温可达 $-20 \sim -40℃$，暖季也多在8℃以下；寒季常有猛烈的暴风；暖季多海雾。北极海区，从水面到水深 $100 \sim 225m$ 的水温为 $-1 \sim 1.7℃$，在滨海地带水温季节变动很大，从 $-1.5 \sim -8℃$。由于位于地球的最北部，北冰洋是世界上条件最恶劣的地区之一，每年都会有独特的极昼与极夜现象出现。每年10月到翌年3月，冬半年为"长夜"；4月至9月，夏半年为"长昼"。冬季，80%左右的海面被冰封住。

就北极海冰整体而言，自20世纪70年代末开始，北极夏季海冰总量不断减少。2012年9月北冰洋海冰面积缩减到自1979年有卫星观测以来的最小值：$3.41 \times 10^{6} km^{2}$；2007年9月达到次小值：$4.13 \times 10^{6} km^{2}$，与20世纪50到70年代的海冰平均值相比，减少了约31%。

此外，2008年北冰洋海冰融化还开辟出了一条"西北通道"，是由于此处多年冰的大量融化。这条通道的贯通是气候变暖的一个重要标志。此处大量多年冰融化，使夏季的海水接收了比往年多很多的热量，从而在秋季结冰期形成的海冰将会比往年薄，进而翌年融冰期缩短、海冰融化会更快，周而复始形成一个正反馈机制。科技界已形成一个初步共识，在未来某一年的夏季，北冰洋或许没有海冰存在，对于这个时间到来的早晚，仍存在较大分歧。到目前为止海冰的消融，比模式预报要快得多。

极端天气事件是指天气（气候）状态严重偏离其平均态，在统计意义上属于不易发生的情况。主要包括高温热浪、特大暴雨、洪涝、长期干旱、超强台风、龙卷风、寒潮等恶劣天气。2013年3月，世界气象组织（WMO）发布的2001—2010十年间的极端天气气候报告显示，随着全球气候变暖，全球极端天气事件呈增多、加重的趋势，极端天气在未来几十年可能会越来越频繁。WMO有关报告还指出，北极海冰面积在2007年降至自1979年有卫星观测以来的第2个最低点时，在2007年和2008年，极端天气事件就频繁在世界各地发生。

长期以来，与全球变化有关的北极研究以北极海冰为重点。虽然海冰面积仅占大洋面积的7%，但它所引起的海气之间的热量、动量和物质交换的改变却十分显著。它对海洋蒸发的抑制作用不仅大大减少了海洋的热量损失，而且影响极地中低云系的发展。它的短波辐射反照率高达80%以上，而海洋仅有10%，北极海冰时空变化构成北半球高纬度气候扰动的一个关键因子。因此，北极海冰在全球气候系统中的作用引起了广泛关注。

9.3.2　海冰在气候系统中的作用

全球约有18.5%的地球表面被冰雪圈所覆盖，海冰（尤其是极区海冰）与大气、海洋的相互作用是影响全球气候演变趋势的重要因素。海冰在气候系统中的作用主要体现在以下三方面。

（1）海冰对海洋表面反照率有极大的影响，在没有海冰存在的情况下，海洋表面对太阳辐射能量的吸收在93%～94%。但在冰区，冰面的反照率高达85%以上，海水表面仅能吸收15%左右的能量，极大地减少了海洋对太阳辐射能量的吸收。

（2）海冰的存在很大程度减少了大气与海洋之间的水汽交换、热交换，具有隔热绝缘的作用，导致两者之间的温差增大，抑制了海洋调节气候温度的正常能力。同时，海冰的存在影响着海面上空云层的形成，对大气的稳定性以及降水有很大的影响。

（3）伴随着海冰冻融过程的放热、吸热过程，导致海冰存在区域的极值温度也会延迟出现，调节了区域的温度变化。海冰的生消过程中产生的盐分代谢，也极大地促进了海洋深层水与表层水的混合，有助于海洋中营养盐的流动。

9.3.3　海冰灾害

海冰灾害又称为"白色"灾害。海冰灾害在海洋资源开发利用的过程中是最为突出的海洋灾害之一，不仅造成巨大的经济损失和环境污染，还危及人民群众的生命安全。海冰灾害主要有以下几类：

（1）摧毁海上工程结构物，导致设备破坏甚至倒塌，造成严重的损失，同时威胁工作人员的生命安全，甚至造成环境污染。

（2）摧毁航道设施，堵塞港口、航道，船只不能通航，造成海上航运被迫中断。

（3）破坏船只或航行设备使其不能正常行驶，甚至造成严重的海难事故。在白色灾害来临时，如果大型的油轮被撞损，极有可能发生漏油事故，给当地的海洋造成严重的污染。

（4）破坏沿海渔民的工作设施，使之休渔，同时也会对海水养殖的场地与设施造成严重的破坏。

1964 年冬季，美国阿拉斯加库克湾的两座海油平台在强烈的冰激震动下倒塌；1965 年，日本雅内港的声向崎灯标被流冰推倒；1969 年，中国的渤海海域产生特大冰封，"海二井"生活平台、钻井平台和设施平台均被海冰推倒；1973 年，波兹尼亚湾建立的钢制灯塔仅存在了几个月便被海冰摧毁；1977 年，中国渤海地区的"海四井"烽火台被流冰推倒；人工岛屿 MOlikpaq 岛在 1986 年 4 月由于强烈的海冰激振导致岛心液化，下沉了将近 1m 的深度；2012 年夏季，由于大面积浮冰的入侵导致美国在 Alaska 的 Chukchi 海域进行钻井的工作被迫中止；2013 年，我国的"雪龙号"在施救俄罗斯院士的过程中，受到强大气旋的影响被困于密集的浮冰区，极大地影响了南极科考的进程。

漂浮在海洋上的巨大冰块和冰山，受风力和洋流作用而产生运动，其推力与冰块的大小和流速有关。据 1971 年冬位于我国渤海湾的新"海二井"平台上观测结果计算出，一块 $6km^2$ 见方，高度为 1.5m 的大冰块，在流速不太大的情况下，其推力可达 4000t，足以推倒石油平台等海上工程建筑物。

海冰对港口和海上船舶的破坏力，除上述推压力外，还有海冰胀压力造成的破坏。经计算，海冰温度降低 1.5℃ 时，1000m 长的海冰就能膨胀出 0.45m，这种胀压力可以使冰中的船只变形而受损；此外，还有冰的竖向力，当冻结在海上建筑物的海冰，受潮汐升降引起的竖向力，往往会造成建筑物基础的破坏。冰山是航海的大敌，45000 吨的"泰坦尼克"号大型豪华游船，就是在 1912 年 4 月 14 日凌晨在北大西洋被冰山撞沉的，使 1500 余人遇难。我国 1969 年渤海特大冰封期间，流冰摧毁了由 15 根 2.2 cm 厚锰钢板制作的直径 0.85m、长 41m、打入海底 28m 深的空心圆筒桩柱全钢结构的"海二井"石油平台；另一个重 500t 的"海一井"平台支座拉筋全部被海冰割断。除老铁山水道、堰矶水道外，整个渤海几乎封冻，造成 19 艘船被冰夹住不能动弹，7 艘船被冰推移搁浅，5 艘万吨轮被冰挤得船体变形，舱内进水。

南北极多年不化的海冰，叫做封海冰。封海冰与海岸相连，面积巨大。北极的封海冰，即使在夏季面积收缩时还有 800 多万平方公里，相当于大洋洲的面积。南极大陆周围也终年被封海冰封锁，封海冰破碎后随洋流漂泊四方，南北极不少浮冰科学站就以此为根据地研究探索极地的奥秘。航海史上，出现过某些海船被封海冰挟持漂流无法返回大陆的悲惨纪录。1912 年由俄国彼得堡开出的海船"圣·安娜"号，在北冰洋上为封海冰所阻，随冰漂流将近两年，直到船只完全被冰毁坏，这场灾难只有两人获救。

9.3.4　冰情监测

从 20 世纪 70 年代开始，极区开始通过投放大量浮标来实现海冰动力学特性的监测，随着多普勒移频雷达原理、GPS 技术以及相应数据点间平滑插值算法的发展，浮标监测方法在海冰监测方面有着较高的精度。但该方法的不足之处在于经济成本比较高，大范围、密集投放较难实现。卫星遥感监测在地理尺度上有着明显的优势，利用连续拍摄的卫星图像与区域相关算法，不仅可以清晰地捕捉到冰面的开阔水、计算局部区域海冰的密集度、精确地追踪冰缘线位置，还可以准确地求出海冰的位移和速度。

在夜间或者云层较厚情况下，卫星图像在海冰监测上的应用也受到一定的限制。最近，为了弥补卫星监测海冰要素的不足，无源微波成像与相应图像处理技术，已在海冰卫星图像监测系统上得到应用。而多普勒声纳系统也被用来定点测量欧拉意义下的海冰运动情况，在一定程度上提升了监测系统对环境因素的抗干扰能力。

一直以来，对海冰冰厚大规模的测量能力，远落后于冰缘线、密集度与冰速。早期冰厚的取得，主要通过钻孔与安装在潜艇上的声纳测量。钻孔测冰厚是目前精度最高的一种方式，但由于工作量较大、成本较高，大范围、集中实施具有困难。随着新技术的不断发展，电子视频、激光测距、电磁波感应测距、改进的声纳、卫星微波测高、雷达测距等技术以及破冰船、水下机器人、航空飞行器等附载手段，在冰厚测量方面也得到不断的应用。

9.3.5　海冰预报和警报

根据《GB/T19721.3—2006 海洋预报和警报发布第 3 部分：海冰预报和警报发布》，现将海冰预报和警报介绍如下：

9.3.5.1　预报和警报的划分

1. 预报

海冰预报从每年 11 月份始至翌年 3 月终止，预报产品有年度展望、月、旬、周、及逐日预报。

具体发布时间：

——年度展望 11 月 20 日发布；

——月预报逢 26 日发布；

——旬预报逢 9 日发布（2 月下旬 28 日发布）；

——周预报逢周五发布；

——逐日预报。

2. 警报

发布警报应符合下列条件：

（1）辽东湾单层冰厚（由海水直接冻结，无重叠和堆积的海冰厚度）达到 30cm；浮冰外缘线（浮冰区与海水交界处）达到 70nmile，且海冰在未来 5 天内将增长 15nmile 以上时。

（2）黄海北部单层冰厚达到 25cm；浮冰外缘线达到 25nmile，且海冰在未来 5 天内将增长 10nmile 以上时。

（3）渤海湾单层冰厚达到 20cm；浮冰外缘线达到 30nmile，且海冰在未来 5 天内将增长 10nmile 以上时。

（4）莱州湾单层冰厚达到 20cm；浮冰外缘线达到 20nmile，且海冰在未来 5 天内将增长 10 nmile 以上时。

（5）出现海冰返冻（融冰期间，在 2 天内，海冰外缘线迅速增长 30nmile 以上的现象）时。

9.3.5.2　预报和警报内容

1. 预报

预报内容包括：预报海区、冰情概况、冰期、流冰范围、一般冰厚、最大冰厚等。

2. 警报

警报内容包括：预报海区、冰情概况、冰期、流冰范围、一般冰厚、最大冰厚和防冰预警提示等。

9.3.5.3　发布方式

预报和警报通过信函、广播、电视、互联网等方式发布。

9.3.5.4　发布格式

国家和地方各级海洋预报部门发布海冰预报和警报的格式应统一，发布时间和预报、警报中出现的时间一律采用标准北京时间，浮冰外缘线离湾底距离均采用 nmile 为长度单位，冰厚均采用 cm 为长度单位。

1. 海冰预报示例

2001 年 12 月渤海及黄海北部冰情预报

冰情概况：根据海洋站观测，目前渤海及黄海北部沿岸无冰。

预　　计：2001 年 12 月渤海北部冰情将接近常年，南部偏轻；辽东湾将于 12 月上旬中期出现初冰，渤海湾 12 月中旬后期出现初冰，莱州湾 1 月上旬出现初冰。各预报海区流冰范围及单层冰厚预报如表 9-2 和图 9-4。

表 9-2　各海区结冰范围与冰厚预报

海区	流冰范围(nmile)	一般冰厚(cm)	最大冰厚(cm)
辽东湾	25~35	5~10	15
渤海湾	<3	<3	—
莱州湾	—	—	—
黄海北部	5 左右	5 左右	10

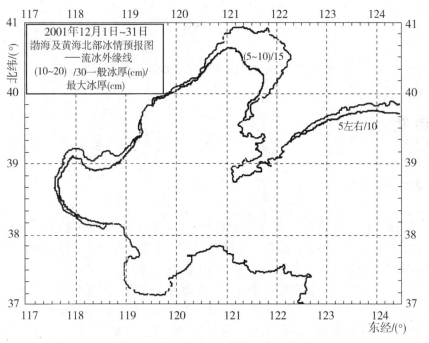

图 9-4　2001 年 12 月冰情预报示意图

2. 海冰警报示例

渤海冰情警报

冰情概况：根据海洋站观测和 2 月 6 日 NOAA 卫星海冰图像分析，辽东湾流冰范围约 70 nmile，主要类别有灰白冰、灰冰和莲叶冰，间有白冰。

预　　　计：2001 年 2 月 7 至 12 日渤海辽东湾冰情将比常年同期偏重。海冰增长较快，流冰范围 8 ～ 100 nmile，一般冰厚 30 ～ 40 cm，最大冰厚 60 cm。对海上交通运输、生产作业、海上设施和海岸工程有严重影响，请有关部门和单位及时收悉国家海洋预报台发布的海冰预报，做好防冰安全工作，避免海冰的危害。冰情预报示意如图 9 – 5。

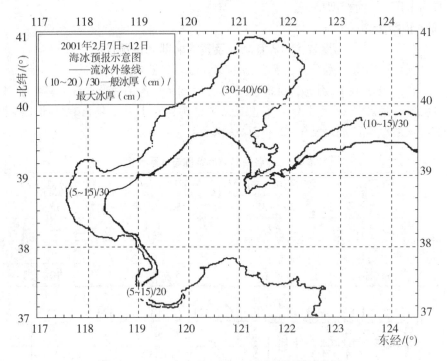

图 9 – 5　2001 年 2 月 7 至 12 日冰情预报示意图

9.4　赤潮

9.4.1　赤潮的定义

"赤潮"被称做"红色幽灵"，国际上也称为"有害藻华"。在香港，赤潮又称红潮，是海洋生态系统中存在的一种异常现象。赤潮泛指一定环境条件下，一些海洋浮游生物、细菌或原生动物异常繁殖或聚集的现象，大都会引起海水变色，大量类胡萝卜素的累积是造成海水变色的重要原因。在特定环境条件下，海藻家族中的赤潮藻会爆发性地增殖，从而形成赤潮。习惯上将水体藻类达到一定密度后的藻华现象称作赤潮。海藻是一个非常庞大的家族，大多数的海藻都是非常微小的植物，还有的属于单细胞生物。由于引起赤潮的生物种类和数量不一样，海水呈现的颜色也不一样，会出现黄绿色、黄色和褐色等颜色。赤潮分为有害赤潮和无害赤潮，相当多的赤潮是无害的，而有害赤潮是由产生毒素的海藻引起的。

"赤潮"与"有害藻华"是两个不完全相同的概念，"有害藻华"强调藻华可能导致的危害性，而"赤潮"仅仅指生物异常繁殖或聚集使密度超过一定阈值的现象。有的赤潮生物在低密度下即可带来极大的危害，而有的赤潮生物却在很高的密度下也是无害的。

9.4.2　赤潮的形成机制

赤潮的产生与许多因素有关，近岸海域污染，污染水域的水体富营养化是导致赤潮发生的主要原因。水体中的营养盐如氮和磷、微量元素如铁和锰，以及某些特殊有机物如蛋白质和维生素的存在形式和浓度，都对赤潮生物的生长、繁殖与代谢有着直接影响，它们是赤潮生物形成和发展的物质基础。赤潮生物大量繁殖、生长必须有丰富的营养，适量的微量元素和微量有机物。大量的生活污水、工业废水、水产养殖废水、农田排水等富含氮、磷及其他无机盐类物质，它们会在一定的区域内迅速富集，从而导致这一区域水体的富营养化。海产养殖产业由于缺乏科学和规范的管理，有时会导致养殖密度过高，饵料投放过量、排泄物增加会使得养殖海区有机污染加剧，造成了海洋的富营养化。这是养殖海域赤潮发生频率较高的根本原因之一。海上运输也会造成赤潮，航运过程中，船舶压舱水的纳入和排出使得某些藻类从一个海域迁徙到另一海域，造成赤潮生物的异地传播。此外，赤潮发生的适宜温度范围为 $20 \sim 30℃$。只有在适宜温度范围内各种赤潮生物才能快速地生长和增殖。有科学研究表明水温在一周内突然升高大于 $2℃$ 是赤潮发生的先兆。

9.4.3　赤潮的危害

有害赤潮又被称为"有害藻类的水华"，它能通过产生毒素、造成物理损伤、改变水体理化特征等给海洋生态系统、渔业生产、海水养殖、旅游业以及人类健康带来严重威胁。有害藻华拥有巨大破坏性，加之难以预测和控制，因而常被形容为"海洋幽灵"或"海洋癌症"。

赤潮藻是指在全球海域范围内曾经引发过赤潮的生物种类。全球海洋浮游藻类约有4000 多种，其中能形成赤潮的生物种类繁多，约有 $184 \sim 267$ 种，除属于细菌和原生动物外，大部分属于浮游生物，如甲藻、硅藻、针胞藻等，其中甲藻占一半左右。而在所有的有害赤潮中，甲藻占 75% 左右，其次为硅藻、蓝藻、着色鞭毛藻和原生动物等。

赤潮的主要危害表现为以下几方面：

（1）黏液分泌：分泌或产生的黏液附于鱼类等海洋生物的鳃上，妨碍其呼吸作用，导致其窒息死亡，这种危害方式对养殖鱼类的危害比较大。

（2）赤潮藻毒素：有些赤潮生物能分泌毒素于水体中，直接毒死其他海洋生物，或者对摄食它们的其他动物包括人类产生毒害作用。1988 年，秘鲁西部海域发生大面积赤潮，当地居民食用被有毒赤潮藻污染的海鲜后，超过千人中毒，死亡达到数十人。

（3）O_2 消耗：赤潮发生后期，由于细菌对赤潮藻的分解消耗了大量 O_2，造成海洋生物因缺氧而大量死亡。

（4）遮阳作用：赤潮藻的聚集遮挡了阳光，影响海洋生物的光合作用，进而影响海洋中的植物生存。

（5）危害旅游业：海洋产业的重要组成部分——海洋旅游业，由于赤潮的爆发也会深受其害，赤潮发生后，海水会变色，如甲藻、绿色鞭毛藻形成的赤潮呈绿色；夜光藻形成的赤潮呈红色；短裸甲藻形成的赤潮呈黄色；某些硅藻会形成棕色的赤潮。各种颜色的赤潮会严重影响滨海风光，城市景色，给沿海旅游业造成一定的经济损失。我国青岛沿海每年7月会爆发浒苔灾害，浒苔是绿藻门石莼科的一属，每年浒苔的清理需要一笔不小的花费。

虽然并不是每次赤潮均对水产养殖业造成直接经济损失，但在已报道的赤潮事件中，约60%的赤潮事件可对水产养殖和捕捞业造成直接经济损失，其中约30%的赤潮事件为灾难性的，可使受害区的水产养殖业经济损失达80%以上。

我国近海是世界近海赤潮灾害最严重的海域之一。近十几年来，我国有害赤潮的发生频率、规模和面积不断增大，持续时间逐渐增长，发生海域逐年扩展，直接破坏海洋生态系统结构和功能。遭受有毒赤潮侵袭的海产品食用后会威胁人们的健康，同时对养殖业等沿海经济造成极大的损害，进而威胁生态安全和海洋产业的可持续发展。

近数十年来，我国东海海域连续暴发特大规模赤潮，影响面积高达上万平方公里，使海洋生态系统受到严重破坏。同时，有毒有害赤潮发生的比例也在不断上升，东海原甲藻（*Prorocentrum donghaiense*）、米氏凯伦藻（*Kareniamikimotoi*）已成为东海海域有害赤潮的代表种。自2000年以来，每年春季长江口及其邻近海域都有东海原甲藻形成的大规模甲藻赤潮发生，该赤潮具有生物量高、持续时间长、覆盖面积广的特点。赤潮暴发期间，表层水体的东海原甲藻藻细胞密度可高达$10^3 \sim 10^4/mL$。2004年和2005年暴发规模甚至高达上万平方公里，赤潮持续时间长达30天之久。

此外，米氏凯伦藻是长江口邻近海域特大规模有害赤潮的另一重要原因种。2005年和2012年，米氏凯伦藻赤潮在东海海域大规模爆发，藻细胞密度高达$10^4/mL$，导致大量养殖生物死亡，造成了巨大的经济损失。作为一种重要的鱼毒性有害藻类，米氏凯伦藻赤潮在世界沿海广泛存在，是危害严重的一类赤潮，能在几小时之内就造成鱼类大量死亡。近年来，米氏凯伦藻赤潮在中国近海呈现出逐渐扩张、蔓延的趋势，在渤海、黄海、东海及南海都有赤潮形成的纪录。根据2012年中国海洋灾害公报，最为严重的是2012春夏季（5～6月），福建近岸海域发生多起大规模的米氏凯伦藻赤潮灾害，赤潮影响面积近$300km^2$，造成海上养殖鲍鱼大面积死亡，总经济损失达20.11亿元，为世界上目前报道的赤潮经济损失之最。

海洋生态系统主要有初级生产者、消费者、分解者等生命成分以及环境要素等非生命成分组成。在海洋生态系统中，浮游植物作为初级生产者，是物质循环、能量传递的起点。研究表明，有害赤潮藻可以对海洋生态系统的浮游动物、贝类、鱼类等多种海洋生物产生毒害作用。其中，浮游动物与贝类作为初级消费者，是浮游生态系统和底栖生态系统十分重要的生态类群，同时也是初级生产力向更高营养级传递的纽带。因此，有害赤潮对浮游动物、贝类毒害作用的研究引起了广泛的关注。

9.4.4 赤潮的防治

赤潮使海洋生态环境遭到破坏，渔业和旅游资源衰退，认识赤潮的危害，采取一定措施对赤潮进行防治已经是迫在眉睫。我国海域辽阔，海岸线漫长，必须广泛开展科普宣传，使公众更多地了解赤潮的危害，保护环境，加强对企业的监管，禁止企业乱排未经处理的污水，同时应对污水处理厂进行有效监督，结合成本，选择最佳工艺，从源头上解决水体富营养化问题。在海洋养殖方面，科学规划养殖海域，调整养殖结构，避免赤潮的发生。

9.5 绿潮

9.5.1 绿潮的危害

绿潮是世界沿海各国普遍发生的海洋生态异常现象，多数以石莼属和浒苔属大型绿藻种类脱离固着基形成漂浮增殖群体所致。绿潮一般发生在春夏两季，大多数在夏季高温期结束，有时延续到秋季，主要发生在河口、内湾、泻湖和城市密集海岸等富营养化程度相对严重的水域，经常是多年连续爆发。绿潮爆发所产生的危害主要表现在以下几方面：
第一，大面积、高密度绿潮藻对海面的覆盖，导致浮游植物等因失去光照而无法生存，进而影响海洋生态系统的结构与功能。
第二，绿潮藻消亡过程中所释放的大量有机质，将消耗水中溶解氧从而造成水体缺氧，威胁海洋动物的生存。
第三，大量绿潮藻在潮沙和风的作用下在海滩堆积，如不能及时清理，容易腐烂发臭，影响滨海景观和生态环境。
第四，绿潮藻漂浮海面直接影响海上体育运动、海洋渔业、海水利用、船只通行等。

9.5.2 绿潮爆发机制

绿潮爆发的主要原因有海水富营养化、光照强度、温度等的环境因素以及绿潮藻类本身的生物学特性。

1. 环境因素

海水富营养化是引起赤潮、绿潮等爆发最重要的原因。富营养化是指环境中以磷和氮为主的无机营养盐超出了环境自身的调节能力而引起的水质污染现象。海水富营养化主要与现代化工农业的迅猛发展、沿海城市居民持续增多和水产养殖规模不断扩大有关。例如，在法国的布列塔尼地区，农业是造成海水富营养化的主要原因；而在挪威、日本、菲律宾等国家，海水富营养化的根源主要是发达的水产养殖业。近海、港湾等海域富营养化程度日趋严重，已成为世界性内近海重要环境问题之一。1992—2000 年，每年大约有 1.38×10^8 kg 的氮和 7.6×10^6 kg 的磷从芬兰排入波罗的海海湾，导致了每年一度的绿潮现象。

此外，绿潮发生最重要的环境因素有温度、光照强度和降水量等。人类活动使大气中 CO_2 的浓度不断增加，从而导致全球气温不断升高，引起海洋生态系统的异常变化，导致某些生物大规模死亡或种群异常增殖。绿潮的发生与区域性环境因素密切相关，在营养充足的条件下，光照强度和温度是诱导绿潮发生的关键因素；降水量增加会导致径流量上升，从而引起近海水域富营养化，例如，在美国的普吉特海峡，降水量的增加可引起海水盐度的降低和氮盐浓度的升高，从而增加了绿潮发生的可能性。

2. 生物学机制

绿潮藻大多是机会种，主要包括石莼属（*Ulva*）和浒苔属（*Enteromorpha*）绿藻。这些藻类具有很高的吸收营养盐的能力，吸收速度可达到常年生长藻种的 $4 \sim 6$ 倍，使其保持对数生长速度。因此，与其他藻类、海草和浮游生物相比具有较强的竞争优势。绿潮藻繁殖能力强，繁殖方式多样，浒苔属和石莼属藻类典型的生活史为同性世代交替，即一个完整的生活史周期包括二倍的孢子体和单倍的配子体两个阶段，这两个时期交替发生，且两种时期的藻体形态相同；其繁殖方式包括配子结合形成合子的有性生殖、配子独自发育成配子体植株的单性繁殖、两鞭毛或四鞭毛孢子单独发育的无性繁殖和体细胞与断枝再生的营养繁殖 4 种方式。研究表明，来自欧洲、北美、日本等地的绿潮藻生活史略有不同，但它们都有很强的繁殖能力。

9.5.3 绿潮的预测

绿潮能多年连续爆发与绿潮藻具有很强的越冬能力和多样的越冬形式有关。孢子是绿潮藻主要越冬形式之一，外界环境的变化会促使绿潮藻叶状体释放抗逆性极强的孢子，以应对不利的外界环境，并在条件适合时再萌发。研究表明，在法国布列塔尼半岛水域，漂浮和定生状态的绿潮藻均来源于越冬的孢子。叶状体又是绿潮藻越冬的另一种形式，绿潮发生时，体细胞生物量大，且具有抗逆能力和萌发率高等特点，能为来年种群繁殖提供足量亲本（叶状体）。多项研究证实，埋在海底沉积物中的绿潮藻叶状体碎片完全可以越冬，来年萌发。在芬兰西海岸，处于漂浮状态的肠浒苔（*Enteromorpha intestinalis*）只存在营养繁殖方式；在荷兰的威斯密尔，漂浮状的石莼（*Ulva scandinavica*）主要来源于海底沉积物中的叶状体碎片；在日本高知县斗犬（Tosa）海湾漂浮的石莼（*Ulva ohnoi*）也未曾发现以孢子形态进行繁殖。

大型海藻种子库的概念统指在逆境条件下（通常是指冬季）存活并能在条件适宜时恢复活力的所有藻类微世代形态，包括孢子体、配子体、体细胞、叶状体和断裂的藻体碎片等。绿潮藻种子库是对绿潮进行预测预警的重要世代，也是有效控制绿潮爆发的最佳时期。

9.5.4 世界主要绿潮爆发区

20 世纪 70 年代初，法国布列塔尼沿海发生大规模绿潮现象，之后发生范围遍及欧洲、美洲和亚洲多个沿海国家，已逐渐成为世界性的海洋环境与生态问题。例如，20 世纪 80

年代中期，美国缅因州东部海域发生肠浒苔（*Enteromopha intestinalis*）绿潮；20 世纪 70 年代以来在日本沿海地区爆发孔石莼（*Ulva pertusa*）绿潮；风景如画的法国布列塔尼地区更是绿潮的重灾区。20 世纪 80 年代以来，绿潮发生频率和生物量总体呈明显上升趋势。例如，1986 年法国布列塔尼地区仅有拉尼翁一个海湾爆发石莼绿潮，而 2004 年，绿潮遍及布列塔尼地区的 72 个城市沿海。根据报道，在 1997—2001 年期间，欧洲布里多尼海域受绿潮影响的区域由 34 处增加到 63 处，而受绿潮影响的次数更是从 60 次增加到 103 次。

2008 年 6 月中旬，青岛近岸海域出现高密度、大面积浒苔聚集，其规模之大，直接危及青岛奥帆赛举行。青岛浒苔灾害爆发后，党中央、国务院高度重视，遵照中央领导同志的指示，国家海洋局协助山东省和青岛市人民政府积极应对，联合攻关，开展了浒苔的打捞清除、应急监测、预测及成因分析等研究工作。为了应对这次浒苔灾害，国家和地方投入了大量人力、物力和财力，经过一个多月的打捞、清运，最终战胜了这次灾害，保护了青岛及周边海域的环境，确保了奥帆赛顺利举行。据调查，此次灾害影响海域面积达 $3 \times 10^4 \text{km}^2$，浒苔覆盖面积约 650km^2，其中奥帆赛警戒海域浒苔面积近 16km^2，世界罕见。

9.6 海上大风

根据中华人民共和国国家标准 GB/T 27958—2011：海上大风预警等级，对海上大风有关知识做简单介绍。

9.6.1 海上大风预警等级

1. 蒲福风力等级划分

风速：气象观测规范中，以正点前 2min 至正点内的平均风速作为该正点的风速。风级是根据风对地面（或海面）物体影响程度或破坏程度确定的等级。蒲福风力等级见表 9-3。

表 9-3 蒲福风力等级表

风力级数	名称	海面状况		海岸船只征象	陆地地面征象	相当于空旷平地上标准高度 10m 处的风速		
		海浪（m）				nmile/h	m/s	km/h
		一般	最高					
0	静风	—	—	静	静，烟直上	<1	0～0.2	<1
1	软风	0.1	0.1	平常渔船略觉摇动	烟能表示风向，但风向标不能动	1～3	0.3～1.5	1～5
2	轻风	0.2	0.3	渔船张帆时，每小时可随风移行 2～3 km	人面感觉有风，树叶微响，风向标能转动	4～6	1.6～3.3	6～11
3	微风	0.6	1.0	渔船渐觉颠簸，每小时可随风移行 5～6 km	树叶及微枝摇动不息，旌旗展开	7～10	3.4～5.4	12～19

风力级数	名称	海面状况 海浪(m)		海岸船只征象	陆地地面征象	相当于空旷平地上标准高度10m 处的风速		
		一般	最高			nmile/h	m/s	km/h
4	和风	1.0	1.5	渔船满帆时,可使船身倾向一侧	能吹起地面灰尘和纸张,树的小枝摇动	11～16	5.5～7.9	20～28
5	清劲风	2.0	2.5	渔船缩帆(即收去帆之一部分)	有叶的小树摇摆,内陆的水面有小波	17～21	8.0～10.7	29～38
6	强风	3.0	4.0	渔船加倍缩帆,捕鱼须注意风险	大树枝摇动,电线呼呼有声,举伞困难	22～27	10.8～13.8	39～49
7	疾风	4.0	5.5	渔船停泊港中,在海者下锚	全树摇动,迎风步行感觉不便	28～33	13.9～17.1	50～61
8	大风	5.5	7.5	进港的渔船皆停留不出	微枝折毁,人行向前,感觉阻力甚大	34～40	17.2～20.7	62～74
9	烈风	7.0	10.0	汽船航行困难	建筑物有小损(烟囱顶部及平屋摇动)	41～47	20.8～24.4	75～88
10	狂风	9.0	12.5	汽船航行颇危险	陆上少见,见时可使树木拔起或使建筑物损坏严重	48～55	24.5～28.4	89～102
11	暴风	11.5	16.0	汽船遇之极危险	陆上很少见,有则必有广泛损坏	56～63	28.5～32.6	103～117
12	飓风	14.0	—	海浪滔天	陆上绝少见,摧毁力极大	64～71	32.7～36.9	118～133

2. 海上大风预警等级分级

海上大风预警分为三个等级,分别为海上大风蓝色预警、海上大风黄色预警和海上大风橙色警报。

3. 海上大风预警等级发布规范

(1)预报海区未来48 h 内可能出现7～8 级风力(或阵风9～10 级)时,或者已经出现并将持续时,发布海上大风蓝色预警。

(2)预报海区未来48 h 内可能出现9～10 级风力(或阵风11～12 级)时,或者已经出现并将持续时,发布海上大风黄色预警。

(3)预报海区未来48 h 内可能出现11 级及以上风力(或阵风达13 级及以上)时,或者已经出现并将持续时,发布海上大风橙色警报(见表9 - 4)。

表9-4 海上大风预警等级对应风力等级表

海上大风警报等级	风力(级)	阵风风力(级)
海上大风蓝色警报	7～8	9～10
海上大风黄色警报	9～10	11～12
海上大风橙色警报	≥11	≥13

9.6.2 海上大风灾害应急响应启动等级

根据中华人民共和国气象行业标准《重大气象灾害应急响应启动等级》(QX/T 116—2010),海上大风是指海面上蒲福风级平均达到或超过9级(平均风速20.8～24.4m/s)的风。其应急响应启动等级如下:

1. Ⅲ级响应启动

当中央气象台发布海上大风黄色预警,且预计未来72 h预警区内的大部地区仍将连续达到海上大风黄色预警以上标准;或者海上大风天气已经出现,可能或已经对相关水域水上作业、过往船舶安全、交通及群众生产生活等造成较大影响,并且该影响可能持续。

2. Ⅱ级响应启动

当中央气象台发布海上大风橙色预警,且预计未来72 h预警区内的大部地区仍将连续达到海上大风黄色预警以上标准;或者海上大风天气已经出现,且已经在沿海地区出现较高风暴潮潮位,可能或已经对相关水域水上作业、过往船舶安全、交通及群众生产生活等造成重大不利影响,并且该影响可能持续。

9.7 海洋地质灾害

9.7.1 定义及分类

地质灾害也简称地灾,是以地质动力活动或地质环境异常变化为主要成因的自然灾害,是在地球内动力、外动力或人为地质动力作用下,地球发生异常能量释放、物质运动、岩土体变形位移以及环境异常变化等,危害人类生命财产、生活与经济活动或破坏人类赖以生存与发展的资源、环境的现象或过程。一般认为,地质灾害包括火山喷发、地震、崩塌、滑坡、泥石流、地面沉降、地面塌陷、地裂缝、海水入侵、海岸侵蚀、海底滑坡等。

按不同分类标准,地质灾害有不同的分类结果。

根据地质灾害的主导动力成因,分为内动力地质灾害、外动力地质灾害、人为动力地质灾害及复合型地质灾害;根据地质灾害活动与灾害主导动力的关系,分为原生地质灾害、次生地质灾害；根据地质灾害动态特征，分为突发性地质灾害、累进性地质灾害（或缓发性地质灾害）；根据地质灾害发生的自然地理条件划分为山地地质灾害、平原地质灾害、海洋地质灾害；根据地质灾害与社会经济和人类活动的依存关系，分为城市地质灾害、矿区地质灾害、工程地质灾害。

　　海洋地质灾害是在海洋中发生的地质灾害，它的致灾动力条件为地质作用，即由内动力条件（来自地壳内部的力）、外动力条件（来自地壳表面的力）或人为地质作用导致的地质环境变化而发生的灾害。海洋地质灾害分类如表9-5所示。

表9-5　海洋地质灾害分类

地理环境	致灾因素	灾害名称
海岸带	海平面变化及地面沉降	海平面上升、海水倒灌、地面沉降
	海岸动力过程	海岸侵蚀、海岸淤积
	重力地貌过程	滑塌、塌陷、高密度流
海底	海洋动力地质过程	活动沙丘、沙脊、陡坎、滑坡、浊流、刺穿、冲刷槽
	静态的浅层沉积构造	浅层气、不均匀持力层、底辟、埋藏古河道、盐丘
海域或海岸带	地震	地震及诱发海啸、砂层液化
	活断层	—
	火山	—

　　海洋地质灾害是一门新兴学科，在其兴起之前，人们就已经开始关注集中在海岸和近岸水域的各种海洋地质灾害事件，如海岸侵蚀、海水入侵与倒灌、水土流失、港口与海湾淤积、地震与断裂活动等，图9-6示意了几种主要海洋地质灾害及其相互关系。

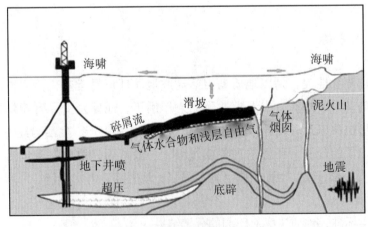

图9-6　主要海洋地质灾害示意图

海洋地质灾害如海底地震引发的海啸、海底滑坡等产生的破坏力往往比较大。目前海洋地质灾害调查研究多采用海底地形地貌资料结合多波束水深和地震数据分析等手段，主要涉及单波束测深系统、多波束测深系统、旁侧声呐系统、浅地层剖面系统、水下摄像系统和地震等传统仪器设备。近年来海洋地质灾害调查特别强调海底原位、实时、监测技术的应用，发达国家和相关组织投入大量资源研发海底原位观测系统，并实施了很多针对地质灾害的海底观测计划，如美国的 OOI（the Ocean Observatories Initiative，海洋观测计划）、日本 DONET（Development of Dense Ocean floor Network System for Earthquake and Tsunami，地震和海啸密集海底密集观测网络系统）、ESONET（the European Sea Observatory Network，欧洲海洋观测站网络系统）等。

9.7.2　海水入侵

9.7.2.1　海水入侵的定义和等级划分

海水入侵又称海水内侵、海水扩侵。在地质灾害方面，海水入侵指的是由于自然的或人为原因，沿海地区地下水水动力条件发生变化，使含水层中的淡水与海水的平衡状态遭到破坏，导致海水或与海水有直接水动力联系的高矿化地下咸水沿含水层或导水构造向陆地方向扩侵，使地下淡水资源遭到破坏的现象或过程。这种海水入侵活动的基本特征是地下水水质趋于海水化，其基本标志是氯离子含量升高，辅助标志是地下水矿化度和氯钠比升高，水化学类型趋于海水化。根据地下水氯离子含量，将海水入侵划分为四个等级（表9-6）。海水入侵速率有两种衡量指标：平均每年地下水氯离子含量增加的幅度和平均每年海水入侵活动扩展的面积。

表9-6　海水入侵等级划分

等　级	地下水氯离子含量（mg/L）
非海水入侵区	< 250
轻微海水入侵区	250 ～ 500
中等海水入侵区	500 ～ 1000
严重海水入侵区	>1000

按照入侵水体的来源，海水入侵可以分为：

（1）狭义的海水入侵：滨海地带地下淡水水位下降后，海水向地下淡水层扩侵。

（2）盐水入侵：滨海地带地下淡水水位下降后，淡水水体下部或旁侧与海水有一定联系的地下咸水体向上方或侧方扩展。

按照含水层岩性特征，海水入侵可以分为：孔隙水含水层海水入侵、岩溶水含水层海水入侵、裂隙水含水层海水入侵。

按照入侵方式，海水入侵可以分为：

（1）直接入侵：滨海地区水位下降后，地下水与海水之间的补排关系发生逆转，海水或深部咸水体向陆地方向运移扩侵，使地下淡水咸化。

（2）潮流入侵：在潮汐作用下，海水沿滨海河谷上溯，并从河流两侧渗入补给地下水。

（3）减压顶托入侵：滨海地区地下淡水水位下降后，倾伏在下部的高矿化咸水向上发生顶托或越流扩侵。

9.7.2.2　海水入侵的机制

在自然状态下，含水层中的淡水、咸水保持着某种平衡，滨海地带地下水水位自陆地向海洋方向倾斜，陆地地下水向海洋排泄，二者维持相对稳定的平衡状态。在这种情况下，滨海地带密度相对较小的地下淡水浮托在密度较大的海水或咸水之上，含水层保持较高的水头，而且二者之间形成宽度不等的过渡带或临界面。在平衡状态下，这个过渡带或临界面基本稳定，可以阻止海水入侵。但这种平衡状态一旦被破坏，咸淡水临界面就要移动，以建立新的平衡。如果大量开采地下水使淡水压力降低，临界面就要向陆地方向移动，原有平衡破坏，含水层中淡水的储存空间被海水取代，于是就发生了海水入侵（图9-7）。

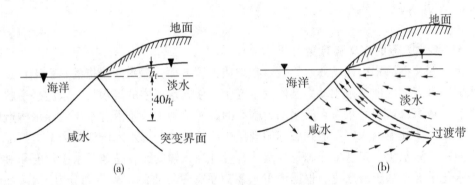

图9-7　滨海含水层中淡水和海水的流动过程及分界面变化示意图

（a）水力平衡条件下海水与淡水的不相混溶界面；（b）滨海含水层中淡水和海水的流动过程及混合带

9.7.2.3　海水入侵对生态环境的影响

海水入侵作为沿海地区水资源不合理开发而带来的特殊环境问题，在国内外广泛存在。目前，全世界范围内已有多个国家和地区的几百个地段发现了海水入侵，其主要分布于社会经济发达的滨海平原、河口三角洲平原及海岛地区。如美国的长岛、墨西哥的赫莫斯城，以及日本、以色列、荷兰、澳大利亚的滨海地区都存在这一问题。我国海岸线长约18 000 km，是全球海岸线最长的国家之一。20世纪80年代以来，我国渤海、黄海沿岸不少地带，由于地下水的过量开采，不同程度地出现海水入侵加剧的现象，如辽宁、河北、山东、江苏、天津、上海、广西等省市自治区均有发生，严重地制约着沿海开放地区的社会经济发展。其中以山东省莱州湾沿岸最为突出，截至目前，莱州湾地区海水入侵面积已发展到约970km²，陆侧地下水位低于现代海平面的海水入侵潜在危及区面积已发展到约2400km²，并已造成40多万人吃水困难，8000余眼农田机井变咸报废，$4 \times 10^4 hm^2$ 耕地丧失灌溉能力，粮食每年减少 $3 \times 10^8 kg$ 以上的严重灾情形势，严重地妨碍了工农业生产的发展。海水入侵淡水层，其直接导致地下水环境的逐渐恶化，大大降低地下水的适用性，使有限的地下淡水资源变得更少，从而引起区域环境的破坏和生态系统的失衡。影响主要表现如下：

1. 对水环境的影响

20世纪80年代以来，有些环渤海城市地下水受到严重侵染，其化学组成发生了显著变化，而且具有明显的过渡变化的分布规律，地下水水化学类型由 HCO_3 型→$HCO_3 - Cl$

型→Cl－HCO$_3$→Cl 型顺序变化，矿化度和浓度不断增加，已远远超过国内外水质标准中 Cl$^-$含量规定，丧失了使用价值。例如，美国和法国公共水体中 Cl$^-$含量最大允许浓度为 250mg/L，我国农田灌溉水质标准规定，Cl$^-$浓度最高为 300mg/L。一旦迫于当地工农业生产需要，一方面要继续超量开采深层地下水，使地下水位再度下降，另一方面又不得不异地开采地下水，而导致海水入侵范围的不断扩大，出现了地下水位下降→海水入侵→地下水咸化→地下水位再下降的恶性循环。

2. 自然生态系统的逆向转变

沿海地带是由海相物质和陆相物质互相交接沉积而成，其生态系统在自我调节和抗干扰的缓冲性方面都比较弱，它可以在人为正向因子的影响下向进展方向发展，也可以在人为和自然的负向因子作用下而逆向演替。海水入侵的结果使土壤含盐量增加，盐生植物群落，如碱蓬、黄须菜等日益增多，在大范围内其覆盖度可达 90% 以上。另外，部分农田因地下水变咸而被弃荒，栽培作物逐渐为盐生植被所替代，使农田生态系统退向盐生（旱生）低草群落生态系统。因此，大部分受灾地区的自然景观发生了变化，这正是区域自然生态系统适应退化环境而发生逆向演替的结果。

3. 对人类社会的影响

海水入侵是人类不合理的开发活动造成的，又反作用于人类活动，威胁着人类的工农业生产与生活。由于水质恶化，淡水资源减少，一些工业企业不得不远距离取水或使用咸水，致使产品成本升高、质量下降、工业设备严重锈蚀。海水入侵对农业生产的影响，突出表现在水田面积减少、灌溉面积减少、耕地面积减少、耐盐作物增加、粮食产量降低。海水入侵还威胁着人类生活，使人类饮水困难、地方病增加、人民身体素质和健康水平降低。据有关资料显示，山东莱州湾地区县市氟病患者人数达 61 万，加上其他地方病，患者总数达 68 万人。日本和美国的学者通过研究还发现，中风、几种慢性心血管疾病及癌症与饮用盐份超标的地下水关系较为密切。普兰店市大刘家镇麦家村位于大沙河下游，临近黄海，全村有耕地 5000 余亩。近年来，村民觉得原来甘甜清澈的井水逐渐变得苦涩，以致无法饮用，且全村 40 岁以上患高血压、高血脂的人占 60%～70%，得癌症和因癌症而去世的人也多了。据调查，在大连黄海和渤海沿岸，海水入侵影响群众生产生活和生命健康的问题已非个别现象，甘井子区的营城子镇和旅顺口区三涧堡镇等渤海沿岸的一些村庄，都不同程度地存在这种状况。

9.7.3 海岸侵蚀

1. 海岸侵蚀定义

海岸侵蚀是指在各种动力作用下，海岸遭受侵蚀破坏发生后退的现象或过程（图 9－8）。海岸侵蚀作用以机械侵蚀为主，化学侵蚀和热力侵蚀为辅。海岸侵蚀与海岸类型密切相关：砂质海岸最容易遭受侵蚀；泥质海岸次之；岩质海岸抗侵蚀能力最强。造成海岸侵蚀的外动力主要是海浪的拍打、

图 9－8 海岸侵蚀

冲击和淘蚀作用。此外，人为采矿、挖塘等也导致一些海岸侵蚀的发生与发展。

2. 海岸侵蚀原因与危害研究

根据研究，海岸侵蚀已不再是单纯的自然演变，近年来不当的人类活动以及全球气候变化加剧了这一过程，使得海岸侵蚀变成一种灾害，给人们生命财产安全造成威胁和破坏。海岸侵蚀的主要原因归为以下 6 类：河流入海泥沙减少；海岸工程拦沙；采砂和围垦；相对海平面上升；海岸带生态系统破坏和护岸工程弱化。

海岸侵蚀的危害可以概括为以下三个方面：

(1)海岸带土地流失，丧失了海岸带原有的经济、社会和生态价值，如滩涂养殖业的萎缩、海岸居民财产和基础设施的破坏、海滩功能减弱和海岸生态系统退化等。

(2)风暴引起的显形侵蚀摧毁天然海岸防护，造成河口或海岸低洼地的淹没、破坏海岸生态系统以及造成土壤的盐碱化等。例如，海岸沙丘的冲越淹没紧邻海岸的土地、海蚀崖的倒塌引起财产损失，以及海岸植被破坏降低了护岸防护功能等。

(3)岸滩下蚀破坏人工海岸防护，加快了海岸侵蚀的过程或引起沿岸洪泛。例如，岸滩下蚀导致海堤坍塌，丧失海岸防护功能等。

3. 海岸侵蚀防护

为防治海岸侵蚀，可采用一些整流工程措施。整流工程是一些可以改变水流作用的建筑设施。例如，利用一定的水工建筑物调整水流，建造对防止冲刷或防止淤积等有利的水力动态条件，改变局部地区海岸形成作用的方向。这些建筑物有防波堤、破浪堤、丁坝等。还有采用漂浮防波堤的方法，以截流促成沙嘴的形成。

破浪堤(图9-9)，又称水下防波堤，是通常设置于距岸 40～50m 的水下长堤。当波浪向岸推进到达破浪堤时，由于水深变浅使能量减弱(可能消耗75%)，水中携带的泥沙堆积下来造成新的海滩，以保护海岸。

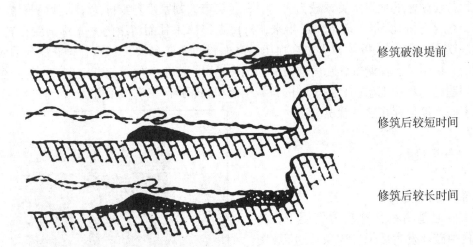

修筑破浪堤前

修筑后较短时间

修筑后较长时间

图9-9 破浪堤及其作用

防波墙(图9-10)是为直接保护海岸免遭冲刷而修建的墙式水工建筑，如护岸墙、护岸衬砌等。一般凹面石墙比直立护墙防淘蚀的效果好。

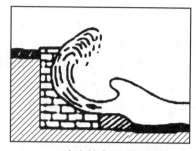

波浪拍击直立护岸墙　　　　　　　　　　　波浪拍击凹面护岸墙

图 9 - 10　防波墙

　　丁坝，又称半堤横坝，是为约束水流、保护堤岸免受河流冲刷的建筑物。丁坝常与岸边线成丁字形或斜向下游，与水流夹角为 60 ～ 70°，它可使水流冲刷强度降低 10% ～ 15%。

9.7.4　海平面上升

　　由于潮汐作用、气候变化、海水热容量变化、地球自转速度变化等原因，海面高度始终处于复杂的升降变化之中，图 9 - 11 所示为海平面上升的影响因素及其形成机制。如果升降幅度在正常范围，一般不会引起灾害。但如果发生大幅度的突发性的海面高度升降，如海啸、风暴潮等，则常常造成危害。

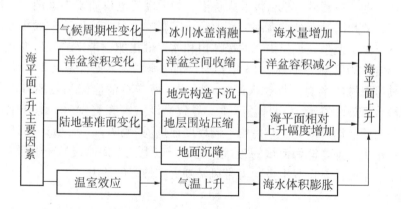

图 9 - 11　海平面上升的影响因素及其形成机制

　　自工业革命以来，随着世界人口的迅速增加和人类社会经济的快速发展，全球环境发生了显著变化。特别是 20 世纪 80 年代以来，全球气候变暖和海平面上升已成为不容置疑的事实，得到了世界各国政府和学术界的广泛关注。政府间气候变化专门委员会（Intergovernmental Panel on Climate Change，IPCC）从 1990 年至今先后五次对全球气候变化对自然生态系统和人类社会经济系统的影响进行了评估。

　　IPCC 第五次评估报告（AR5）指出，从 1880 ～ 2012 年，全球地表平均温度升高了约 0.85 ℃（IPCC，2013）。气候变暖引起的海温升高和大面积冰川融化等现象直接导致全球海平面上升。1901～2010年，全球海平面上升了约0.19m，平均上升速率为每年1.7mm（IPCC，2013）。1971～2010年，全球海平面平均上升速率为每年2.0mm，1993～2010年，上升速率明显增加，达到每年3.2mm（IPCC，2013）。未来温室气体的继续排放将导致全球温度进一步上升，较1986～2005年，预计2016～2035年全球地表平均温度将上升0.3～0.7℃，至21世纪末将上升0.3～4.8℃（IPCC，2013）。随着温度的升高，未来海平面的上升速率也将继续加快，预计至21世纪末全球海平面将上升0.28～0.98m（IPCC，2013）。

恐龙灭绝是难解的世纪之谜，有关恐龙灭绝的原因可谓众说纷纭，有的科学家认为是小行星撞击地球导致恐龙消失。但最新研究表明，不断上升的海平面其实才是恐龙灭绝的罪魁祸首，海平面上升甚至威胁到人类的生存。

9.8 我国近海海洋灾害分布

影响我国近海海洋资源开发的海洋灾害有海洋气象灾害（或称为海洋环境灾害）、海洋生态灾害、海洋地质灾害以及其他灾害。由于各个海域自然地理条件的差异，不同海域海洋灾害的类型、强度有所不同。

1. 渤海

渤海经由宽度57nmile的渤海海峡与黄海连通，属于我国的内海。渤海海域所处平均纬度为北纬39°，属于中高纬度地区，加之平均水深较浅，冬季受到大陆强冷空气影响，容易生成海冰灾害。辽东湾的营口、葫芦岛、鲅鱼圈等港口易受海冰灾害影响，天津港、秦皇岛港、黄骅港、东营港、烟台港、大连港、旅顺港等港口属于不冻港。海冰灾害对渤海湾、辽东湾、莱州湾等海域的海水养殖业有一定影响。总体来说，一般年份渤海海域的海冰灾害并不严重，但是，近年由于北极冰川和冰盖融化加剧带来的气候变化，使得该海域海冰灾害异常，2012年冬季到2013年春季，渤海海域海冰灾害是近25年以来最严重的一次。由于渤海海域的半封闭性、入海径流减少、海洋石油泄漏和陆地排污量的不断增加，该海域海水污染和富营养化日益严重，导致赤潮灾害频繁发生，海洋水产业损失严重。另外，莱州湾、渤海湾和辽东湾均不同程度地呈现"喇叭口"型地形，湾顶均为低洼河口平原，地势平坦，加之渤海海域的"水槽"地形，以上三个海湾极易产生严重的温带风暴潮灾害。其中，莱州湾是世界上发生温带风暴潮灾害最多的地方。

2. 黄海

在我国四个近海海域中，黄海属于海洋灾害比较缓和的海区，各种海洋灾害均有发生，但是都不是特别严重。其中，海冰灾害只出现在北黄海辽东半岛沿岸，且历史上很少酿成严重灾害。虽然黄海受温带气旋的影响，但该海域的温带风暴潮强度明显弱于渤海海域，这源于南黄海地势较为平坦，河口和海湾较少，是风暴潮灾害极为脆弱的区域；黄海也受到台风风暴潮的影响，但强度较弱，数量明显少于东海和南海。从近20年的海洋监测资料来看，黄海海域的赤潮灾害较轻，但近年浒苔和其他藻类酿成的海洋生态灾害有所加剧，尤其是2008年以后，青岛近岸黄海爆发了若干次较为严重的浒苔灾害。影响黄海海域海洋资源开发的主要灾害是海浪和海岸侵蚀，南黄海江苏省沿岸是我国海岸侵蚀最严重的地区之一。黄海受到活动频繁的温带气旋影响，海上大风和灾害性海浪灾害较多。

3. 东海

东海海域的风暴潮灾害、海浪灾害、赤潮灾害都比较严重。长江口、钱塘江口、闽江口及其他海湾大都属于朝向海洋的"喇叭口"型，这种类型的海湾和河口极易形成严重风暴潮灾害；东海海域大陆架极为宽广，海域开阔，温带气旋和热带气旋在这里频繁活动，这些因素共同造成了东海海域的风暴潮灾害和海浪灾害比较严重。由于陆地排污量逐年增加，东海海域是水交换较差的封闭型海湾，水体富营养化严重，造成赤潮灾害频繁发生，给当地水产业造成的损失越来越严重。

另外，东海海域及台湾海峡属于太平洋板块和亚欧板块交界带，该地区的海底地震频发，破坏性不强的海啸较多。

4. 南海

南海是我国近海最不平静的海域，海上大风、风暴潮、灾害性海浪、赤潮等灾害都比较严重。南海海域的珠江口、韩江口、雷州湾等河口和海湾都属于朝向外海的"喇叭口"型海湾，受到西北太平洋热带气旋和该海域生成热带气旋的影响，在南海近岸极易形成严重的风暴潮灾害、海浪灾害和海上大风灾害。巴士海峡、巴林塘海峡及其以东洋面是海上大风造成海难事故多发海域，号称太平洋的"百慕大黑三角"。另外，南海海域受到诸多岛屿、群岛和浅滩包围，历史上从未有过严重海啸的记录。南海海域水温常年较高，水流不畅，是封闭的海湾，受到陆地逐年增加的排污量影响，海水富营养化严重，一年四季都会爆发赤潮灾害，对海洋养殖业影响较大。

第10章 海洋环境管理

作为世界上人口最多的发展中国家，我国陆地资源人均占有量低于世界平均水平，要使社会经济长期繁荣发展，必然越来越多地依靠海洋，沿海地区工农业总产值占全国总产值的60%左右，占据全国经济发展的主要位置，通过海洋资源的利用和开发推进经济持续增长。但是海岸带地区的经济发展和海上开发活动导致的污染逐年增加，海洋环境和资源遭到破坏，资源可持续利用面临危机。

我国以持续创造价值为目的，把海洋资源开发和海洋环境保护同时列入计划，制定海洋开发和海洋生态环境保护协调发展的计划。根据"预防为主"、"防治和治理相结合"、"污染造成者负责治理"等几个大原则强化海洋环境管理。特别是加强了陆源污染物的管理，实施了"污染物总量制度"、"海洋主体功能区规划"等防治海洋环境退化的国策，以强化海洋环境管理，协调经济、社会、环境的发展。

10.1 海洋环境管理的定义

J. M. 阿姆斯特朗和 P. C 赖纳在《美国海洋管理》一书中给出了"管理"的一般含义，认为"管理"的作用有两个方面：第一，"全面的控制，或至少是试图全面控制"，即允许进行什么样的活动，或者不允许进行什么活动；第二，"有点类似于施加影响，即最低限度地行使政府的权力"。如果把这个定义适用到海洋环境管理的领域中，可以说海洋环境管理是政府利用权限通过法律和行政手段对海洋环境的制约行为。

管华诗等的《海洋管理概论》中指出，海洋环境管理是"以海洋环境自然平衡和持续利用为基本宗旨，运用法律制度、经济政策与行政管理以及国际合作等手段，维持和实现海洋环境的良好状况，防止、减轻和控制海洋环境的破坏，损害或退化的管理活动过程"。

1992 年联合国环境和发展会议上通过的《21 世纪议程》强调，为保护海洋环境，要建立国际合作体系，制定环境政策和计划，以及法律和标准，通过经济和技术手段加以综合运用和监督，维护海洋环境的良好状态，这也可以作为海洋环境管理的概念。

综上所述，可以认为海洋环境管理是指以维护海洋环境及平衡和持续利用为目的，通过法律、行政、经济手段进行管理的行为。

10.2 我国海洋环境立法的主要成就

我国是一个发展中的海洋大国，目前基本上形成了以宪法为根据，以《领海及毗连区法》《中国政府关于领海的声明》《专属经济区和大陆架法》为基础，《渔业法》《野生动物保护法》《海洋环境保护法》《海上交通安全法》等海洋单行法律为主体的具有中国特色的海洋法律体系。

我国海洋立法的主要成就体现在：

（1）海洋立法发展迅速，数量显著。仅国家一级的海洋法律、法规和规章就多达百部。而在地方一级，海洋法规更是数量繁多。

（2）海洋法体系框架初步形成。经过几十年的海洋立法工作，尽管我国的海洋立法在一些方面还存有缺陷，但在整体上已形成了海洋法律体系的框架。涉及海洋权益、海洋资源、海洋环境等多方面。

（3）部分海洋单行法基本健全。我国关于海洋的单行立法发展迅速。尤其是海洋环境保护和海上交通安全的法律。1982 年颁布的《海洋环境保护法》，对保护海洋资源以及海洋环境等具有重要作用，其于 1999 年重新进行修订。为了贯彻《海洋环境保护法》的实施，国务院又先后发布了防止陆源污染、船舶污染、海洋倾废污染、拆船污染、海岸工程污染等几部配套的法规。

此外，国务院各部门及委员会还针对海洋环境的保护制订了一系列行政规章，地方一级也根据本地情况制订了相应的规章。与此同时，我国还制定实施了一系列的标准体系，如《污水综合排放标准》《海水水质标准》《船舶污染物排放标准》《渔业水质标准》《污水海洋处置工程综合排放标准》《近岸海域环境功能区划》等。这些法律、法规、标准以及一些地方的法规，使海洋环境保护形成了自上而下完整的法律体系，构成了我国海洋环境保护法律的框架体系。

10.2.1　《宪法》中关于环境保护的规定

《宪法》是国家最高规范和法律的根本。《宪法》涉及的环境保护条款摘录如下：

第九条　矿藏、水流、森林、山岭、草原、荒地、滩涂等自然资源，都属于国家所有，即全民所有；由法律规定属于集体所有的森林和山岭、草原、荒地、滩涂除外。

国家保障自然资源的合理利用，保护珍贵的动物和植物。禁止任何组织或者个人用任何手段侵占或者破坏自然资源。

第十条　城市的土地属于国家所有。

农村和城市郊区的土地，除由法律规定属于国家所有的以外，属于集体所有；宅基地和自留地、自留山，也属于集体所有。

任何组织或者个人不得侵占、买卖、出租或者以其他形式非法转让土地。一切使用土地的组织和个人必须合理地利用土地。

第二十二条　国家发展为人民服务、为社会主义服务的文学艺术事业、新闻广播电视事业、出版发行事业、图书馆博物馆文化馆和其他文化事业，开展群众性的文化活动。

国家保护名胜古迹、珍贵文物和其他重要历史文化遗产。

第二十六条　国家保护和改善生活环境和生态环境，防治污染和其他公害。国家组织和鼓励植树造林，保护林木。

我国宪法中虽然没有规定特定一条关于海洋环境的保护，但《宪法》关于环境保护的规定是海洋环境保护法的基础和立法依据。

10.2.2　环境保护基本法

1989 年 12 月 26 日第七届全国人民代表大会常务委员会第十一次会议通过并同时实施的《中华人民共和国环境保护法》是中国环境与资源保护的基础性法律，是中国海洋环境立法的基础。该法于 2014 年 4 月 24 日第十二届全国人民代表大会常务委员会第八次会议修订，并于 2015 年 1 月 1 日起施行。

《中华人民共和国环境保护法》中明确涉及海洋环境保护的有关条款如下：

第二条　本法所称环境，是指影响人类生存和发展的各种天然的和经过人工改造的自然因素的总体，包括大气、水、海洋、土地、矿藏、森林、草原、湿地、野生生物、自然遗迹、人文遗迹、自然保护区、风景名胜区、城市和乡村等。

第三条　本法适用于中华人民共和国领域和中华人民共和国管辖的其他海域。

第三十四条　国务院和沿海地方各级人民政府应当加强对海洋环境的保护。向海洋排放污染物、倾倒废弃物，进行海岸工程和海洋工程建设，应当符合法律法规规定和有关标准，防止和减少对海洋环境的污染损害。

10.2.3　海洋环境保护专门法律

这部分法律主要包括《中华人民共和国海洋环境保护法》《中华人民共和国海域使用管理法》《中华人民共和国专属经济区和大陆架法》《中华人民共和国领海及毗连区法》《中华人民共和国海岛保护法》《中华人民共和国渔业法》《中华人民共和国环境影响评价法》《中华人民共和国政府关于领海的声明》《中华人民共和国港口法》《中华人民共和国海上交通安全法》《中华人民共和国水污染防治法》《中华人民共和国可再生能源法》《中华人民共和国放射性污染防治法》《中华人民共和国矿产资源法》等。

作为中国海洋环境保护法律体系的主体，《中华人民共和国海洋环境保护法》确立了保护和改善海洋环境、保护海洋资源、防治污染损害、促进经济和社会的可持续发展的基本方针。

部分重要海洋专门法律内容详见附录 1 ~ 8。

10.2.4　海洋环境保护行政法规

海洋环境保护行政法规主要包括《中华人民共和国防治陆源污染物污染损害海洋环境管理条例》《中华人民共和国对外合作开采海洋石油资源条例》《中华人民共和国防止船舶污染海域管理条例》《中华人民共和国海洋倾废管理条例》《防治海洋工程建设项目污染损害海洋环境管理条例》《中华人民共和国海洋石油勘探开发环境保护管理条例》《海洋自然保护区管理办法》《防止拆船污染环境管理条例》《中华人民共和国水下文物保护管理条例》《海洋观测预报管理条例》等。

10.2.5 部门规章

部门规章由国务院各部委制定，主要包括《围填海计划管理办法》《中华人民共和国涉外海洋科学研究管理规定》《海域使用权登记办法》《海域勘界档案管理规定》《海域使用测量管理办法》《海域使用权证书管理办法》《海域使用许可证管理办法》《海砂开采使用海域论证管理暂行办法》《海域使用申报审批管理办法》《无居民海岛使用申请审批试行办法》《无居民海岛使用权证书管理办法》《无居民海岛使用权登记办法》《海岛名称管理办法》《海底电缆管道保护规定》《铺设海底电缆管道管理规定实施办法》《海洋生态环境监测技术规程》《海水增养殖区监测技术规程》《海洋大气监测技术规程》《海洋倾倒区监测技术规程》《海水浴场环境监测技术规程》《海洋生物质量监测技术规程》《中国海洋环境监测系统——海洋站和志愿船观测系统建设项目管理办法》《中国海洋环境监测系统建设项目监督管理实施细则》《专项海洋环境预报服务资格证书管理办法》《海洋环境预报与海洋灾害预报警报发布管理规定》等。

10.2.6 地方性法规

地方性法规由沿海各省、自治区、直辖市人民代表大会及其常务委员会，省政府所在地的市、经国务院批准的较大的市和由全国人大常委会授权的市的人民代表大会及其常委会制定的有关海洋环境的地方法规。例如，《江苏省海域使用管理条例》《上海市海域使用管理办法》《河北省海域使用管理条例》《天津市海域使用管理条例》《山东省海域使用管理条例》《山东省海洋环境保护条例》《江苏省海洋环境保护条例》《辽宁省海洋环境保护办法》《浙江省海洋环境保护条例》《福建省海洋环境保护条例》等。

10.2.7 中国参加的国际公约和条例

中国海洋环境保护立法也包括我国参加的国际公约和缔结的双边和多边协定。例如，《联合国海洋法公约》《国际防止船舶污染公约》《国际油污损害民事责任公约》《大陆架公约》《国际防止倾倒废弃物及其他物质污染海洋公约》《生物多样性公约》《干预公海非油类污染议定书》《生物多样性公约关于获取遗传资源和公正和公平分享其利用所产生惠益的名古屋议定书》《关于汞的水俣公约》《卡塔赫纳生物安全议定书》《关于化学品和农药的鹿特丹公约》《关于持久性有机污染物的斯德哥尔摩公约》《关于危险废物越境转移的巴塞尔公约》《保护臭氧层维也纳公约》等。

10.3 海洋环境标准

海洋环境(质量)标准是指确定和衡量海洋环境好坏的一种尺度。它具有法律的约束力，一般分为三类，即海水水质标准、海洋沉积物标准和海洋生物体残毒标准。制定标准时通常要经过两个过程。首先，要确定海洋环境质量的基准，经过调查研究，掌握环境要素的基本情况，一定阶段内海水、沉积物中污染物的种类、浓度和生物体中各种污染物的残留量；考察不同环境条件下，各种浓度的污染物的影响，并选取适当的环境指标，在此基础上，才能确定基准。其次，标准的确定要考虑适用海区的自净能力或环境容量，以及该地区社会、经济的承受能力。

海洋环境保护标准分国家标准和地方标准两部分。国家标准是国家海洋环境保护行政管理部制定的。地方标准是沿海省一级人民政府制定并报国家海洋环境保护行政主管部门备案。它们是中国海洋环境保护立法体中的特殊组成部分。

截至目前，中国已经发行超过二十个有关海洋环境保护的标准和技术规范。中国海洋环境保护主要的标准有：《海水水质标准》《渔业水质标准》《海洋生物质量标准》《海洋沉积物质量标准》《景观娱乐用水水质标准》《海洋自然保护区管理技术规范》《自然保护区管护基础设施建设技术导则》《海洋工程环境影响评价技术导则》等。

《中华人民共和国海水水质标准》（GB3097—1997）规定了海域各类使用功能的水质要求。按照海域的不同使用功能和保护目标，把海水水质分为四类：

第一类　适用于海洋渔业水域，海上自然保护区和珍稀濒危海洋生物保护区。

第二类　适用于水产养殖区，海水浴场，人体直接接触海水的海上运动或娱乐区，以及与人类食用直接有关的工业用水区。

第三类　适用于一般工业用水区，滨海风景旅游区。

第四类　适用于海洋港口水域，海洋开发作业区。

海水水质的 35 个评价项目有：漂浮物质；色、臭、味；悬浮物质；大肠菌群；粪大肠菌群；病原体；水温；pH；溶解氧；化学需氧量；生化需氧量；无机氮（以 N 计）；非离子氨（以 N 计）；活性磷酸盐（以 P 计）；汞；镉；铅；六价铬；总铬；砷；铜；锌；硒；镍；氰化物；硫化物（以 S 计）；挥发性酚；石油类；六六六；滴滴涕；马拉硫磷；甲基对硫磷；苯并［a］芘；阴离子表面活性剂；放射性核素等。

10.4　我国海洋主体功能区规划

海洋是国家战略资源的重要基地。提高海洋资源开发能力，发展海洋经济，保护海洋生态环境，维护国家海洋权益，对于实施海洋强国战略、扩大对外开放、推进生态文明建设、促进经济持续健康发展具有十分重要的意义。遵循自然规律，根据不同海域资源环境承载能力、现有开发强度和发展潜力，合理确定不同海域主体功能，科学谋划海洋开发，调整开发内容，规范开发秩序，提高开发能力和效率，可以积极推动海洋开发方式向循环利用型转变，实现可持续开发利用，构建陆海协调、人海和谐的海洋空间开发格局。国发〔2015〕42 号《全国海洋主体功能区规划》对我国海洋主体功能区规划如下。

10.4.1　基本原则

陆海统筹　统筹海洋空间格局与陆域发展布局，统筹沿海地区经济社会发展与海洋空间开发利用，统筹陆源污染防治与海洋生态环境保护和修复。

尊重自然　树立敬畏海洋、保护海洋理念，把海洋生态文明建设放在更加突出的位置，把开发活动严格限制在海洋资源环境承载能力范围内，维护海域、海岛、海岸线自然状况，保护海洋生物多样性。

优化结构　按照经济发展、生态良好、安全保障的基本要求，加快转变海洋经济发展方式，优化海洋经济布局和产业结构。控制近岸海域开发强度和规模，推动深远海适度开发。

集约开发　提高海洋空间利用效率，把握开发时序，统筹城镇发展和基础设施、临海工业区建设等开发活动，严格用海标准，控制用海规模。对区位优势明显、资源富集等发展条件较好的地区，突出重点，实施点状开发。

10.4.2　功能分区

海洋主体功能区按开发内容分为产业与城镇建设、农渔业生产、生态环境服务三种功能。依据主体功能，将海洋空间划分为以下四类区域。

优化开发区域　是指现有开发利用强度较高，资源环境约束较强，产业结构亟需调整和优化的海域。

重点开发区域　是指在沿海经济社会发展中具有重要地位，发展潜力较大，资源环境承载能力较强，可以进行高强度集中开发的海域。

限制开发区域　是指以提供海洋水产品为主要功能的海域，包括用于保护海洋渔业资源和海洋生态功能的海域。

禁止开发区域　是指对维护海洋生物多样性，保护典型海洋生态系统具有重要作用的海域，包括海洋自然保护区、领海基点所在岛屿等。

10.4.3　主要目标

海洋空间利用格局清晰合理　坚持点上开发、面上保护，形成"一带九区多点"海洋开发格局、"一带一链多点"海洋生态安全格局、以传统渔场和海水养殖区等为主体的海洋水产品保障格局、储近用远的海洋油气资源开发格局。

海洋空间利用效率提高　沿海产业与城镇建设用海集约化程度、海域利用立体化和多元化程度、港口利用效率等明显提高，海洋水产品养殖单产水平稳步提升，单位岸线和单位海域面积产业增加值大幅增长。

海洋可持续发展能力提升　海洋生态系统健康状况得到改善，海洋生态服务功能得到增强，大陆自然岸线保有率不低于35%，海洋保护区占管辖海域面积比重增加到5%，沿海岸线受损生态得到修复与整治。入海主要污染物总量得到有效控制，近岸海域水质总体保持稳定。海洋灾害预警预报和防灾减灾能力明显提升，应对气候变化能力进一步增强。

10.4.4　内水和领海主体功能区

我国已明确公布的内水和领海面积 $38 \times 10^4 km^2$，是海洋开发活动的核心区域，也是坚持陆海统筹、实现人口资源环境协调发展的关键区域。

10.4.4.1　优化开发区域

优化开发区包括渤海湾、长江口及其两翼、珠江口及其两翼、北部湾、海峡西部以及辽东半岛、山东半岛、苏北、海南岛附近海域。该区域的发展方向与开发原则是，优化近岸海域空间布局，合理调整海域开发规模和时序，控制开发强度，严格实施围填海总量控制制度；推动海洋传统产业技术改造和优化升级，大力发展海洋高技术产业，积极发展现代海洋服务业，推动海洋产业结构向高端、高效、高附加值转变；推进海洋经济绿色发展，提高产业准入门槛，积极开发利用海洋可再生能源，增强海洋碳汇功能；严格控制陆源污染物排放，加强重点河口海湾污染整治和生态修复，规范入海排污口设置；有效保护自然岸线和典型海洋生态系统，提高海洋生态服务功能。

辽东半岛海域　包括辽宁省丹东市、大连市、营口市、盘锦市、锦州市、葫芦岛市毗邻海域。加快建设大连东北亚国际航运中心，优化整合港口资源，打造现代化港口集群。开展渔业资源增殖放流和健康养殖，加强辽河口、大连湾、锦州湾等海域污染防治，强化陆源污染综合整治。

渤海湾海域　包括河北省秦皇岛市、唐山市、沧州市和天津市毗邻海域。优化港口功能与布局，推动天津北方国际航运中心建设。积极推进工厂化循环水养殖和集约化养殖。加快海水综合利用、海洋精细化工业等产业发展，控制重化工业规模。保护水产种质资源，开展海岸生态修复和防护林体系建设。加强海洋环境突发事件监视监测和海洋灾害应急处置体系建设，强化石油勘探开发区域监测与评价，提高溢油事故应急能力。

山东半岛海域　包括山东省滨州市、东营市、潍坊市、烟台市、威海市、青岛市、日照市毗邻海域。强化沿海港口协调互动，培育现代化港口集群。加快发展海洋新兴产业，建设具有国际竞争力的滨海旅游目的地，开展现代渔业示范建设。推进莱州湾、胶州湾等海湾污染治理和生态环境修复，有效防范赤潮、绿潮等海洋灾害对海洋环境的危害。

苏北海域　包括江苏省连云港市、盐城市毗邻海域。有序推进连云港港口建设，提升沿海港口服务功能。统筹规划海上风电建设。以海州湾、苏北浅滩为重点，扩大海洋牧场规模，发展工厂化、集约化生态养殖。加快建设滨海湿地海洋特别保护区，建成我国东部沿海重要的湿地生态旅游目的地。

长江口及其两翼海域　包括江苏省南通市、上海市和浙江省嘉兴市、杭州市、绍兴市、宁波市、舟山市、台州市毗邻海域。整合长三角港口资源，推动港口功能调整升级，发展现代航运服务体系，提高上海国际航运中心整体水平。发展生态养殖和都市休闲渔业。控制临港重化工业规模。严格落实长江经济带及长江流域相关生态环境保护规划，加大长江中下游水环境治理力度。加强杭州湾、长江口等海域污染综合治理和生态保护。严格海洋倾废、船舶排污监管，加强海洋环境监测，完善台风、风暴潮等海洋灾害预报预警和防御决策系统。

海峡西部海域　包括浙江省温州市和福建省宁德市、福州市、莆田市、泉州市、厦门市、漳州市毗邻海域。推进形成海峡西岸现代化港口群。发挥海峡海湾优势，建设两岸渔业交流合作基地。突出海洋生态和海洋文化特色，扩大两岸旅游双向对接。加强沿海防护林工程建设，构建沿岸河口、海湾、海岛等生态系统与海洋自然保护区条块交错的生态格局。完善海洋灾害预报预警和防御决策系统。

珠江口及其两翼海域　包括广东省汕头市、潮州市、揭阳市、汕尾市、广州市、深圳市、珠海市、惠州市、东莞市、中山市、江门市、阳江市、茂名市、湛江市（滘尾角以东）毗邻海域。构建布局合理、优势互补、协调发展的珠三角现代化港口群。发展高端旅游产业，加强粤港澳邮轮航线合作。加快发展深水网箱养殖，加强渔业资源养护及生态环境修复。严格控制入海污染物排放，实施区域污染联防机制。加强海洋生物多样性保护，完善伏季休渔和禁渔期、禁渔区制度。健全海洋环境污染事故应急响应机制。

北部湾海域 包括广东省湛江市（滘尾角以西）和广西壮族自治区北海市、钦州市、防城港市毗邻海域。构建西南现代化港口群。积极推广生态养殖，严格控制近海捕捞强度，合理开发渔业资源。依托民俗文化特色，发展具有热带气候、沙滩海岛、边关风貌和民族风情的特色旅游。推动近岸海域污染防治，强化船舶污染治理。加强珍稀濒危物种、水产种质资源及沿海红树林、海草床、河口、海湾、滨海湿地等的保护。

海南岛海域 包括海南岛周边及三沙海域。加大渔业结构调整力度，实施捕养结合，加快海洋牧场建设。加强海洋水产种质资源保存和选育。有序推进海岛旅游观光，提高休闲旅游服务水平。完善港口功能与布局。严格直排污染源环境监测和入海排污口监管。加强红树林、珊瑚礁、海草床等的保护。

10.4.4.2　重点开发区域

重点开发区域包括城镇建设用海区、港口和临港产业用海区、海洋工程和资源开发区。该区域的发展方向与开发原则是，实施据点式集约开发，严格控制开发活动规模和范围，形成现代海洋产业集群；实施围填海总量控制，科学选择围填海位置和方式，严格围填海监管；统筹规划港口、桥梁、隧道及其配套设施等海洋工程建设，形成陆海协调、安全高效的基础设施网络；加强对重大海洋工程特别是围填海项目的环境影响评价，对临港工业集中区和重大海洋工程施工过程实施严格的环境监控。加强海洋防灾减灾能力建设。

城镇建设用海区 是指拓展滨海城市发展空间，可供城市发展和建设的海域。城镇建设用海应符合海洋功能区划、防洪规划和城市总体规划等，坚持节约集约用海原则，提高海域使用效能和协调性，增强海洋生态环境服务功能，提高滨海城市堤防建设标准，做好海洋防灾减灾工作。

港口和临港产业用海区 是指港口建设和临港产业拓展所需海域。港口和临港产业用海应满足国家区域发展战略要求，合理布局，促进临港产业集聚发展。控制建设规模，防止低水平重复建设和产业结构趋同化。严格环境准入，禁止占用和影响周边海域旅游景区、自然保护区、河口行洪区和防洪保留区等。

海洋工程和资源开发区 是指国家批准建设的跨海桥梁、海底隧道等重大基础设施以及海洋能源、矿产资源勘探开发利用所需海域。海洋工程建设和资源勘探开发应认真做好海域使用论证和环境影响评价，减少对周围海域生态系统的影响，避免发生重大环境污染事件。支持海洋可再生能源开发与建设，因地制宜科学开发海上风能。

10.4.4.3　限制开发区域

限制开发区域包括海洋渔业保障区、海洋特别保护区和海岛及其周边海域。该区域的发展方向与开发原则是，实施分类管理，在海洋渔业保障区，实施禁渔区、休渔期管制，加强水产种质资源保护，禁止开展对海洋经济生物繁殖生长有较大影响的开发活动；在海洋特别保护区，严格限制不符合保护目标的开发活动，不得擅自改变海岸、海底地形地貌及其他自然生态环境状况；在海岛及其周边海域，禁止以建设实体坝方式连接岛礁，严格限制无居民海岛开发和改变海岛自然岸线的行为，禁止在无居民海岛弃置或者向其周边海域倾倒废水和固体废物。

1. 海洋渔业保障区

海洋渔业保障区包括传统渔场、海水养殖区和水产种质资源保护区。我国沿海有传统渔场 52 个（附录 9），覆盖我国管辖海域的绝大部分。海水养殖区主要分布在近岸海域，面积约 $2.31 \times 10^4 km^2$。我国现有海洋国家级水产种质资源保护区 51 个（附录 10），面积 $7.4 \times 10^4 km^2$。在传统渔场，要继续实行捕捞渔船数量和功率总量控制制度，严格执行伏季休渔制度，调整捕捞作业结构，促进渔业资源逐步恢复和合理利用；加强重要渔业资源保护，开展增殖放流，改善渔业资源结构。在海水养殖区，要推广健康养殖模式，推进标准化建设；发展设施渔业，拓展深水养殖，推进以海洋牧场建设为主要形式的区域综合开发。加强水产种质资源保护区建设和管理，在种质资源主要生长繁殖区，划定一定面积海域及其毗邻岛礁，用于保障种质资源繁殖生长，提高种群数量和质量。

2. 海洋特别保护区

我国现有国家级海洋特别保护区 23 个（附录 11），总面积约 $2859 km^2$。加强海洋特别保护区建设和管理，严格控制开发规模和强度，集约利用海洋资源，保持海洋生态系统完整性，提高生态服务功能。在重要河口区域，禁止采挖海砂、围填海等破坏河口生态功能的开发活动；在重要滨海湿地区域，禁止开展围填海、城市建设开发等改变海域自然属性、破坏湿地生态系统功能的开发活动；在重要砂质岸线，禁止开展可能改变或影响沙滩自然属性的开发建设活动，岸线向海一侧 3.5km 范围内禁止开展采挖海砂、围填海、倾倒废物等可能引发沙滩蚀退的开发活动；在重要渔业海域，禁止开展围填海及可能截断洄游通道等开发活动。适度发展渔业和旅游业。

3. 海岛及其周边海域

加强交通通信、电力供给、人畜饮水、污水处理等设施建设，支持可再生能源、海水淡化、雨水集蓄和再生水回用等技术应用，改善居民基本生产、生活条件，提高基础教育、公共卫生、劳动就业、社会保障等公共服务能力。发展海岛特色经济，合理调整产业发展规模，支持渔业产业调整和结构优化，因地制宜发展生态旅游、生态养殖、休闲渔业等。保护海岛生态系统，维护海岛及其周边海域生态平衡。对开发利用程度较高、生态环境遭受破坏的海岛，实施生态修复。适度控制海岛居住人口规模，对发展成本高、生存环境差的边远海岛居民实施易地安置。加强对建有导航、观测等公益性设施海岛的保护和管理。充分利用现有科技资源，在具有科研价值的海岛建立试验基地。从事科研活动，不得对海岛及其周边海域生态环境造成损害。

10.4.4.4　禁止开发区域

禁止开发区包括各级各类海洋自然保护区、领海基点所在岛礁等。该区域的管制原则是，对海洋自然保护区依法实行强制性保护，实施分类管理；对领海基点所在地实施严格保护，任何单位和个人不得破坏或擅自移动领海基点标志。

海洋自然保护区　我国现有国家级海洋自然保护区 34 个，总面积约 $1.94 \times 10^4 km$。在保护区核心区和缓冲区内不得开展任何与保护无关的工程建设活动，海洋基础设施建设原则上不得穿越保护区，涉及保护区的航道、管线和桥梁等基础设施经严格论证并批准后方可实施。在保护区内开展科学研究，要合理选择考察线路。对具有特殊保护价值的海岛、海域等，要依法设立海洋自然保护区或扩大现有保护区面积。

领海基点所在岛礁　我国已公布 94 个领海基点(附录 12)。领海基点在有居民海岛的，应根据需要划定保护范围；领海基点在无居民海岛的，应实施全岛保护。禁止在领海基点保护范围内从事任何改变该区域地形地貌的活动。

10.4.5　专属经济区和大陆架及其他管辖海域主体功能区

我国专属经济区和大陆架及其他管辖海域划分为重点开发区域和限制开发区域。

10.4.5.1　重点开发区域

重点开发区域包括资源勘探开发区、重点边远岛礁及其周边海域。该区域的开发原则是，加快推进资源勘探与评估，加强深海开采技术研发和成套装备能力建设；以海洋科研调查、绿色养殖、生态旅游等开发活动为先导，有序适度推进边远岛礁开发。

资源勘探开发区。选择油气资源开采前景较好的海域，稳妥开展勘探、开采工作。加快开发研制深海及远程开采储运成套装备。加强天然气水合物等矿产资源调查评价、勘探开发科研工作。

重点边远岛礁及周边海域。加快码头、通信、可再生能源、海水淡化、雨水集聚、污水处理等设施建设。开展深海、绿色、高效养殖，建立海洋渔业综合保障基地。根据岛礁自然特点，开辟特色旅游路线，发展生态旅游、探险旅游、休闲渔业等旅游业态。加强海洋科学实验、气象观测、灾害预警预报等活动，建设观测、导航等设施。

10.4.5.2　限制开发区域

限制开发区域包括除重点开发区域以外的其他海域。该区域的开发原则是，适度开展渔业捕捞，保护海洋生态环境。

在黄海、东海专属经济区和大陆架海域加快恢复渔业资源。在南海海域适度发展捕捞业，鼓励和支持我国渔民在传统渔区的生产活动。加强对经济鱼类产卵场、索饵场、越冬场和洄游区域的保护，加强西沙群岛水产种质资源保护区管理。适时建立各类保护区，维护海洋生物多样性和生态系统完整性。

10.5　国际海洋环境保护立法概述

据统计，在过去的 50 年内，全球人口增加了 1 倍多，而捕捞量却增加了近 5 倍。全世界 17 个主要渔场都已经达到或超过它们可持续的能力，其中 9 个渔场已处于衰退状态。目前全球海洋已损失了 90% 以上的大型海洋鱼类。此外海洋面临着严重的污染问题，据统计全世界每年流入海洋的石油 1000 多万吨(约占世界石油年产量的 5%)、汞 1 万多吨(比目前全世界的汞产量还高)、多氯联苯 2.5 万吨、铜 25 万余吨、锌 390 多万吨、铅 30 多万吨等。这些物质进入海洋后，导致有的海域海水丧失自净能力；有的海域赤潮频繁，鱼类大量死亡；有的海域海水变色变臭，细菌大量繁殖等。海洋环境的恶化还导致了全球气候的变化。如果海洋环境继续污染下去，将给人类带来严重后果。如此严峻的问题，是世界上任何一个国家无力单独解决的。世界各国必须行动起来，共同合作，才有可能找到解决问题的途径。

　　海洋环境问题的严峻性迫使人们行动起来积极采取措施加以应对，而海洋环境问题的国际化和整体性特征要求人类必须建立一套国际海洋环境制度，对海洋环境问题在全球内进行监督、协调和管理，保证各国际海洋环境主体之间实行有效的合作，以保护、改善和合理利用海洋环境资源。

　　国际海洋环境法律制度就是在国际海洋环境保护领域中现存的一系列相关法律规则。国际海洋环境法律制度是在 20 世纪 50 年代才正式开始形成和发展起来，并逐渐成为国际制度的一个新兴的重要分支部门。伴随着国际海洋环境问题的日益严重，国际海洋环境法律制度的构建和实施日益受到不同层面的关注，成为非传统制度研究领域的显学。到目前为止已经有几十部国际海洋环境或涉及海洋环境问题的公约或协议被签署和实施，所有的海洋环境问题已经、正在或将要被纳入到这个制度中来，各国政府、国际机构、非政府组织和企业都在积极地参与和应对国际海洋环境制度的制定和执行，并在此过程中积极地表达自己的意愿，保护自身的利益。

　　国际海洋环境保护的立法活动最早可追溯至 1926 年召开的华盛顿会议，当时会上曾有提案建议订立国际公约处理海洋船舶油污问题，但未获通过。1958 年订立的《公害公约》要求缔约国制订规章，防止因排放油料或倾倒放射性废物而污染海水。自 20 世纪 70 年代起，国际上制定了一系列关于海洋环境保护的国际公约及协定。

　　规范海洋污染的条约国际法上分为四大类：①国际性公约；②区域性公约；③双边条约；④海洋法公约。

10.5.1　国际性公约

　　在国际性公约方面，关于船舶污染防治的公约有 1954 年的《国际防止海上油污公约》（OILPOL）、1969 年的《国际干预公海油污染事故公约》（INTERVENTION PROT）、1973 年的《预防船舶污染国际公约》（MARPOL）及附属的 1978 年《油轮安全和污染预防协定书》（MARPOL PROT）、1969 年《油污染损害国际民事责任公约》（CLC）及 1971 年建立的《油污染损害国际赔偿基金国际公约》（FUND）等五项。此外，关于海洋倾废防治的公约还有 1972 年的《海洋倾倒废弃物国际公约》（LDC）。

10.5.2　区域性公约

　　在区域性公约方面，则有数量众多的协定来规范地域性的海洋污染，藉此区域性安排，可以弥补全球性国际公约之不足。制定此类协定之区域，大都为海洋污染严重的地区。此类公约主要有：

　　1969 年《处理北海油料和其他有害物质合作协定》（Agreement for Co-operation in Dealing with Pollution of the North Sea by Oil，简称 The Bonn Agreement）和 1983 年《处理北海油料和其他有害物质合作协定》（Agreement for Co-operation in Dealing with Pollution of the North Sea by Oil and Other Harmful Substances）；

　　1971 年的《丹芬挪瑞处理海洋油污染合作处置协定》（Agreement between Denmark, Finland, Norway and Sweden Concerning Co-operation inmeasures to Deal with Pollution of the

Sea by Oil，简称 The Copenhagen Agreement)；

1974 年《波罗的海海洋环境保护公约》(Convention on the Protection of the Baltic Sea，简称 The Helsinki Convention)；

1974 年《丹芬挪瑞环境保护公约》(Convention for the Protection of the Environment between Demark，Finland，Norway and Sweden，简称 The Stockholm Convention)；

1976 年《地中海反污染保护公约》(Convention for the Protection of themediterranean Sea against Pollution，简称 Themediterranean 或 Barcelona Convention)；

1978 年《科威特海洋环境保护合作区域公约》(the Kuwait Regional Convention for Co-operation on the Protection of themarine Environment from Pollution，简称 The Kuwait Convention)；

1982 年《红海和亚丁湾环境维护区域公约》(the Regional Convention for Conservation of the Red Sea and Gulf of Aden Environment，简称 The Jeddah Convention)；

1981 年《中西非区域海洋及海岸环境发展保护合作公约》(Convention for Co-operation in the Protection and Development of themarine and Coastal Environment of the West and Central African Region，简称 The West African Convention)；

1983 年《东南太平洋海洋环境和海岸区域保护公约》(Convention for the Protection of themarine Environment and Coastal Area of the South-East Pacific，简称 The Lima Convention)；

1983 年《泛加勒比海区域海洋环境发展与保护公约》(Convention for the Protection and Development of themarine Environment of the Wilder Caribbean Region，简称 The Caribbean Convention)；

1985 年《东非区域海洋及海岸环境保护、管理及发展公约》(Convention for the Protection，Management and Development of themarine and Coastal Environment of the Eastern African Region，简称 The East African Convention)；

1986 年《南太平洋区域自然资源暨环境保护公约》(Convention for the Protection of the Natural Resource and Environment of the South Pacific Region，简称 The South Pacific Convention)。

10.5.3　双边条约

1974 年意大利和南斯拉夫签署《亚得里亚海及沿岸区域海水污染保护合作协定》(Agreement on Co – operation for the Protection of the Waters of the Adriatic and Coastal Zones from Pollution)；1974 年加拿大与美国签订的《建立漏油及其他有害物质共同污染意外事故计划协定》(Agreement Relating to the Establishment of Joint Pollution Contingency Plans for Spills of Oil and Other Noxious Substances)等。

10.5.4　海洋法公约

海洋法公约包括 1958 年的《日内瓦公约》及 1982 年的《联合国海洋法公约》。《联合国海洋法公约》中关于海洋环境保护的具体规定见附录 13。

附录　部分重要海洋专门法律

附录1《中华人民共和国海洋环境保护法》

1982 年 8 月 23 日第五届全国人民代表大会常务委员会第二十四次会议通过，1999 年 12 月 25 日第九届全国人民代表大会常务委员会第十三次会议修订。根据 2013 年 12 月 28 日第十二届全国人民代表大会常务委员会第六次会议《关于修改〈中华人民共和国海洋环境保护法〉等七部法律的决定》第一次修正，根据 2016 年 11 月 7 日第十二届全国人民代表大会常务委员会第二十四次会议《关于修改 < 中华人民共和国海洋环境保护法 > 的决定》第二次修正，根据 2017 年 11 月 4 日主席令第 81 号《全国人大常委会关于修改〈中华人民共和国会计法〉等十一部法律的决定》第三次修正，2017 年 11 月 5 日起施行。

目　录

第一章　总　则

第一条　为了保护和改善海洋环境，保护海洋资源，防治污染损害，维护生态平衡，保障人体健康，促进经济和社会的可持续发展，制定本法。

第二条　本法适用于中华人民共和国内水、领海、毗连区、专属经济区、大陆架以及中华人民共和国管辖的其他海域。

在中华人民共和国管辖海域内从事航行、勘探、开发、生产、旅游、科学研究及其他活动，或者在沿海陆域内从事影响海洋环境活动的任何单位和个人，都必须遵守本法。

在中华人民共和国管辖海域以外，造成中华人民共和国管辖海域污染的，也适用本法。

第三条　国家在重点海洋生态功能区、生态环境敏感区和脆弱区等海域划定生态保护红线，实行严格保护。

国家建立并实施重点海域排污总量控制制度，确定主要污染物排海总量控制指标，并对主要污染源分配排放控制数量。具体办法由国务院制定。

第四条 一切单位和个人都有保护海洋环境的义务，并有权对污染损害海洋环境的单位和个人，以及海洋环境监督管理人员的违法失职行为进行监督和检举。

第五条 国务院环境保护行政主管部门作为对全国环境保护工作统一监督管理的部门，对全国海洋环境保护工作实施指导、协调和监督，并负责全国防治陆源污染物和海岸工程建设项目对海洋污染损害的环境保护工作。

国家海洋行政主管部门负责海洋环境的监督管理，组织海洋环境的调查、监测、监视、评价和科学研究，负责全国防治海洋工程建设项目和海洋倾倒废弃物对海洋污染损害的环境保护工作。

国家海事行政主管部门负责所辖港区水域内非军事船舶和港区水域外非渔业、非军事船舶污染海洋环境的监督管理，并负责污染事故的调查处理；对在中华人民共和国管辖海域航行、停泊和作业的外国籍船舶造成的污染事故登轮检查处理。船舶污染事故给渔业造成损害的，应当吸收渔业行政主管部门参与调查处理。

国家渔业行政主管部门负责渔港水域内非军事船舶和渔港水域外渔业船舶污染海洋环境的监督管理，负责保护渔业水域生态环境工作，并调查处理前款规定的污染事故以外的渔业污染事故。

军队环境保护部门负责军事船舶污染海洋环境的监督管理及污染事故的调查处理。

沿海县级以上地方人民政府行使海洋环境监督管理权的部门的职责，由省、自治区、直辖市人民政府根据本法及国务院有关规定确定。

第六条 环境保护行政主管部门、海洋行政主管部门和其他行使海洋环境监督管理权的部门，根据职责分工依法公开海洋环境相关信息；相关排污单位应当依法公开排污信息。

第二章 海洋环境监督管理

第七条 国家海洋行政主管部门会同国务院有关部门和沿海省、自治区、直辖市人民政府根据全国海洋主体功能区规划，拟定全国海洋功能区划，报国务院批准。

沿海地方各级人民政府应当根据全国和地方海洋功能区划，保护和科学合理地使用海域。

第八条 国家根据海洋功能区划制定全国海洋环境保护规划和重点海域区域性海洋环境保护规划。

毗邻重点海域的有关沿海省、自治区、直辖市人民政府及行使海洋环境监督管理权的部门，可以建立海洋环境保护区域合作组织，负责实施重点海域区域性海洋环境保护规划、海洋环境污染的防治和海洋生态保护工作。

第九条 跨区域的海洋环境保护工作，由有关沿海地方人民政府协商解决，或者由上级人民政府协调解决。

跨部门的重大海洋环境保护工作，由国务院环境保护行政主管部门协调；协调未能解决的，由国务院作出决定。

第十条　国家根据海洋环境质量状况和国家经济、技术条件，制定国家海洋环境质量标准。

沿海省、自治区、直辖市人民政府对国家海洋环境质量标准中未作规定的项目，可以制定地方海洋环境质量标准。

沿海地方各级人民政府根据国家和地方海洋环境质量标准的规定和本行政区近岸海域环境质量状况，确定海洋环境保护的目标和任务，并纳入人民政府工作计划，按相应的海洋环境质量标准实施管理。

第十一条　国家和地方水污染物排放标准的制定，应当将国家和地方海洋环境质量标准作为重要依据之一。在国家建立并实施排污总量控制制度的重点海域，水污染物排放标准的制定，还应当将主要污染物排海总量控制指标作为重要依据。

排污单位在执行国家和地方水污染物排放标准的同时，应当遵守分解落实到本单位的主要污染物排海总量控制指标。

对超过主要污染物排海总量控制指标的重点海域和未完成海洋环境保护目标、任务的海域，省级以上人民政府环境保护行政主管部门、海洋行政主管部门，根据职责分工暂停审批新增相应种类污染物排放总量的建设项目环境影响报告书(表)。

第十二条　直接向海洋排放污染物的单位和个人，必须按照国家规定缴纳排污费。依照法律规定缴纳环境保护税的，不再缴纳排污费。

向海洋倾倒废弃物，必须按照国家规定缴纳倾倒费。

根据本法规定征收的排污费、倾倒费，必须用于海洋环境污染的整治，不得挪作他用。具体办法由国务院规定。

第十三条　国家加强防治海洋环境污染损害的科学技术的研究和开发，对严重污染海洋环境的落后生产工艺和落后设备，实行淘汰制度。

企业应当优先使用清洁能源，采用资源利用率高、污染物排放量少的清洁生产工艺，防止对海洋环境的污染。

第十四条　国家海洋行政主管部门按照国家环境监测、监视规范和标准，管理全国海洋环境的调查、监测、监视，制定具体的实施办法，会同有关部门组织全国海洋环境监测、监视网络，定期评价海洋环境质量，发布海洋巡航监视通报。

依照本法规定行使海洋环境监督管理权的部门分别负责各自所辖水域的监测、监视。

其他有关部门根据全国海洋环境监测网的分工，分别负责对入海河口、主要排污口的监测。

第十五条　国务院有关部门应当向国务院环境保护行政主管部门提供编制全国环境质量公报所必需的海洋环境监测资料。

环境保护行政主管部门应当向有关部门提供与海洋环境监督管理有关的资料。

第十六条　国家海洋行政主管部门按照国家制定的环境监测、监视信息管理制度，负责管理海洋综合信息系统，为海洋环境保护监督管理提供服务。

第十七条　因发生事故或者其他突发性事件，造成或者可能造成海洋环境污染事故的单位和个人，必须立即采取有效措施，及时向可能受到危害者通报，并向依照本法规定行使海洋环境监督管理权的部门报告，接受调查处理。

沿海县级以上地方人民政府在本行政区域近岸海域的环境受到严重污染时，必须采取有效措施，解除或者减轻危害。

第十八条　国家根据防止海洋环境污染的需要，制定国家重大海上污染事故应急计划。

国家海洋行政主管部门负责制定全国海洋石油勘探开发重大海上溢油应急计划，报国务院环境保护行政主管部门备案。

国家海事行政主管部门负责制定全国船舶重大海上溢油污染事故应急计划，报国务院环境保护行政主管部门备案。

沿海可能发生重大海洋环境污染事故的单位，应当依照国家的规定，制定污染事故应急计划，并向当地环境保护行政主管部门、海洋行政主管部门备案。

沿海县级以上地方人民政府及其有关部门在发生重大海上污染事故时，必须按照应急计划解除或者减轻危害。

第十九条　依照本法规定行使海洋环境监督管理权的部门可以在海上实行联合执法，在巡航监视中发现海上污染事故或者违反本法规定的行为时，应当予以制止并调查取证，必要时有权采取有效措施，防止污染事态的扩大，并报告有关主管部门处理。

依照本法规定行使海洋环境监督管理权的部门，有权对管辖范围内排放污染物的单位和个人进行现场检查。被检查者应当如实反映情况，提供必要的资料。

检查机关应当为被检查者保守技术秘密和业务秘密。

第三章　海洋生态保护

第二十条　国务院和沿海地方各级人民政府应当采取有效措施，保护红树林、珊瑚礁、滨海湿地、海岛、海湾、入海河口、重要渔业水域等具有典型性、代表性的海洋生态系统，珍稀、濒危海洋生物的天然集中分布区，具有重要经济价值的海洋生物生存区域及有重大科学文化价值的海洋自然历史遗迹和自然景观。

对具有重要经济、社会价值的已遭到破坏的海洋生态，应当进行整治和恢复。

第二十一条　国务院有关部门和沿海省级人民政府应当根据保护海洋生态的需要，选划、建立海洋自然保护区。

国家级海洋自然保护区的建立，须经国务院批准。

第二十二条　凡具有下列条件之一的，应当建立海洋自然保护区：

(一)典型的海洋自然地理区域、有代表性的自然生态区域，以及遭受破坏但经保护能恢复的海洋自然生态区域；

(二)海洋生物物种高度丰富的区域，或者珍稀、濒危海洋生物物种的天然集中分布区域；

(三)具有特殊保护价值的海域、海岸、岛屿、滨海湿地、入海河口和海湾等；

(四)具有重大科学文化价值的海洋自然遗迹所在区域；

(五)其他需要予以特殊保护的区域。

第二十三条　凡具有特殊地理条件、生态系统、生物与非生物资源及海洋开发利用特殊需要的区域，可以建立海洋特别保护区，采取有效的保护措施和科学的开发方式进行特殊管理。

第二十四条　国家建立健全海洋生态保护补偿制度。

开发利用海洋资源，应当根据海洋功能区划合理布局，严格遵守生态保护红线，不得造成海洋生态环境破坏。

第二十五条　引进海洋动植物物种，应当进行科学论证，避免对海洋生态系统造成危害。

第二十六条　开发海岛及周围海域的资源，应当采取严格的生态保护措施，不得造成海岛地形、岸滩、植被以及海岛周围海域生态环境的破坏。

第二十七条　沿海地方各级人民政府应当结合当地自然环境的特点，建设海岸防护设施、沿海防护林、沿海城镇园林和绿地，对海岸侵蚀和海水入侵地区进行综合治理。

禁止毁坏海岸防护设施、沿海防护林、沿海城镇园林和绿地。

第二十八条　国家鼓励发展生态渔业建设，推广多种生态渔业生产方式，改善海洋生态状况。

新建、改建、扩建海水养殖场，应当进行环境影响评价。

海水养殖应当科学确定养殖密度，并应当合理投饵、施肥，正确使用药物，防止造成海洋环境的污染。

第四章　防治陆源污染物对海洋环境的污染损害

第二十九条　向海域排放陆源污染物，必须严格执行国家或者地方规定的标准和有关规定。

第三十条　入海排污口位置的选择，应当根据海洋功能区划、海水动力条件和有关规定，经科学论证后，报设区的市级以上人民政府环境保护行政主管部门备案。

环境保护行政主管部门应当在完成备案后十五个工作日内将入海排污口设置情况通报海洋、海事、渔业行政主管部门和军队环境保护部门。

在海洋自然保护区、重要渔业水域、海滨风景名胜区和其他需要特别保护的区域，不得新建排污口。

在有条件的地区，应当将排污口深海设置，实行离岸排放。设置陆源污染物深海离岸排放排污口，应当根据海洋功能区划、海水动力条件和海底工程设施的有关情况确定，具体办法由国务院规定。

第三十一条　省、自治区、直辖市人民政府环境保护行政主管部门和水行政主管部门应当按照水污染防治有关法律的规定，加强入海河流管理，防治污染，使入海河口的水质处于良好状态。

第三十二条　排放陆源污染物的单位，必须向环境保护行政主管部门申报拥有的陆源污染物排放设施、处理设施和在正常作业条件下排放陆源污染物的种类、数量和浓度，并提供防治海洋环境污染方面的有关技术和资料。

排放陆源污染物的种类、数量和浓度有重大改变的，必须及时申报。

第三十三条　禁止向海域排放油类、酸液、碱液、剧毒废液和高、中水平放射性废水。

严格限制向海域排放低水平放射性废水；确需排放的，必须严格执行国家辐射防护规定。

严格控制向海域排放含有不易降解的有机物和重金属的废水。

第三十四条 含病原体的医疗污水、生活污水和工业废水必须经过处理,符合国家有关排放标准后,方能排入海域。

第三十五条 含有机物和营养物质的工业废水、生活污水,应当严格控制向海湾、半封闭海及其他自净能力较差的海域排放。

第三十六条 向海域排放含热废水,必须采取有效措施,保证邻近渔业水域的水温符合国家海洋环境质量标准,避免热污染对水产资源的危害。

第三十七条 沿海农田、林场施用化学农药,必须执行国家农药安全使用的规定和标准。

沿海农田、林场应当合理使用化肥和植物生长调节剂。

第三十八条 在岸滩弃置、堆放和处理尾矿、矿渣、煤灰渣、垃圾和其他固体废物的,依照《中华人民共和国固体废物污染环境防治法》的有关规定执行。

第三十九条 禁止经中华人民共和国内水、领海转移危险废物。

经中华人民共和国管辖的其他海域转移危险废物的,必须事先取得国务院环境保护行政主管部门的书面同意。

第四十条 沿海城市人民政府应当建设和完善城市排水管网,有计划地建设城市污水处理厂或者其他污水集中处理设施,加强城市污水的综合整治。

建设污水海洋处置工程,必须符合国家有关规定。

第四十一条 国家采取必要措施,防止、减少和控制来自大气层或者通过大气层造成的海洋环境污染损害。

第五章 防治海岸工程建设项目对海洋环境的污染损害

第四十二条 新建、改建、扩建海岸工程建设项目,必须遵守国家有关建设项目环境保护管理的规定,并把防治污染所需资金纳入建设项目投资计划。

在依法划定的海洋自然保护区、海滨风景名胜区、重要渔业水域及其他需要特别保护的区域,不得从事污染环境、破坏景观的海岸工程项目建设或者其他活动。

第四十三条 海岸工程建设项目单位,必须对海洋环境进行科学调查,根据自然条件和社会条件,合理选址,编制环境影响报告书(表)。在建设项目开工前,将环境影响报告书(表)报环境保护行政主管部门审查批准。

环境保护行政主管部门在批准环境影响报告书(表)之前,必须征求海洋、海事、渔业行政主管部门和军队环境保护部门的意见。

第四十四条 海岸工程建设项目的环境保护设施,必须与主体工程同时设计、同时施工、同时投产使用。环境保护设施应当符合经批准的环境影响评价报告书(表)的要求。

第四十五条 禁止在沿海陆域内新建不具备有效治理措施的化学制浆造纸、化工、印染、制革、电镀、酿造、炼油、岸边冲滩拆船以及其他严重污染海洋环境的工业生产项目。

第四十六条 兴建海岸工程建设项目,必须采取有效措施,保护国家和地方重点保护的野生动植物及其生存环境和海洋水产资源。

严格限制在海岸采挖砂石。露天开采海滨砂矿和从岸上打井开采海底矿产资源,必须采取有效措施,防止污染海洋环境。

第六章　防治海洋工程建设项目对海洋环境的污染损害

第四十七条　海洋工程建设项目必须符合全国海洋主体功能区规划、海洋功能区划、海洋环境保护规划和国家有关环境保护标准。海洋工程建设项目单位应当对海洋环境进行科学调查，编制海洋环境影响报告书（表），并在建设项目开工前，报海洋行政主管部门审查批准。

海洋行政主管部门在批准海洋环境影响报告书（表）之前，必须征求海事、渔业行政主管部门和军队环境保护部门的意见。

第四十八条　海洋工程建设项目的环境保护设施，必须与主体工程同时设计、同时施工、同时投产使用。环境保护设施未经海洋行政主管部门验收，或者经验收不合格的，建设项目不得投入生产或者使用。

拆除或者闲置环境保护设施，必须事先征得海洋行政主管部门的同意。

第四十九条　海洋工程建设项目，不得使用含超标准放射性物质或者易溶出有毒有害物质的材料。

第五十条　海洋工程建设项目需要爆破作业时，必须采取有效措施，保护海洋资源。

海洋石油勘探开发及输油过程中，必须采取有效措施，避免溢油事故的发生。

第五十一条　海洋石油钻井船、钻井平台和采油平台的含油污水和油性混合物，必须经过处理达标后排放；残油、废油必须予以回收，不得排放入海。经回收处理后排放的，其含油量不得超过国家规定的标准。

钻井所使用的油基泥浆和其他有毒复合泥浆不得排放入海。水基泥浆和无毒复合泥浆及钻屑的排放，必须符合国家有关规定。

第五十二条　海洋石油钻井船、钻井平台和采油平台及其有关海上设施，不得向海域处置含油的工业垃圾。处置其他工业垃圾，不得造成海洋环境污染。

第五十三条　海上试油时，应当确保油气充分燃烧，油和油性混合物不得排放入海。

第五十四条　勘探开发海洋石油，必须按有关规定编制溢油应急计划，报国家海洋行政主管部门的海区派出机构备案。

第七章　防治倾倒废弃物对海洋环境的污染损害

第五十五条　任何单位未经国家海洋行政主管部门批准，不得向中华人民共和国管辖海域倾倒任何废弃物。

需要倾倒废弃物的单位，必须向国家海洋行政主管部门提出书面申请，经国家海洋行政主管部门审查批准，发给许可证后，方可倾倒。

禁止中华人民共和国境外的废弃物在中华人民共和国管辖海域倾倒。

第五十六条　国家海洋行政主管部门根据废弃物的毒性、有毒物质含量和对海洋环境影响程度，制定海洋倾倒废弃物评价程序和标准。

向海洋倾倒废弃物，应当按照废弃物的类别和数量实行分级管理。

可以向海洋倾倒的废弃物名录，由国家海洋行政主管部门拟定，经国务院环境保护行政主管部门提出审核意见后，报国务院批准。

第五十七条　国家海洋行政主管部门按照科学、合理、经济、安全的原则选划海洋倾倒区，经国务院环境保护行政主管部门提出审核意见后，报国务院批准。

临时性海洋倾倒区由国家海洋行政主管部门批准，并报国务院环境保护行政主管部门备案。

国家海洋行政主管部门在选划海洋倾倒区和批准临时性海洋倾倒区之前，必须征求国家海事、渔业行政主管部门的意见。

第五十八条　国家海洋行政主管部门监督管理倾倒区的使用，组织倾倒区的环境监测，对经确认不宜继续使用的倾倒区，国家海洋行政主管部门应当予以封闭，终止在该倾倒区的一切倾倒活动，并报国务院备案。

第五十九条　获准倾倒废弃物的单位，必须按照许可证注明的期限及条件，到指定的区域进行倾倒。废弃物装载之后，批准部门应当予以核实。

第六十条　获准倾倒废弃物的单位，应当详细记录倾倒的情况，并在倾倒后向批准部门出书面报告。倾倒废弃物的船舶必须向驶出港的海事行政主管部门出书面报告。

第六十一条　禁止在海上焚烧废弃物。

禁止在海上处置放射性废弃物或者其他放射性物质。废弃物中的放射性物质的豁免浓度由国务院制定。

第八章　防治船舶及有关作业活动对海洋环境的污染损害

第六十二条　在中华人民共和国管辖海域，任何船舶及相关作业不得违反本法规定向海洋排放污染物、废弃物和压载水、船舶垃圾及其他有害物质。

从事船舶污染物、废弃物、船舶垃圾接收、船舶清舱、洗舱作业活动的，必须具备相应的接收处理能力。

第六十三条　船舶必须按照有关规定持有防止海洋环境污染的证书与文书，在进行涉及污染物排放及操作时，应当如实记录。

第六十四条　船舶必须配置相应的防污设备和器材。

载运具有污染危害性货物的船舶，其结构与设备应当能够防止或者减轻所载货物对海洋环境的污染。

第六十五条　船舶应当遵守海上交通安全法律、法规的规定，防止因碰撞、触礁、搁浅、火灾或者爆炸等引起的海难事故，造成海洋环境的污染。

第六十六条　国家完善并实施船舶油污损害民事赔偿责任制度；按照船舶油污损害赔偿责任由船东和货主共同承担风险的原则，建立船舶油污保险、油污损害赔偿基金制度。

实施船舶油污保险、油污损害赔偿基金制度的具体办法由国务院规定。

第六十七条　载运具有污染危害性货物进出港口的船舶，其承运人、货物所有人或者代理人，必须事先向海事行政主管部门申报。经批准后，方可进出港口、过境停留或者装卸作业。

第六十八条　交付船舶装运污染危害性货物的单证、包装、标志、数量限制等，必须符合对所装货物的有关规定。

需要船舶装运污染危害性不明的货物，应当按照有关规定事先进行评估。

装卸油类及有毒有害货物的作业，船岸双方必须遵守安全防污操作规程。

第六十九条　港口、码头、装卸站和船舶修造厂必须按照有关规定备有足够的用于处理船舶污染物、废弃物的接收设施，并使该设施处于良好状态。

装卸油类的港口、码头、装卸站和船舶必须编制溢油污染应急计划，并配备相应的溢油污染应急设备和器材。

第七十条　船舶及有关作业活动应当遵守有关法律法规和标准，采取有效措施，防止造成海洋环境污染。海事行政主管部门等有关部门应当加强对船舶及有关作业活动的监督管理。

船舶进行散装液体污染危害性货物的过驳作业，应当事先按照有关规定报经海事行政主管部门批准。

第七十一条　船舶发生海难事故，造成或者可能造成海洋环境重大污染损害的，国家海事行政主管部门有权强制采取避免或者减少污染损害的措施。

对在公海上因发生海难事故，造成中华人民共和国管辖海域重大污染损害后果或者具有污染威胁的船舶、海上设施，国家海事行政主管部门有权采取与实际的或者可能发生的损害相称的必要措施。

第七十二条　所有船舶均有监视海上污染的义务，在发现海上污染事故或者违反本法规定的行为时，必须立即向就近的依照本法规定行使海洋环境监督管理权的部门报告。

民用航空器发现海上排污或者污染事件，必须及时向就近的民用航空空中交通管制单位报告。接到报告的单位，应当立即向依照本法规定行使海洋环境监督管理权的部门通报。

第九章　法律责任

第七十三条　违反本法有关规定，有下列行为之一的，由依照本法规定行使海洋环境监督管理权的部门责令停止违法行为、限期改正或者责令采取限制生产、停产整治等措施，并处以罚款；拒不改正的，依法作出处罚决定的部门可以自责令改正之日的次日起，按照原罚款数额按日连续处罚；情节严重的，报经有批准权的人民政府批准，责令停业、关闭：

（一）向海域排放本法禁止排放的污染物或者其他物质的；

（二）不按照本法规定向海洋排放污染物，或者超过标准、总量控制指标排放污染物的；

（三）未取得海洋倾倒许可证，向海洋倾倒废弃物的；

（四）因发生事故或者其他突发性事件，造成海洋环境污染事故，不立即采取处理措施的。

有前款第（一）、（三）项行为之一的，处三万元以上二十万元以下的罚款；有前款第（二）、（四）项行为之一的，处二万元以上十万元以下的罚款。

第七十四条　违反本法有关规定，有下列行为之一的，由依照本法规定行使海洋环境监督管理权的部门予以警告，或者处以罚款：

（一）不按照规定申报，甚至拒报污染物排放有关事项，或者在申报时弄虚作假的；

（二）发生事故或者其他突发性事件不按照规定报告的；

（三）不按照规定记录倾倒情况，或者不按照规定提交倾倒报告的；

（四）拒报或者谎报船舶载运污染危害性货物申报事项的。

有前款第(一)、(三)项行为之一的，处二万元以下的罚款；有前款第(二)、(四)项行为之一的，处五万元以下的罚款。

第七十五条　违反本法第十九条第二款的规定，拒绝现场检查，或者在被检查时弄虚作假的，由依照本法规定行使海洋环境监督管理权的部门予以警告，并处二万元以下的罚款。

第七十六条　违反本法规定，造成珊瑚礁、红树林等海洋生态系统及海洋水产资源、海洋保护区破坏的，由依照本法规定行使海洋环境监督管理权的部门责令限期改正和采取补救措施，并处一万元以上十万元以下的罚款；有违法所得的，没收其违法所得。

第七十七条　违反本法第三十条第一款、第三款规定设置入海排污口的，由县级以上地方人民政府环境保护行政主管部门责令其关闭，并处二万元以上十万元以下的罚款。

海洋、海事、渔业行政主管部门和军队环境保护部门发现入海排污口设置违反本法第三十条第一款、第三款规定的，应当通报环境保护行政主管部门依照前款规定予以处罚。

第七十八条　违反本法第三十九条第二款的规定，经中华人民共和国管辖海域，转移危险废物的，由国家海事行政主管部门责令非法运输该危险废物的船舶退出中华人民共和国管辖海域，并处五万元以上五十万元以下的罚款。

第七十九条　海岸工程建设项目未依法进行环境影响评价的，依照《中华人民共和国环境影响评价法》的规定处理。

第八十条　违反本法第四十四条的规定，海岸工程建设项目未建成环境保护设施，或者环境保护设施未达到规定要求即投入生产、使用的，由环境保护行政主管部门责令其停止生产或者使用，并处二万元以上十万元以下的罚款。

第八十一条　违反本法第四十五条的规定，新建严重污染海洋环境的工业生产建设项目的，按照管理权限，由县级以上人民政府责令关闭。

第八十二条　违反本法第四十七条第一款的规定，进行海洋工程建设项目的，由海洋行政主管部门责令其停止施工，根据违法情节和危害后果，处建设项目总投资额百分之一以上百分之五以下的罚款，并可以责令恢复原状。

违反本法第四十八条的规定，海洋工程建设项目未建成环境保护设施、环境保护设施未达到规定要求即投入生产、使用的，由海洋行政主管部门责令其停止生产、使用，并处五万元以上二十万元以下的罚款。

第八十三条　违反本法第四十九条的规定，使用含超标准放射性物质或者易溶出有毒有害物质材料的，由海洋行政主管部门处五万元以下的罚款，并责令其停止该建设项目的运行，直到消除污染危害。

第八十四条　违反本法规定进行海洋石油勘探开发活动，造成海洋环境污染的，由国家海洋行政主管部门予以警告，并处二万元以上二十万元以下的罚款。

第八十五条　违反本法规定，不按照许可证的规定倾倒，或者向已经封闭的倾倒区倾倒废弃物的，由海洋行政主管部门予以警告，并处三万元以上二十万元以下的罚款；对情节严重的，可以暂扣或者吊销许可证。

第八十六条　违反本法第五十五条第三款的规定，将中华人民共和国境外废弃物运进中华人民共和国管辖海域倾倒的，由国家海洋行政主管部门予以警告，并根据造成或者可能造成的危害后果，处十万元以上一百万元以下的罚款。

第八十七条 违反本法规定，有下列行为之一的，由依照本法规定行使海洋环境监督管理权的部门予以警告，或者处以罚款：

（一）港口、码头、装卸站及船舶未配备防污设施、器材的；

（二）船舶未持有防污证书、防污文书，或者不按照规定记载排污记录的；

（三）从事水上和港区水域拆船、旧船改装、打捞和其他水上、水下施工作业，造成海洋环境污染损害的；

（四）船舶载运的货物不具备防污适运条件的。

有前款第（一）、（四）项行为之一的，处二万元以上十万元以下的罚款；有前款第（二）项行为的，处二万元以下的罚款；有前款第（三）项行为的，处五万元以上二十万元以下的罚款。

第八十八条 违反本法规定，船舶、石油平台和装卸油类的港口、码头、装卸站不编制溢油应急计划的，由依照本法规定行使海洋环境监督管理权的部门予以警告，或者责令限期改正。

第八十九条 造成海洋环境污染损害的责任者，应当排除危害，并赔偿损失；完全由于第三者的故意或者过失，造成海洋环境污染损害的，由第三者排除危害，并承担赔偿责任。

对破坏海洋生态、海洋水产资源、海洋保护区，给国家造成重大损失的，由依照本法规定行使海洋环境监督管理权的部门代表国家对责任者提出损害赔偿要求。

第九十条 对违反本法规定，造成海洋环境污染事故的单位，除依法承担赔偿责任外，由依照本法规定行使海洋环境监督管理权的部门依照本条第二款的规定处以罚款；对直接负责的主管人员和其他直接责任人员可以处上一年度从本单位取得收入百分之五十以下的罚款；直接负责的主管人员和其他直接责任人员属于国家工作人员的，依法给予处分。

对造成一般或者较大海洋环境污染事故的，按照直接损失的百分之二十计算罚款；对造成重大或者特大海洋环境污染事故的，按照直接损失的百分之三十计算罚款。

对严重污染海洋环境、破坏海洋生态，构成犯罪的，依法追究刑事责任。

第九十一条 完全属于下列情形之一，经过及时采取合理措施，仍然不能避免对海洋环境造成污染损害的，造成污染损害的有关责任者免予承担责任：

（一）战争；

（二）不可抗拒的自然灾害；

（三）负责灯塔或者其他助航设备的主管部门，在执行职责时的疏忽，或者其他过失行为。

第九十二条 对违反本法第十二条有关缴纳排污费、倾倒费规定的行政处罚，由国务院规定。

第九十三条 海洋环境监督管理人员滥用职权、玩忽职守、徇私舞弊，造成海洋环境污染损害的，依法给予行政处分；构成犯罪的，依法追究刑事责任。

第十章 附 则

第九十四条 本法中下列用语的含义是：

（一）海洋环境污染损害，是指直接或者间接地把物质或者能量引入海洋环境，产生损害海洋生物资源、危害人体健康、妨害渔业和海上其他合法活动、损害海水使用素质和减损环境质量等有害影响。

（二）内水，是指我国领海基线向内陆一侧的所有海域。

（三）滨海湿地，是指低潮时水深浅于六米的水域及其沿岸浸湿地带，包括水深不超过六米的永久性水域、潮间带（或洪泛地带）和沿海低地等。

（四）海洋功能区划，是指依据海洋自然属性和社会属性，以及自然资源和环境特定条件，界定海洋利用的主导功能和使用范畴。

（五）渔业水域，是指鱼虾类的产卵场、索饵场、越冬场、洄游通道和鱼虾贝藻类的养殖场。

（六）油类，是指任何类型的油及其炼制品。

（七）油性混合物，是指任何含有油分的混合物。

（八）排放，是指把污染物排入海洋的行为，包括泵出、溢出、泄出、喷出和倒出。

（九）陆地污染源（简称陆源），是指从陆地向海域排放污染物，造成或者可能造成海洋环境污染的场所、设施等。

（十）陆源污染物，是指由陆地污染源排放的污染物。

（十一）倾倒，是指通过船舶、航空器、平台或者其他载运工具，向海洋处置废弃物和其他有害物质的行为，包括弃置船舶、航空器、平台及其辅助设施和其他浮动工具的行为。

（十二）沿海陆域，是指与海岸相连，或者通过管道、沟渠、设施，直接或者间接向海洋排放污染物及其相关活动的一带区域。

（十三）海上焚烧，是指以热摧毁为目的，在海上焚烧设施上，故意焚烧废弃物或者其他物质的行为，但船舶、平台或者其他人工构造物正常操作中，所附带发生的行为除外。

第九十五条　涉及海洋环境监督管理的有关部门的具体职权划分，本法未作规定的，由国务院规定。

第九十六条　中华人民共和国缔结或者参加的与海洋环境保护有关的国际条约与本法有不同规定的，适用国际条约的规定；但是，中华人民共和国声明保留的条款除外。

第九十七条　本法自 2000 年 4 月 1 日起施行。

附录2 《中华人民共和国政府关于领海的声明》

(1958 年 9 月 4 日全国人民代表大会常务委员会第一次会议通过)

中华人民共和国政府宣布

(一)中华人民共和国的领海宽度为 12 海里。这项规定适用于中华人民共和国的一切领土,包括中国大陆及其沿海岛屿,和同大陆及其沿海岛屿隔有公海的台湾及其周围各岛、澎湖列岛、东沙群岛、西沙群岛、中沙群岛、南沙群岛以及其他属于中国的岛屿。

(二)中国大陆及其沿海岛屿的领海以连接大陆岸上和沿海岸外缘岛屿上各基点之间的各直线为基线,从基线向外延伸 12 海里的水域是中国的领海。在基线以内的水域,包括渤海湾、琼州海峡在内、都是中国的内海,在基线以内的岛屿,包括东引岛、高登岛、马祖列岛、白犬列岛、乌岳岛、大小金门岛、大担岛、二担岛、东碇岛在内,都是中国的内海。

(三)一切外国飞机和军用船舶,未经中华人民共和国政府的许可,不得进入中国的领海和领海上空。

任何外国船舶在中国领海航行,必须遵守中华人民共和国政府的有关法令。

(四)以上(一)(二)两项规定的原则同样适用于台湾及其周围各岛、澎湖列岛、东沙群岛、西沙群岛、南沙群岛以及其他属于中国的岛屿。

台湾和澎湖地区现在仍然被美国武力侵占,这是侵犯中华人民共和国领土完整的和主权的非法行为。台湾和澎湖等地尚待收复,中华人民共和国政府有权采取一切适当的方法在适当的时候,收复这些地区,这是中国的内政,不容外国干涉。

附录3　《中华人民共和国政府关于钓鱼岛及其附属岛屿领海基线的声明》

（二○一二年九月十日颁布）

中华人民共和国政府根据一九九二年二月二十五日《中华人民共和国领海及毗连区法》，宣布中华人民共和国钓鱼岛及其附属岛屿的领海基线。

一、钓鱼岛、黄尾屿、南小岛、北小岛、南屿、北屿、飞屿的领海基线为下列各相邻基点之间的直线连线：

1. 钓鱼岛1　北纬25°44.1′　东经123°27.5′

2. 钓鱼岛2　北纬25°44.2′　东经123°27.4′

3. 钓鱼岛3　北纬25°44.4′　东经123°27.4′

4. 钓鱼岛4　北纬25°44.7′　东经123°27.5′

5. 海豚岛　　北纬25°55.8′　东经123°40.7′

6. 下虎牙岛　北纬25°55.8′　东经123°41.1′

7. 海星岛　　北纬25°55.6′　东经123°41.3′

8. 黄尾屿　　北纬25°55.4′　东经123°41.4′

9. 海龟岛　　北纬25°55.3′　东经123°41.4′

10. 长龙岛　　北纬25°43.2′　东经123°33.4′

11. 南小岛　　北纬25°43.2′　东经123°33.2′

12. 鲳鱼岛　　北纬25°44.0′　东经123°27.6′

二、赤尾屿的领海基线为下列各相邻基点之间的直线连线：

1. 赤尾屿　　北纬25°55.3′　东经124°33.7′

2. 望赤岛　　北纬25°55.2′　东经124°33.2′

3. 小赤尾岛　北纬25°55.3′　东经124°33.3′

4. 赤背北岛　北纬25°55.5′　东经124°33.5′

5. 赤背东岛　北纬25°55.5′　东经124°33.7′

附录4 《中华人民共和国领海及毗连区法》

1992 年 2 月 25 日第七届全国人民代表大会常务委员会第二十四次会议通过，1992 年 2 月 25 日中华人民共和国主席令第五十五号公布施行。

第一条　为行使中华人民共和国对领海的主权和对毗连区的管制权，维护国家安全和海洋权益，制定本法。

第二条　中华人民共和国领海为邻接中华人民共和国陆地领土和内水的一带海域。

中华人民共和国的陆地领土包括中华人民共和国大陆及其沿海岛屿、台湾及其包括钓鱼岛在内的附属各岛、澎湖列岛、东沙群岛、西沙群岛、中沙群岛、南沙群岛以及其他一切属于中华人民共和国的岛屿。

中华人民共和国领海基线向陆地一侧的水域为中华人民共和国的内水。

第三条　中华人民共和国领海的宽度从领海基线量起为十二海里。

中华人民共和国领海基线采用直线基线法划定，由各相邻基点之间的直线连线组成。

中华人民共和国领海的外部界限为一条其每一点与领海基线的最近点距离等于十二海里的线。

第四条　中华人民共和国毗连区为领海以外邻接领海的一带海域。毗连区的宽度为十二海里。

中华人民共和国毗连区的外部界限为一条其每一点与领海基线的最近点距离等于二十四海里的线。

第五条　中华人民共和国对领海的主权及于领海上空、领海的海床及底土。

第六条　外国非军用船舶，享有依法无害通过中华人民共和国领海的权利。

外国军用船舶进入中华人民共和国领海，须经中华人民共和国政府批准。

第七条　外国潜水艇和其他潜水器通过中华人民共和国领海，必须在海面航行，并展示其旗帜。

第八条　外国船舶通过中华人民共和国领海，必须遵守中华人民共和国法律、法规，不得损害中华人民共和国的和平、安全和良好秩序。

外国核动力船舶和载运核物质、有毒物质或者其他危险物质的船舶通过中华人民共和国领海，必须持有有关证书，并采取特别预防措施。

中华人民共和国政府有权采取一切必要措施，以防止和制止对领海的非无害通过。

外国船舶违反中华人民共和国法律、法规的，由中华人民共和国有关机关依法处理。

第九条　为维护航行安全和其他特殊需要，中华人民共和国政府可以要求通过中华人民共和国领海的外国船舶使用指定的航道或者依照规定的分道通航制航行，具体办法由中华人民共和国政府或者其有关主管部门公布。

第十条　外国军用船舶或者用于非商业目的的外国政府船舶在通过中华人民共和国领海时，违反中华人民共和国法律、法规的，中华人民共和国有关主管机关有权令其立即离开领海，对所造成的损失或者损害，船旗国应当负国际责任。

第十一条　任何国际组织、外国的组织或者个人，在中华人民共和国领海内进行科学研究、海洋作业等活动，须经中华人民共和国政府或者其有关主管部门批准，遵守中华人民共和国法律、法规。

违反前款规定，非法进入中华人民共和国领海进行科学研究、海洋作业等活动的，由中华人民共和国有关机关依法处理。

第十二条　外国航空器只有根据该国政府与中华人民共和国政府签订的协定、协议，或者经中华人民共和国政府或者其授权的机关批准或者接受，方可进入中华人民共和国领海上空。

第十三条　中华人民共和国有权在毗连区内，为防止和惩处在其陆地领土、内水或者领海内违反有关安全、海关、财政、卫生或者入境出境管理的法律、法规的行为行使管制权。

第十四条　中华人民共和国有关主管机关有充分理由认为外国船舶违反中华人民共和国法律、法规时，可以对该外国船舶行使紧追权。

追逐须在外国船舶或者其小艇之一或者以被追逐的船舶为母船进行活动的其他船艇在中华人民共和国的内水、领海或者毗连区内时开始。

如果外国船舶是在中华人民共和国毗连区内，追逐只有在本法第十三条所列有关法律、法规规定的权利受到侵犯时方可进行。

追逐只要没有中断，可以在中华人民共和国领海或者毗连区外继续进行。在被追逐的船舶进入其本国领海或者第三国领海时，追逐终止。

本条规定的紧追权由中华人民共和国军用船舶、军用航空器或者中华人民共和国政府授权的执行政府公务的船舶、航空器行使。

第十五条　中华人民共和国领海基线由中华人民共和国政府公布。

第十六条　中华人民共和国政府依据本法制定有关规定。

第十七条　本法自公布之日起施行。

附录5　《中华人民共和国专属经济区和大陆架法》

1998年6月26日第九届全国人民代表大会常务委员会第三次会议通过，1998年6月26日中华人民共和国主席令第6号发布。

第一条　为保障中华人民共和国对专属经济区和大陆架行使主权权利和管辖权，维护国家海洋权益，制定本法。

第二条　中华人民共和国的专属经济区，为中华人民共和国领海以外并邻接领海的区域，从测算领海宽度的基线量起延至二百海里。

中华人民共和国的大陆架，为中华人民共和国领海以外依本国陆地领土的全部自然延伸，扩展到大陆边外缘的海底区域的海床和底土；如果从测算领海宽度的基线量起至大陆边外缘的距离不足二百海里，则扩展至二百海里。

中华人民共和国与海岸相邻或者相向国家关于专属经济区和大陆架的主张重叠的，在国际法的基础上按照公平原则以协议划定界限。

第三条　中华人民共和国在专属经济区为勘查、开发、养护和管理海床上覆水域、海床及其底土的自然资源，以及进行其他经济性开发和勘查，如利用海水、海流和风力生产能等活动，行使主权权利。

中华人民共和国对专属经济区的人工岛屿、设施和结构的建造、使用和海洋科学研究、海洋环境的保护和保全，行使管辖权。

本法所称专属经济区的自然资源，包括生物资源和非生物资源。

第四条　中华人民共和国为勘查大陆架和开发大陆架的自然资源，对大陆架行使主权权利。

中华人民共和国对大陆架的人工岛屿、设施和结构的建造、使用和海洋科学研究、海洋环境的保护和保全，行使管辖权。

中华人民共和国拥有授权和管理为一切目的在大陆架上进行钻探的专属权利。

本法所称大陆架的自然资源，包括海床和底土的矿物和其他非生物资源，以及属于定居种的生物，即在可捕捞阶段在海床上或者海床下不能移动或者其躯体须与海床或者底土保持接触才能移动的生物。

第五条　任何国际组织、外国的组织或者个人进入中华人民共和国的专属经济区从事渔业活动，必须经中华人民共和国主管机关批准，并遵守中华人民共和国的法律、法规及中华人民共和国与有关国家签订的条约、协定。

中华人民共和国主管机关有权采取各种必要的养护和管理措施，确保专属经济区的生物资源不受过度开发的危害。

第六条　中华人民共和国主管机关有权对专属经济区的跨界种群、高度洄游鱼种、海洋哺乳动物，源自中华人民共和国河流的溯河产卵种群、在中华人民共和国水域内度过大部分生命周期的降河产卵鱼种，进行养护和管理。

中华人民共和国对源自本国河流的溯河产卵种群，享有主要利益。

第七条　任何国际组织、外国的组织或者个人对中华人民共和国的专属经济区和大陆架的自然资源进行勘查、开发活动或者在中华人民共和国的大陆架上为任何目的进行钻探，必须经中华人民共和国主管机关批准，并遵守中华人民共和国的法律、法规。

第八条　中华人民共和国在专属经济区和大陆架有专属权利建造并授权和管理建造、操作和使用人工岛屿、设施和结构。

中华人民共和国对专属经济区和大陆架的人工岛屿、设施和结构行使专用管辖权，包括有关海关、财政、卫生、安全和出境入境的法律和法规方面的管辖权。

中华人民共和国主管机关有权在专属经济区和大陆架的人工岛屿、设施和结构周围设置安全地带，并可以在该地带采取适当措施，确保航行安全以及人工岛屿、设施和结构安全。

第九条　任何国际组织、外国的组织或者个人在中华人民共和国的专属经济区和大陆架进行海洋科学研究，必须经中华人民共和国主管机关批准，并遵守中华人民共和国的法律、法规。

第十条　中华人民共和国主管机关有权采取必要的措施，防止、减少和控制海洋环境的污染，保护和保全专属经济区和大陆架的海洋环境。

第十一条　任何国家在遵守国际法和中华人民共和国的法律、法规的前提下，在中华人民共和国的专属经济区享有航行、飞越的自由，在中华人民共和国的专属经济区和大陆架享有铺设海底电缆和管道的自由，以及与上述自由有关的其他合法使用海洋的便利。铺设海底电缆和管道的路线，必须经中华人民共和国主管机关同意。

第十二条　中华人民共和国在行使勘查、开发、养护和管理专属经济区的生物资源的主权权利时，为确保中华人民共和国的法律、法规得到遵守，可以采取登临、检查、逮捕、扣留和进行司法程序等必要的措施。

中华人民共和国对在专属经济区和大陆架违反中华人民共和国法律、法规的行为，有权采取必要措施，依法追究法律责任，并可以行使紧追权。

第十三条　中华人民共和国在专属经济区和大陆架享有的权利，本法未作规定的，根据国际法和中华人民共和国其他有关法律、法规行使。

第十四条　本法的规定不影响中华人民共和国享有的历史性权利。

第十五条　中华人民共和国政府可以根据本法制定有关规定。

第十六条　本法自公布之日起施行。

附录6　《中华人民共和国海洋石油勘探开发环境保护管理条例》

1995年2月11日中华人民共和国国务院令第172号公布，1995年4月1日起施行。

第一条　为实施《中华人民共和国海洋环境保护法》，防止海洋石油勘探开发对海洋环境的污染损害，特制定本条例。

第二条　本条例适用于在中华人民共和国管辖海域从事石油勘探开发的企业、事业单位、作业者和个人，以及他们所使用的固定式和移动式平台及其他有关设施。

第三条　海洋石油勘探开发环境保护管理主管部门是中华人民共和国国家海洋局及其派出机构，以下称"主管部门"。

第四条　企业或作业者在编制油(气)田总体开发方案的同时，必须编制海洋环境影响报告书，报中华人民共和国城乡建设环境保护部。城乡建设环境保护部会同国家海洋局和石油工业部，按照国家基本建设项目环境保护管理的规定组织审批。

第五条　海洋环境影响报告书应包括以下内容：

(一)油田名称、地理位置、规模；

(二)油田所处海域的自然环境和海洋资源状况；

(三)油田开发中需要排放的废弃物种类、成分、数量、处理方式；

(四)对海洋环境影响的评价；海洋石油开发对周围海域自然环境、海洋资源可能产生的影响；对海洋渔业、航运、其他海上活动可能产生的影响；为避免、减轻各种有害影响，拟采取的环境保护措施；

(五)最终不可避免的影响、影响程度及原因；

(六)防范重大油污染事故的措施：防范组织，人员配备，技术装备，通信联络等。

第六条　企业、事业单位、作业者应具备防治油污染事故的应急能力，制定应急计划，配备与其所从事的海洋石油勘探开发规模相适应的油收回设施和围油、消油器材。

配备化学消油剂，应将其牌号、成分报告主管部门核准。

第七条　固定式和移动式平台的防污设备的要求：

(一)应设置油水分离设备；

(二)采油平台应设置含油污水处理设备，该设备处理后的污水含油量应达到国家排放标准；

(三)应设置排油监控装置；

(四)应设置残油、废油回收设施；

(五)应设置垃圾粉碎设备；

(六)上述设备应经中华人民共和国船舶检验机关检验合格，并获得有效证书。

第八条　一九八三年三月一日以前，已经在中华人民共和国管辖海域从事石油勘探开发的固定式和移动式平台，防污设备达不到规定要求的，应采取有效措施，防止污染，并在本条例颁布后三年内使防污设备达到规定的要求。

第九条　企业、事业单位和作业者应具有有关污染损害民事责任保险或其他财务保证。

第十条　固定式和移动式平台应备有由主管部门批准格式的防污记录簿。

第十一条　固定式和移动式平台的含油污水，不得直接或稀释排放。经过处理后排放的污水，含油量必须符合国家有关含油污水排放标准。

第十二条　对其他废弃物的管理要求：

（一）残油、废油、油基泥浆、含油垃圾和其他有毒残液残渣，必须回收，不得排放或弃置入海；

（二）大量工业垃圾的弃置，按照海洋倾废的规定管理；零星工业垃圾，不得投弃于渔业水域和航道；

（三）生活垃圾，需要在距最近陆地十二海里以内投弃的，应经粉碎处理，粒径应小于二十五毫米。

第十三条　海洋石油勘探开发需要在重要渔业水域进行炸药爆破或其他对渔业资源有损害的作业时，应采取有效措施，避开主要经济鱼虾类的产卵、繁殖和捕捞季节，作业前报告主管部门，作业时并应有明显的标志、信号。

主管部门接到报告后，应及时将作业地点、时间等通告有关单位。

第十四条　海上储油设施、输油管线应符合防渗、防漏、防腐蚀的要求，并应经常检查，保持良好状态，防止发生漏油事故。

第十五条　海上试油应使油气通过燃烧器充分燃烧。对试油中落海的油类和油性混合物，应采取有效措施处理，并如实记录。

第十六条　企业、事业单位及作业者在作业中发生溢油、漏油等污染事故，应迅速采取围油、回收油的措施，控制、减轻和消除污染。

发生大量溢油、漏油和井喷等重大油污染事故，应立即报告主管部门，并采取有效措施，控制和消除油污染，接受主管部门的调查处理。

第十七条　化学消油剂要控制使用：

（一）在发生油污染事故时，应采取回收措施，对少量确实无法回收的油，准许使用少量的化学消油剂。

（二）一次性使用化学消油剂的数量（包括溶剂在内），应根据不同海域等情况，由主管部门另做具体规定。作业者应按规定向主管部门报告，经准许后方可使用。

（三）在海洋浮油可能发生火灾或者严重危及人命和财产安全，又无法使用回收方法处理，而使用化学消油剂可以减轻污染和避免扩大事故后果的紧急情况下，使用化学消油剂的数量和报告程序可不受本条（二）项规定限制。但事后，应将事故情况和使用化学消油剂情况详细报告主管部门。

（四）必须使用经主管部门核准的化学消油剂。

第十八条　作业者应将下列情况详细地、如实地记载于平台防污记录簿：

（一）防污设备、设施的运行情况；

（二）含油污水处理和排放情况；

（三）其他废弃物的处理、排放和投弃情况；

（四）发生溢油、漏油、井喷等油污染事故及处理情况；

（五）进行爆破作业情况；

（六）使用化学消油剂的情况；

（七）主管部门规定的其他事项。

第十九条　企业和作业者在每季度末后十五日内，应按主管部门批准的格式，向主管部门综合报告该季度防污染情况及污染事故的情况。

固定式平台和移动式平台的位置，应及时通知主管部门。

第二十条　主管部门的公务人员或指派的人员，有权登临固定式和移动式平台以及其他有关设施，进行监测和检查。包括：

（一）采集各类样品；

（二）检查各项防污设备、设施和器材的装备、运行或使用情况；

（三）检查有关的文书、证件；

（四）检查防污记录簿及有关的操作记录，必要时可进行复制和摘录，并要求平台负责人签证该复制和摘录件为正确无误的副本；

（五）向有关人员调查污染事故；

（六）其他有关的事项。

第二十一条　主管部门的公务船舶应有明显标志。公务人员或指派的人员执行公务时，必须穿着公务制服，携带证件。

被检查者应为上述公务船舶、公务人员和指派人员提供方便，并如实提供材料，陈述情况。

第二十二条　受到海洋石油勘探开发污染损害，要求赔偿的单位和个人，应按照《中华人民共和国环境保护法》第三十二条的规定及《中华人民共和国海洋环境保护法》第四十二条的规定，申请主管部门处理，要求造成污染损害的一方赔偿损失。受损害一方应提交污染损害索赔报告书，报告书应包括以下内容：

（一）受石油勘探开发污染损害的时间、地点、范围、对象；

（二）受污染损害的损失清单，包括品名、数量、单位、计算方法，以及养殖或自然等情况；

（三）有关科研部门鉴定或公证机关对损害情况的签证；

（四）尽可能提供受污染损害的原始单证，有关情况的照片，其他有关索赔的证明单据、材料。

第二十三条　因清除海洋石油勘探开发污染物，需要索取清除污染物费用的单位和个人（有商业合同者除外），在申请主管部门处理时，应向主管部门提交索取清除费用报告书。该报告书应包括以下内容：

（一）清除污染物的时间、地点、对象；

（二）投入的人力、机具、船只、清除材料的数量、单价、计算方法；

（三）组织清除的管理费、交通费及其他有关费用；

（四）清除效果及情况；

（五）其他有关的证据和证明材料。

第二十四条　由于不可抗力发生污染损害事故的企业、事业单位、作业者，要求免于承担赔偿责任的，应向主管部门提交报告。该报告应能证实污染损害确实属于《中华人民共和国海洋环境保护法》第四十三条所列的情况之一，并经过及时采取合理措施仍不能避免的。

第二十五条　主管部门受理的海洋石油勘探开发污染损害赔偿责任和赔偿金额纠纷，在调查了解的基础上，可以进行调解处理。

当事人不愿调解或对主管部门的调解处理不服的，可以按《中华人民共和国海洋环境保护法》第四十二条的规定办理。

第二十六条　主管部门对违反《中华人民共和国海洋环境保护法》和本条例的企业、事业单位、作业者，可以责令其限期治理，支付消除污染费用，赔偿国家损失；超过标准排放污染物的，可以责令其交纳排污费。

第二十七条　主管部门对违反《中华人民共和国海洋环境保护法》和本条例的企业、事业单位、作业者和个人，可视其情节轻重，予以警告或罚款处分。

罚款分为以下几种：

（一）对造成海洋环境污染的企业、事业单位、作业者的罚款，最高额为人民币十万元。

（二）对企业、事业单位、作业者的下列违法行为，罚款最高额为人民币五千元：

1. 不按规定向主管部门报告重大油污染事故；

2. 不按规定使用化学消油剂。

（三）对企业、事业单位、作业者的下列违法行为，罚款最高额为人民币一千元：

1. 不按规定配备防污记录簿；

2. 防污记录簿的记载非正规化或者伪造；

3. 不按规定报告或通知有关情况；

4. 阻挠公务人员或指派人员执行公务。

（四）对有直接责任的个人，可根据情节轻重，酌情处以罚款。

第二十八条　当事人对主管部门的处罚决定不服的，按《中华人民共和国海洋环境保护法》第四十一条的规定处理。

第二十九条　主管部门对主动检举、揭发企业、事业单位、作业者匿报石油勘探开发污染损害事故，或者提供证据，或者采取措施减轻污染损害的单位和个人，给予表扬和奖励。

第三十条　本条例中下列用语的含义是：

（一）"固定式和移动式平台"，即《中华人民共和国海洋环境保护法》中所称的钻井船、钻井平台和采油平台，并包括其他平台。

（二）"海洋石油勘探开发"，是指海洋石油勘探、开发、生产储存和管线输送等作业活动。

（三）"作业者"，是指实施海洋石油勘探开发作业的实体。

第三十一条　本条例自发布之日起施行。

附录7 《中华人民共和国海洋倾废管理条例》

1985年3月6日国务院发布，根据2011年1月8日《国务院关于废止和修改部分行政法规的决定》修订。

第一条 为实施《中华人民共和国海洋环境保护法》，严格控制向海洋倾倒废弃物，防止对海洋环境的污染损害，保持生态平衡，保护海洋资源，促进海洋事业的发展，特制定本条例。

第二条 本条例中的"倾倒"，是指利用船舶、航空器、平台及其他载运工具，向海洋处置废弃物和其他物质；向海洋弃置船舶、航空器、平台和其他海上人工构造物，以及向海洋处置由于海底矿物资源的勘探开发及与勘探开发相关的海上加工所产生的废弃物和其他物质。

"倾倒"不包括船舶、航空器及其他载运工具和设施正常操作产生的废弃物的排放。

第三条 本条例适用于：

一、向中华人民共和国的内海、领海、大陆架和其他管辖海域倾倒废弃物和其他物质；

二、为倾倒的目的，在中华人民共和国陆地或港口装载废弃物和其他物质；

三、为倾倒的目的，经中华人民共和国的内海、领海及其他管辖海域运送废弃物和其他物质；

四、在中华人民共和国管辖海域焚烧处置废弃物和其他物质。

海洋石油勘探开发过程中产生的废弃物，按照《中华人民共和国海洋石油勘探开发环境保护管理条例》的规定处理。

第四条 海洋倾倒废弃物的主管部门是中华人民共和国国家海洋局及其派出机构（简称"主管部门"，下同）。

第五条 海洋倾倒区由主管部门商同有关部门，按科学、合理、安全和经济的原则划出，报国务院批准确定。

第六条 需要向海洋倾倒废弃物的单位，应事先向主管部门提出申请，按规定的格式填报倾倒废弃物申请书，并附报废弃物特性和成分检验单。

主管部门在接到申请书之日起两个月内予以审批。对同意倾倒者应发给废弃物倾倒许可证。

任何单位和船舶、航空器、平台及其他载运工具，未依法经主管部门批准，不得向海洋倾倒废弃物。

第七条 外国的废弃物不得运至中华人民共和国管辖海域进行倾倒，包括弃置船舶、航空器、平台和其他海上人工构造物。违者，主管部门可责令其限期治理，支付清除污染费，赔偿损失，并处以罚款。

在中华人民共和国管辖海域以外倾倒废弃物，造成中华人民共和国管辖海域污染损害的，按本条例第十七条规定处理。

第八条 为倾倒的目的，经过中华人民共和国管辖海域运送废弃物的任何船舶及其他载运工具，应当在进入中华人民共和国管辖海域15天之前，通报主管部门，同时报告进入中华人民共和国管辖海域的时间、航线、以及废弃物的名称、数量及成分。

第九条　外国籍船舶、平台在中华人民共和国管辖海域，由于海底矿物资源的勘探开发及与勘探开发相关的海上加工所产生的废弃物和其他物质需要向海洋倾倒的，应按规定程序报经主管部门批准。

第十条　倾倒许可证应注明倾倒单位、有效期限和废弃物的数量、种类、倾倒方法等事项。

签发许可证应根据本条例的有关规定严格控制。主管部门根据海洋生态环境的变化和科学技术的发展，可以更换或撤销许可证。

第十一条　废弃物根据其毒性、有害物质含量和对海洋环境的影响等因素，分为三类。其分类标准，由主管部门制定。主管部门可根据海洋生态环境的变化，科学技术的发展，以及海洋环境保护的需要，对附件进行修订。

一、禁止倾倒附件一所列的废弃物及其他物质（见附件一）。当出现紧急情况，在陆地上处置会严重危及人民健康时，经国家海洋局批准，获得紧急许可证，可到指定的区域按规定的方法倾倒。

二、倾倒附件二所列的废弃物（见附件二），应当事先获得特别许可证。

三、倾倒未列入附件一和附件二的低毒或无毒的废弃物，应当事先获得普通许可证。

第十二条　获准向海洋倾倒废弃物的单位在废弃物装载时，应通知主管部门予以核实。

核实工作按许可证所载的事项进行。主管部门如发现实际装载与许可证所注明内容不符，应责令停止装运；情节严重的，应中止或吊销许可证。

利用船舶倾倒废弃物的，还应通知驶出港或就近的港务监督核实。港务监督如发现实际装载与许可证所注明内容不符，则不予办理签证放行，并及时通知主管部门。

第十三条　主管部门应对海洋倾倒活动进行监视和监督，必要时可派员随航。倾倒单位应为随航公务人员提供方便。

第十四条　获准向海洋倾倒废弃物的单位，应当按许可证注明的期限和条件，到指定的区域进行倾倒，如实地详细填写倾倒情况记录表，并按许可证注明的要求，将记录表报送主管部门。倾倒废弃物的船舶、航空器、平台和其他载运工具应有明显标志和信号，并在航行日志上详细记录倾倒情况。

第十五条　倾倒废弃物的船舶、航空器、平台和其他载运工具，凡属《中华人民共和国海洋环境保护法》第九十条、第九十二条规定的情形，可免于承担赔偿责任。

为紧急避险或救助人命，未按许可证规定的条件和区域进行倾倒时，应尽力避免或减轻因倾倒而造成的污染损害，并在事后尽快向主管部门报告。倾倒单位和紧急避险或救助人命的受益者，应对由此所造成的污染损害进行补偿。

由于第三者的过失造成污染损害的，倾倒单位应向主管部门提出确凿证据，经主管部门确认后责令第三者承担赔偿责任。

在海上航行和作业的船舶、航空器、平台和其他载运工具，因不可抗拒的原因而弃置时，其所有人应向主管部门和就近的港务监督报告，并尽快打捞清理。

第十六条　主管部门对海洋倾倒区应定期进行监测，加强管理，避免对渔业资源和其他海上活动造成有害影响。当发现倾倒区不宜继续倾倒时，主管部门可决定予以封闭。

第十七条　对违反本条例，造成海洋环境污染损害的，主管部门可责令其限期治理，支付清除污染费，向受害方赔偿由此所造成的损失，并视情节轻重和污染损害的程度，处以警告或人民币10万元以下的罚款。

第十八条　要求赔偿损失的单位和个人，应尽快向主管部门提出污染损害索赔报告书。报告书应包括：受污染损害的时间、地点、范围、对象、损失清单，技术鉴定和公证证明，并尽可能提供有关原始单据和照片等。

第十九条　受托清除污染的单位在作业结束后，应尽快向主管部门提交索取清除污染费用报告书。报告书应包括：清除污染的时间、地点，投入的人力、机具、船只，清除材料的数量、单价、计算方法，组织清除的管理费、交通费及其他有关费用，清除效果及其情况，其他有关证据和证明材料。

第二十条　对违法行为的处罚标准如下：

一、凡有下列行为之一者，处以警告或人民币2000元以下的罚款：

（一）伪造废弃物检验单的；

（二）不按本条例第十四条规定填报倾倒情况记录表的；

（三）在本条例第十五条规定的情况下，未及时向主管部门和港务监督报告的。

二、凡实际装载与许可证所注明内容不符，情节严重的，除中止或吊销许可证外，还可处以人民币2000元以上5000元以下的罚款。

三、凡未按本条例第十二条规定通知主管部门核实而擅自进行倾倒的，可处以人民币5000元以上2万元以下的罚款。

四、凡有下列行为之一者，可处以人民币2万元以上10万元以下的罚款：

（一）未经批准向海洋倾倒废弃物的；

（二）不按批准的条件和区域进行倾倒的，但本条例第十五条规定的情况不在此限。

第二十一条　对违反本条例，造成或可能造成海洋环境污染损害的直接责任人，主管部门可处以警告或者罚款，也可以并处。

对于违反本条例，污染损害海洋环境造成重大财产损失或致人伤亡的直接责任人，由司法机关依法追究刑事责任。

第二十二条　当事人对主管部门的处罚决定不服的，可以在收到处罚通知书之日起15日内，向人民法院起诉；期满不起诉又不履行处罚决定的，由主管部门申请人民法院强制执行。

第二十三条　对违反本条例，造成海洋环境污染损害的行为，主动检举、揭发，积极提供证据，或采取有效措施减少污染损害有成绩的个人，应给予表扬或奖励。

第二十四条　本条例自1985年4月1日起施行。

附件一：禁止倾倒的物质

一、含有机卤素化合物、汞及汞化合物、镉及镉化合物的废弃物，但微含量的或能在海水中迅速转化为无害物质的除外。

二、强放射性废弃物及其他强放射性物质。

三、原油及其废弃物、石油炼制品、残油，以及含这类物质的混合物。

四、渔网、绳索、塑料制品及其他能在海面漂浮或在水中悬浮，严重妨碍航行、捕鱼及其他活动或危害海洋生物的人工合成物质。

五、含有本附件第一、二项所列物质的阴沟污泥和疏浚物。

附件二：需要获得特别许可证才能倾倒的物质

一、含有下列大量物质的废弃物：

（一）砷及其化合物；

（二）铅及其化合物；

（三）铜及其化合物；

（四）锌及其化合物；

（五）有机硅化合物；

（六）氰化物；

（七）氟化物；

（八）铍、铬、镍、钒及其化合物；

（九）未列入附件一的杀虫剂及其副产品。

但无害的或能在海水中迅速转化为无害物质的除外。

二、含弱放射性物质的废弃物。

三、容易沉入海底，可能严重障碍捕鱼和航行的容器、废金属及其他笨重的废弃物。

四、含有本附件第一、二项所列物质的阴沟污泥和疏浚物。

附录 8　全国人民代表大会常务委员会
关于批准《联合国海洋法公约》的决定

（一九九六年五月十五日通过）

第八届全国人民代表大会常务委员会第十九次会议决定，批准《联合国海洋法公约》，同时声明如下：

一、按照《联合国海洋法公约》的规定，中华人民共和国享有二百海里专属经济区和大陆架的主权权利和管辖权。

二、中华人民共和国将与海岸相向或相邻的国家，通过协商，在国际法基础上，按照公平原则划定各自海洋管辖权界限。

三、中华人民共和国重申对 1992 年 2 月 25 日颁布的《中华人民共和国领海及毗连区法》第二条所列各群岛及岛屿的主权。

四、中华人民共和国重申：《联合国海洋法公约》有关领海内无害通过的规定，不妨碍沿海国按其法律规章要求外国军舰通过领海必须事先得到该国许可或通知该国的权利。

附录9　我国传统渔场

我国传统渔场

序号	渔场名称	序号	渔场名称	序号	渔场名称
1	辽东湾渔场	19	舟山渔场	37	中沙东部渔场
2	滦河口渔场	20	舟外渔场	38	海南岛东南部渔场
3	渤海湾渔场	21	鱼外渔场	39	北部湾北部渔场
4	莱州湾渔场	22	鱼山渔场	40	北部湾南部及海南岛西南部渔场
5	海洋岛渔场	23	温台渔场	41	西沙西部渔场
6	烟威渔场	24	温外渔场	42	西、中沙渔场
7	威东渔场	25	闽外渔场	43	南沙西北部渔场
8	石东渔场	26	闽东渔场	44	南沙西部渔场
9	石岛渔场	27	闽中渔场	45	南沙中西部渔场
10	连青石渔场	28	台北渔场	46	南沙中部渔场
11	青海渔场	29	台东渔场	47	南沙中北部渔场
12	海州湾渔场	30	闽南渔场	48	南沙东部渔场
13	连东渔场	31	台湾浅滩渔场	49	南沙东北部渔场
14	吕四渔场	32	粤东渔场	50	南沙中南部渔场
15	大沙渔场	33	台湾南部渔场	51	南沙西南部渔场
16	沙外渔场	34	东沙渔场	52	南沙南部渔场
17	长江口渔场	35	珠江口渔场		
18	江外渔场	36	粤西及海南岛东北部渔场		

资料来源:《全国海洋主体功能区规划》(国发〔2015〕42号)

附录10　海洋国家级水产种质资源保护区

海洋国家级水产种质资源保护区

序号	保护区名称	所在地区
1	三山岛海域国家级水产种质资源保护区	辽宁省
2	双台子河口海蜇中华绒螯蟹国家级水产种质资源保护区	辽宁省
3	海洋岛国家级水产种质资源保护区	辽宁省
4	大连圆岛海域国家级水产种质资源保护区	辽宁省
5	大连獐子岛海域国家级水产种质资源保护区	辽宁省
6	秦皇岛海域国家级水产种质资源保护区	河北省
7	昌黎海域国家级水产种质资源保护区	河北省
8	南戴河海域国家级水产种质资源保护区	河北省
9	山海关海域国家级水产种质资源保护区	河北省
10	月湖长蛸国家级水产种质资源保护区	山东省
11	崆峒列岛刺参国家级水产种质资源保护区	山东省
12	长岛皱纹盘鲍光棘球海胆国家级水产种质资源保护区	山东省
13	海州湾大竹蛏国家级水产种质资源保护区	山东省
14	莱州湾单环刺螠近江牡蛎国家级水产种质资源保护区	山东省
15	靖海湾松江鲈鱼国家级水产种质资源保护区	山东省
16	马颊河文蛤国家级水产种质资源保护区	山东省
17	蓬莱牙鲆黄盖鲽国家级水产种质资源保护区	山东省
18	黄河口半滑舌鳎国家级水产种质资源保护区	山东省
19	灵山岛皱纹盘鲍刺参国家级水产种质资源保护区	山东省
20	靖子湾国家级水产种质资源保护区	山东省
21	乳山湾国家级水产种质资源保护区	山东省
22	前三岛海域国家级水产种质资源保护区	山东省
23	小石岛刺参国家级水产种质资源保护区	山东省
24	桑沟湾国家级水产种质资源保护区	山东省
25	荣成湾国家级水产种质资源保护区	山东省
26	套尔河口海域国家级水产种质资源保护区	山东省
27	千里岩海域国家级水产种质资源保护区	山东省
28	日照海域西施舌国家级水产种质资源保护区	山东省
29	广饶海域竹蛏国家级水产种质资源保护区	山东省

序号	保护区名称	所在地区
30	黄河口文蛤国家级水产种质资源保护区	山东省
31	长岛许氏平鲉国家级水产种质资源保护区	山东省
32	荣成楮岛藻类国家级水产种质资源保护区	山东省
33	日照中国对虾国家级水产种质资源保护区	山东省
34	无棣中国毛虾国家级水产种质资源保护区	山东省
35	海州湾中国对虾国家级水产种质资源保护区	江苏省
36	蒋家沙竹根沙泥螺文蛤国家级水产种质资源保护区	江苏省
37	如东大竹蛏西施舌国家级水产种质资源保护区	江苏省
38	乐清湾泥蚶国家级水产种质资源保护区	浙江省
39	象山港蓝点马鲛国家级水产种质资源保护区	浙江省
40	官井洋大黄鱼国家级水产种质资源保护区	福建省
41	漳港西施舌国家级水产种质资源保护区	福建省
42	上下川岛中国龙虾国家级水产种质资源保护区	广东省
43	海陵湾近江牡蛎国家级水产种质资源保护区	广东省
44	鉴江口尖紫蛤国家级水产种质资源保护区	广东省
45	汕尾碣石湾鲻鱼长毛对虾国家级水产种质资源保护区	广东省
46	西沙东岛海域国家级水产种质资源保护区	海南省
47	西沙群岛永乐环礁海域国家级水产种质资源保护区	海南省
48	辽东湾渤海湾莱州湾国家级水产种质资源保护区	渤海
49	东海带鱼国家级水产种质资源保护区	东海
50	吕四渔场小黄鱼银鲳国家级水产种质资源保护区	东海
51	北部湾二长棘鲷长毛对虾国家级水产种质资源保护区	南海

资料来源：《全国海洋主体功能区规划》（国发〔2015〕42号）

附录11　国家级海洋特别保护区

国家级海洋特别保护区

序号	名　称	面积(平方公里)
1	锦州大笔架山国家级海洋特别保护区	32.40
2	大神堂牡蛎礁国家级海洋特别保护区	34.00
3	东营黄河口生态国家级海洋特别保护区	926.00
4	东营利津底栖鱼类生态国家级海洋特别保护区	94.04
5	东营河口浅海贝类生态国家级海洋特别保护区	396.23
6	东营莱州湾蛏类生态国家级海洋特别保护区	210.24
7	东营广饶沙蚕类生态国家级海洋特别保护区	82.82
8	龙口黄水河口海洋生态国家级海洋特别保护区	21.69
9	烟台芝罘岛群国家级海洋特别保护区	5.27
10	莱阳五龙河口滨海湿地国家级海洋特别保护区	12.19
11	海阳万米海滩海洋资源国家级海洋特别保护区	15.13
12	烟台牟平沙质海岸国家级海洋特别保护区	14.65
13	莱州浅滩海洋生态国家级海洋特别保护区	67.80
14	蓬莱登州浅滩海洋生态国家级海洋特别保护区	18.71
15	昌邑海洋生态国家级海洋特别保护区	29.29
16	威海刘公岛海洋生态国家级海洋特别保护区	11.88
17	山东威海小石岛国家级海洋特别保护区	30.69
18	乳山市塔岛湾海洋生态国家级海洋特别保护区	10.97
19	文登海洋生态国家级海洋特别保护区	5.19
20	渔山列岛国家级海洋特别保护区	57.00
21	乐清市西门岛国家级海洋特别保护区	30.80
22	嵊泗马鞍列岛国家级海洋特别保护区	549.00
23	普陀中街山列岛国家级海洋特别保护区	202.90

资料来源:《全国海洋主体功能区规划》(国发〔2015〕42号)

附录12　我国已公布的领海基点

我国已公布的领海基点

序号	领海基点名称	地理位置
1	山东高角(1)	北纬 37°24.0′　东经 122°42.3′
2	山东高角(2)	北纬 37°23.7′　东经 122°42.3′
3	镆岛(1)	北纬 36°57.8′　东经 122°34.2′
4	镆岛(2)	北纬 36°55.1′　东经 122°32.7′
5	镆岛(3)	北纬 36°53.7′　东经 122°31.1′
6	苏山岛	北纬 36°44.8′　东经 122°15.8′
7	朝连岛	北纬 35°53.6′　东经 120°53.1′
8	达山岛	北纬 35°00.2′　东经 119°54.2′
9	麻菜珩	北纬 33°21.8′　东经 121°20.8′
10	外磕脚	北纬 33°00.9′　东经 121°38.4′
11	佘山岛	北纬 31°25.3′　东经 122°14.6′
12	海礁	北纬 30°44.1′　东经 123°09.4′
13	东南礁	北纬 30°43.5′　东经 123°09.7′
14	两兄弟屿	北纬 30°10.1′　东经 122°56.7′
15	渔山列岛	北纬 28°53.3′　东经 122°16.5′
16	台州列岛(1)	北纬 28°23.9′　东经 121°55.0′
17	台州列岛(2)	北纬 28°23.5′　东经 121°54.7′
18	稻挑山	北纬 27°27.9′　东经 121°07.8′
19	东引岛	北纬 26°22.6′　东经 120°30.4′
20	东沙岛	北纬 26°09.4′　东经 120°24.3′
21	牛山岛	北纬 25°25.8′　东经 119°56.3′
22	乌丘屿	北纬 24°58.6′　东经 119°28.7′
23	东碇岛	北纬 24°09.7′　东经 118°14.2′
24	大柑山	北纬 23°31.9′　东经 117°41.3′
25	南澎列岛(1)	北纬 23°12.9′　东经 117°14.9′
26	南澎列岛(2)	北纬 23°12.3′　东经 117°13.9′
27	石碑山角	北纬 22°56.1′　东经 116°29.7′
28	针头岩	北纬 22°18.9′　东经 115°07.5′
29	佳蓬列岛	北纬 21°48.5′　东经 113°58.0′
30	围夹岛	北纬 21°34.1′　东经 112°47.9′

序号	领海基点名称	地理位置
31	大帆石	北纬 21°27.7′　　东经 112°21.5′
32	七洲列岛	北纬 19°58.5′　　东经 111°16.4′
33	双帆	北纬 19°53.0′　　东经 111°12.8′
34	大洲岛（1）	北纬 18°39.7′　　东经 110°29.6′
35	大洲岛（2）	北纬 18°39.4′　　东经 110°29.1′
36	双帆石	北纬 18°26.1′　　东经 110°08.4′
37	陵水角	北纬 18°23.0′　　东经 110°03.0′
38	东洲（1）	北纬 18°11.0′　　东经 109°42.1′
39	东洲（2）	北纬 18°11.0′　　东经 109°41.8′
40	锦母角	北纬 18°09.5′　　东经 109°34.4′
41	深石礁	北纬 18°14.6′　　东经 109°07.6′
42	西鼓岛	北纬 18°19.3′　　东经 108°57.1′
43	莺歌嘴（1）	北纬 18°30.2′　　东经 108°41.3′
44	莺歌嘴（2）	北纬 18°30.4′　　东经 108°41.1′
45	莺歌嘴（3）	北纬 18°31.0′　　东经 108°40.6′
46	莺歌嘴（4）	北纬 18°31.1′　　东经 108°40.5′
47	感恩角	北纬 18°50.5′　　东经 108°37.3′
48	四更沙角	北纬 19°11.6′　　东经 108°36.0′
49	峻壁角	北纬 19°21.1′　　东经 108°38.6′
50	东岛（1）	北纬 16°40.5′　　东经 112°44.2′
51	东岛（2）	北纬 16°40.1′　　东经 112°44.5′
52	东岛（3）	北纬 16°39.8′　　东经 112°44.7′
53	浪花礁（1）	北纬 16°04.4′　　东经 112°35.8′
54	浪花礁（2）	北纬 16°01.9′　　东经 112°32.7′
55	浪花礁（3）	北纬 16°01.5′　　东经 112°31.8′
56	浪花礁（4）	北纬 16°01.0′　　东经 112°29.8′
57	中建岛（1）	北纬 15°46.5′　　东经 111°12.6′
58	中建岛（2）	北纬 15°46.4′　　东经 111°12.1′
59	中建岛（3）	北纬 15°46.4′　　东经 111°11.8′
60	中建岛（4）	北纬 15°46.5′　　东经 111°11.6′
61	中建岛（5）	北纬 15°46.7′　　东经 111°11.4′
62	中建岛（6）	北纬 15°46.9′　　东经 111°11.3′
63	中建岛（7）	北纬 15°47.2′　　东经 111°11.4′
64	北礁（1）	北纬 17°04.9′　　东经 111°26.9′

序号	领海基点名称	地理位置
65	北礁(2)	北纬 17°05.4′　东经 111°26.9′
66	北礁(3)	北纬 17°05.7′　东经 111°27.2′
67	北礁(4)	北纬 17°06.0′　东经 111°27.8′
68	北礁(5)	北纬 17°06.5′　东经 111°29.2′
69	北礁(6)	北纬 17°07.0′　东经 111°31.0′
70	北礁(7)	北纬 17°07.1′　东经 111°31.6′
71	北礁(8)	北纬 17°06.9′　东经 111°32.0′
72	赵述岛(1)	北纬 16°59.9′　东经 112°14.7′
73	赵述岛(2)	北纬 16°59.7′　东经 112°15.6′
74	赵述岛(3)	北纬 16°59.4′　东经 112°16.6′
75	北岛	北纬 16°58.4′　东经 112°18.3′
76	中岛	北纬 16°57.6′　东经 112°19.6′
77	南岛	北纬 16°56.9′　东经 112°20.5′
78	钓鱼岛 1	北纬 25°44.1′　东经 123°27.5′
79	钓鱼岛 2	北纬 25°44.2′　东经 123°27.4′
80	钓鱼岛 3	北纬 25°44.4′　东经 123°27.4′
81	钓鱼岛 4	北纬 25°44.7′　东经 123°27.5′
82	海豚岛	北纬 25°55.8′　东经 123°40.7′
83	下虎牙岛	北纬 25°55.8′　东经 123°41.1′
84	海星岛	北纬 25°55.6′　东经 123°41.3′
85	黄尾屿	北纬 25°55.4′　东经 123°41.4′
86	海龟岛	北纬 25°55.3′　东经 123°41.4′
87	长龙岛	北纬 25°43.2′　东经 123°33.4′
88	南小岛	北纬 25°43.2′　东经 123°33.2′
89	鲳鱼岛	北纬 25°44.0′　东经 123°27.6′
90	赤尾屿	北纬 25°55.3′　东经 124°33.7′
91	望赤岛	北纬 25°55.2′　东经 124°33.2′
92	小赤尾岛	北纬 25°55.3′　东经 124°33.3′
93	赤背北岛	北纬 25°55.5′　东经 124°33.5′
94	赤背东岛	北纬 25°55.5′　东经 124°33.7′

资料来源:《全国海洋主体功能区规划》(国发〔2015〕42 号)

附录 13　《联合国海洋法公约》有关海洋环境保护内容摘要

《联合国海洋法公约》于 1982 年 12 月 10 日在牙买加的蒙特哥湾召开的第三次联合国海洋法会议最后会议上通过；1982 年 12 月 10 日中华人民共和国代表签署本公约；1996年 5 月 15 日由中华人民共和国全国人民代表大会常务委员会批准。

······

第十二部分　海洋环境的保护和保全
第一节　一般规定

第 192 条　一般义务

各国有保护和保全海洋环境的义务。

第 193 条　各国开发其自然资源的主权权利

各国有依据其环境政策和按照其保护和保全海洋环境的职责开发其自然资源的主权权利。

第 194 条　防止、减少和控制海洋环境污染的措施

1. 各国应在适当情形下个别或联合地采取一切符合本公约的必要措施，防止、减少和控制任何来源的海洋环境污染，为此目的，按照其能力使用其所掌握的最切实可行的方法，并应在这方面尽力协调它们的政策。

2. 各国应采取一切必要措施，确保在其管辖或控制下的活动的进行不致使其他国家及其环境遭受污染的损害，并确保在其管辖或控制范围内事件或活动所造成的污染不致扩大到其按照本公约行使主权权利的区域之外。

3. 依据本部分采取的措施，应针对海洋环境的一切污染来源。这些措施，除其他外，应包括旨在最大可能范围内尽量减少下列污染的措施：

（a）从陆上来源、从大气层或通过大气层或由于倾倒而放出的有毒、有害或有碍健康的物质，特别是持久不变的物质；

（b）来自船只的污染，特别是为了防止意外事件和处理紧急情况，保证海上操作安全，防止故意和无意的排放，以及规定船只的设计、建造、装备、操作和人员配备的措施；

（c）来自用于勘探或开发海床和底土的自然资源的设施和装置的污染，特别是了为防止意外事件和处理紧急情况，保证海上操作安全，以及规定这些设施或装置的设计、建造、装备、操作和人员配备的措施；

（d）来自在海洋环境内操作的其他设施和装置的污染，特别是为了防止意外事件和处理紧急情况，保证海上操作安全，以及规定这些设施或装置的设计、建造、装备、操作和人员配备的措施。

4. 各国采取措施防止、减少或控制海洋环境的污染时，不应对其他国家依照本公约行使其权利并履行其义务所进行的活动有不当的干扰。

5. 按照本部分采取的措施，应包括为保护和保全稀有或脆弱的生态系统，以及衰竭、

受威胁或有灭绝危险的物种和其他形式的海洋生物的生存环境，而有必要的措施。

第 195 条 不将损害或危险转移或将一种污染转变成另一种污染的义务

各国在采取措施防止、减少和控制海洋环境的污染时采取的行动不应直接或间接将损害或危险从一个区域转移到另一个区域，或将一种污染转变成另一种污染。

第 196 条 技术的使用或外来的或新的物种的引进

1. 各国应采取一切必要措施以防止、减少和控制由于在其管辖或控制下使用技术而造成海洋环境污染，或由于故意或偶然有海洋环境某一特定部分引进外来的或新的物种致使海洋环境可能发生重大和有害的变化。

2. 本条不影响本公约对防止、减少和控制海洋环境污染的适用。

第二节 全球性和区域性合作

第 197 条 在全球性或区域性基础上的合作

各国在为保护和保全海洋环境而拟订或制订符合本公约的国际规则、标准和建议的办法及程序时，应在全球性的基础上或在区域性的基础上，直接或通过主管国际组织进行合作，同时考虑到区域的特点。

第 198 条 即将发生的损害或实际损害的通知

当一国获知海洋环境即将遭受污染损害的迫切危险或已遭受污染损害的情况时，应立即通知其认为可能受这种损害影响的其他国家以及各主管国际组织。

第 199 条 对污染的应急计划

在第 198 条所指的情形下，受影响区域的各国，应按照其能力，与各主管国际组织尽可能进行合作，以消除污染的影响并防止或尽量减少损害。为此目的，各国应共同发展和促进各种应急计划，以应付海洋环境的污染事故。

第 200 条 研究、研究方案及情报和资料的交换

各国应直接或通过主管国际组织进行合作，以促进研究、实施科学研究方案，并鼓励交换所取得的关于海洋环境污染的情报和资料。各国应尽力积极参加区域性和全球性方案，以取得有关鉴定污染的性质和范围、面临污染的情况以及其通过的途径、危险和补救办法的知识。

第 201 条 规章的科学标准

各国应参照依据第 200 条取得的情报和资料，直接或通过主管国际组织进行合作，订立适当的科学准则，以便拟订和制订防止、减少和控制海洋环境污染的规则、标准和建议的办法及程序。

第三节 技术援助

第 202 条 对发展中国家的科学和技术援助

各国应直接或通过主管国际组织：

(a) 促进对发展中国家的科学、教育、技术和其他方面援助的方案，以保护和保全海洋环境，并防止、减少和控制海洋污染。这种援助，除其他外，应包括：

(1) 训练其科学和技术人员；

(2) 便利其参加有关的国际方案；

（3）向其提供必要的装备和便利；

（4）提高其制造这种装备的能力；

（5）就研究、监测、教育和其他方案提供意见并发展设施。

（b）提供适当的援助，特别是对发展中国家，以尽量减少可能对海洋环境造成严重污染的重大事故的影响。

（c）提供关于编制环境评价的适当援助，特别是对发展中国家。

第203条　对发展中国家的优惠待遇

为了防止、减少和控制海洋环境污染或尽量减少其影响的目的，发展中国家应在下列事项上获得各国际组织的优惠待遇：

（a）有关款项和技术援助的分配；

（b）对各该组织专门服务的利用。

第四节　监测和环境评价

第204条　对污染危险或影响的监测

1. 各国应在符合其他国家权利的情形下，在实际可行范围内，尽力直接或通过各主管国际组织，用公认的科学方法观察、测算、估计和分析海洋环境污染的危险或影响。

2. 各国特别应不断监视其所准许或从事的任何活动的影响，以便确定这些活动是否可能污染海洋环境。

第205条　报告的发表

各国应发表依据第204条所取得的结果的报告，或每隔相当期间向主管国际组织提出这种报告，各该组织应将上述报告提供所有国家。

第206条　对各种活动的可能影响的评价

各国如有合理根据认为在其管辖或控制下的计划中的活动可能对海洋环境造成重大污染或重大和有害的变化，应在实际可行范围内就这种活动对海洋环境的可能影响作出评价，并应依照第205条规定的方式提送这些评价是结果的报告。

第五节　防止、减少和控制海洋环境污染的国际规则和国内立法

第207条　陆地来源的污染

1. 各国应制定法律和规章，以防止、减少和控制陆地来源，包括河流、河口湾、管道和排水口结构对海洋环境的污染，同时考虑到国际上议定的规则、标准和建议的办法及程序。

2. 各国应采取其他可能必要的措施，以防止、减少和控制这种污染。

3. 各国应尽力在适当的区域一级协调其在这方面的政策。

4. 各国特别应通过主管国际组织或外交会议采取行动，尽力制订全球性和区域性规则、标准和建议的办法及程序，以防止、减少和控制这种污染，同时考虑到区域的特点，发展中国家的经济能力及其经济发展的需要。这种规则、标准和建议的办法及程序应根据需要随时重新审查。

5. 第1、第2和第4款提及的法律、规章、措施、规则、标准和建议的办法及程序，应包括旨在在最大可能范围内尽量减少有毒、有害或有碍健康的物质，特别是持久不变的

物质，排放到海洋环境的各种规定。

第 208 条　国家管辖的海底活动造成的污染

1. 沿海国应制定法律和规章，以防止、减少和控制来自受其管辖的海底活动或与此种活动有关的对海洋环境的污染以及来自依据第 60 和第 80 条在其管辖下的人工岛屿、设施和结构对海洋环境的污染。

2. 各国应采取其他可能必要的措施，以防止、减少和控制这种污染。

3. 这种法律、规章和措施的效力应不低于国际规则、标准和建议的办法及程序。

4. 各国应尽力在适当的区域一级协调其在这方面的政策。

5. 各国特别应通过主管国际组织或外交会议采取行动，制订全球性和区域性规则、标准和建议的办法及程序，以防止、减少和控制第 1 款所指的海洋环境污染。这种规则、标准和建议的办法及程序应根据需要随时重新审查。

第 209 条　来自"区域"内活动的污染

1. 为了防止、减少和控制"区域"内活动对海洋环境的污染，应按照第十一部分制订国际规则、规章和程序。这种规则、规章和程序应根据需要随时重新审查。

2. 在本节有关规定的限制下，各国应制定法律和规章，以防止、减少和控制由悬挂其旗帜或在其国内登记或在其权力下经营的船只、设施、结构和其他装置所进行的"区域"内活动造成对海洋环境的污染。这种法律和规章的要求的效力应不低于第 1 款所指的国际规则、规章和程序。

第 210 条　倾倒造成的污染

1. 各国应制定法律和规章，以防止、减少和控制倾倒对海洋环境的污染。

2. 各国应采取其他可能必要的措施，以防止、减少和控制这种污染。

3. 这种法律、规章和措施应确保非经各国主管当局准许，不进行倾倒。

4. 各国特别应通过主管国际组织或外交会议采取行动，尽力制订全球性和区域性规则、标准和建议的办法及程序，以防止、减少和控制这种污染。这种规则、标准和建议的办法及程序应根据需要随时重新审查。

5. 非经沿海国事前明示核准，不应在领海和专属经济区内或在大陆架上进行倾倒，沿海国经与由于地理处理可能受倾倒不得影响的其他国家适当审议此事后，有权准许、规定和控制这种倾倒。

6. 国内法律、规章和措施在防止、减少和控制这种污染方面的效力应不低于全球性规则和标准。

第 211 条　来自船只的污染

1. 各国应通过主管国际组织或一般外交会议采取行动，制订国际规则和标准，以防止、减少和控制船只对海洋环境的污染，并于适当情形下，以同样方式促进对划定航线制度的采用，以期尽量减少可能对海洋环境，包括对海岸造成污染和对沿海国的有关利益可能造成污染损害的意外事件的威胁。这种规则和标准应根据需要随时以同样方式重新审查。

2. 各国应制定法律和规章，防止、减少和控制悬挂其旗帜或在其国内登记的船只对海洋环境的污染。这种法律和规章至少应具有与通过主管国际组织或一般外交会议制订的一般接受的国际规则和标准相同的效力。

3. 各国如制订关于防止、减少和控制海洋环境污染的特别规定作为外国船只进入其港口或内水或在其岸外设施停靠的条件，应将这种规定妥为公布，并通知主管国际组织。如两个或两个以上的沿海国制订相同的规定，以求协调政策，在通知时应说明哪些国家参加这种合作安排。每个国家应规定悬挂其旗帜或在其国内登记的船只的船长在参加这种合作安排的国家的领海内航行时，经该国要求向其提送通知是否正驶往参加这种合作安排的同一区域的国家，如系驶往这种国家，应说明是否遵守该国关于进入港口的规定。本条不妨害船只继续行使其无害通过权，也不妨害第 25 条第 2 款的适用。

4. 沿海国在其领海内行使主权，可制定法律和规章，以防止、减少和控制外国船只，包括行使无害通过权的船只对海洋的污染。按照第二部分第 3 节的规定，这种法律和规章不应阻碍外国船只的无害通过。

5. 沿海国为第六节所规定的执行的目的，可对其专属经济区制定法律和规章，以防止、减少和控制来自船只的污染。这种法律和规章应符合通过主管国际组织或一般外交会议制订的一般接受的国际规则和标准，并使其有效。

6.（a）如果第 1 款所指的国际规则和标准不足以适应特殊情况，又如果沿海国有合理根据认为其专属经济区某一明确划定的特定区域，因与其海洋学和生态条件有关的公认技术理由，以及该区域的利用或其资源的保护及其在航运上的特殊性质，要求采取防止来自船只的污染的特别强制性措施，该沿海国通过主管国际组织与任何其他有关国家进行适当协商后，可就该区域向该组织送发通知，提出所依据的科学和技术证据，以及关于必要的回收设施的情报。该组织收到这种通知后，应在十二个月内确定该区域的情况与上述要求是否相符。如果该组织确定是符合的，该沿海国即可对该区域制定防止、减少和控制来自船只的污染的法律和规章，实施通过主管国际组织使其适用于各特别区域的国际规则和标准或航行办法。在向该组织送发通知满十五个月后，这些法律和规章才可适用于外国船只；

（b）沿海国应公布任何这种明确划定的特定区域的界限；

（c）如果沿海国有意为同一区域制定其他法律和规章，以防止、减少和控制来自船只的污染，它们应于提出上述通知时，同时将这一意向通知该组织。这种增订的法律和规章可涉及排放和航行办法，但不应要求外国船只遵守一般接受的国际规则和标准以外的设计、建造、人员配备或装备标准；这种法律和规章应在向该组织送发通知十五个月后适用于外国船只，但须在送发通知后十二个月内该组织表示同意。

7. 本条所指的国际规则和标准，除其他外，应包括遇有引起排放或排放可能的海难等事故时，立即通知其海岸或有关利益可能受到影响的沿海国的义务。

第 212 条　来自大气层或通过大气层的污染

1. 各国为防止、减少和控制来自大气层或通过大气层的海洋环境污染，应制定适用于在其主权下的上空和悬挂其旗帜的船只或在其国内登记的船只或飞机的法律和规章，同时考虑到国际上议定的规则、标准和建议和办法及程序，以及航空的安全。

2. 各国应采取其他可能必要的措施，以防止、减少和控制这种污染。

3. 各国特别应通过主管国际组织或外交会议采取行动，尽力制订全球性和区域性规则、标准和建议的办法及程序，以防止、减少和控制这种污染。

第六节　执行

第 213 条　关于陆地来源的污染的执行

各国应执行其按照第 207 条制定的法律和规章，并应制定法律和规章和采取其他必要措施，以实施通过主管国际组织或外交会议为防止、减少和控制陆地来源对海洋环境的污染而制订的可适用的国际规则和标准。

第 214 条　关于来自海底活动的污染的执行

各国为防止、减少和控制来自受其管辖的海底活动或与此种活动有关的对海洋环境的污染以及来自依据第 60 和第 80 条在其管辖下的人工岛屿、设施和结构对海洋环境的污染，应执行其按照第 208 条制定的法律和规章，并应制定必要的法律和规章和采取其他必要措施，以实施通过主管国际组织或外交会议制订的可适用的国际规则和标准。

第 215 条　关于来自"区域"内活动的污染的执行

为了防止、减少和控制"区域"内活动对海洋环境的污染而按照第 XI 部分制订的国际规则、规章和程序，其执行应受该部分支配。

第 216 条　关于倾倒造成污染的执行

1. 为了防止、减少和控制倾倒对海洋环境的污染而按照本公约制定的法律和规章，以及通过主管国际组织或外交会议制订的可适用的国际规则和标准，应依下列规定执行：

（a）对于在沿海国领海或其专属经济区内或在其大陆架上的倾倒，应由该沿海国执行；

（b）对于悬挂旗籍国旗帜的船只或在其国内登记的船只和飞机，应由该旗籍国执行；

（c）对于在任何国家领土内或在其岸外设施装载废料或其他物质的行为，应由该国执行。

2. 本条不应使任何国家承担提起司法程序的义务，如果另一国已按照本条提起这种程序。

第 217 条　船旗国的执行

1. 各国应确保悬挂其旗帜或在其国内登记的船只，遵守为防止、减少和控制来自船只的海洋环境污染而通过主管国际组织或一般外交会议制订的可适用的国际规则和标准以及各该国按照本公约制定的法律和规章，并应为此制定法律和规章和采取其他必要措施，以实施这种规则、标准、法律和规章。船旗国应作出规定使这种规则、标准、法律和规章得到有效执行，不论违反行为在何处发生。

2. 各国特别应采取适当措施，以确保悬挂其旗帜或在其国内登记的船只，在能遵守第 1 款所指的国际规则和标准的规定，包括关于船只的设计、建造、装备和人员配备的规定以前，禁止其出海航行。

3. 各国应确保悬挂其旗帜或在其国内登记的船只在船上持有第 1 款所指的国际规则和标准所规定并依据该规则和标准颁发的各种证书。各国应确保悬挂其旗帜的船只受到定期检查，以证实这些证书与船只的实际情况相符。其他国家应接受这些证书，作为船只情况的证据，并应将这些证书视为与本国所发的证书具有相同效力，除非有明显根据认为船只的情况与证书所载各节有重大不符。

4. 如果船只违反通过主管国际组织或一般外交会议制订的规则和标准，船旗国在不妨害第 218、第 220 和第 228 条的情形下，应设法立即进行调查，并在适当情形下应对被指控的违反行为提起司法程序，不论违反行为在何处发生，也不论这种违反行为所造成的污染在何处发生或发现。

5. 船旗国调查违反行为时，可向提供合作能有助于澄清案件情况的任何其他国家请求协助。各国应尽力满足船旗国的适当请求。

6. 各国经任何国家的书面请求，应对悬挂其旗帜的船只被指控所犯的任何违反行为进行调查。船旗国如认为有充分证据可对被指控的违反行为提起司法程序，应毫不迟延地按照其法律提起这种程序。

7. 船旗国应将所采取行为及其结果迅速通知请求国和主管国际组织。所有国家应能得到这种情报。

8. 各国的法律和规章对悬挂其旗帜的船只所规定的处罚应足够严厉，以防阻违反行为在任何地方发生。

第218条　港口国的执行

1. 当船只自愿位于一国港口或岸外设施时，该国可对该船违反通过主管国际组织或一般外交会议制订的可适用的国际规则和标准在该国内水、领海或专属经济区外的任何排放进行调查，并可在有充分证据的情形下，提起司法程序。

2. 对于在另一国内水、领海或专属经济区内发生的违章排放行为，除非经该国、船旗国或受违章排放行为损害或威胁的国家请求，或者违反行为已对或可能对提起司法程序的国家的内水、领海或专属经济区造成污染，不应依据第1款提起司法程序。

3. 当船只自愿位于一国港口或岸外设施时，该国应在实际可行范围内满足任何国家因认为第1款所指的违章排放行为已在其内水、领海或专属经济区内发生、对其内水、领海或专属经济区已造成损害或有损害的威胁而提出的进行调查的请求，并且应在实际可行范围内，满足船旗国对这一违反行为所提出的进行调查的请求，不论违反行为在何处发生。

4. 港口国依据本条规定进行的调查的记录，如经请求，应转交船旗国的沿海国。在第7节限制下，如果违反行为发生在沿海国的内水、领海或专属经济区内，港口国根据这种调提起的任何司法程序，经该国沿海国请求或暂停进行。案件的证据和记录，连同缴交港口国当局的任何证书或其他财政担保，应在这种情形下转交给该沿海国。转交后，在港口中即不应继续进行司法程序。

第219条　关于船只适航条件的避免污染措施

在第7节限制下，各国如经请求或出于自己主动，已查明在其港口或岸外设施的船只违反关于船只适航条件的可适用的国际规则和标准从而有损害海洋的环境的威胁，应在实际可行范围内采取行政措施以阻止该船航行。这种国家可准许该船仅驶往最近的适当修船厂，并应于违反行为的原因消除后，准许该船立即继续航行。

第220条　沿海国的执行

1. 当船只自愿位于一国港口或岸外设施时，该国对在其领海或专属经济区内发生的任何违反关于防止、减少和控制船只造成的污染的该国按照本公约制定的法律和规章或可适用的国际规则和标准的行为，可在第7节限制下，提起司法程序。

2. 如有明显根据认为在一国领海内航行的船只，在通过领海时，违反关于防止、减少和控制来自船只的污染的该国按照本公约制定的法律和规章或可适用的国际规则和标准，该国在不妨害第Ⅱ部分第3节有关规定的适用的情形下，可就违反行为对该船进行实际检查，并可在有充分证据时，在第7节限制下按照该国法律提起司法程序，包括对该船的拘留在内。

3. 如有明显根据认为在一国专属经济区域领海内航行的船只，在专属经济区内违反关于防止、减少和控制来自船只的污染的可适用的国际规则和标准或符合这种国际规则和标准并使其有效的该国的法律和规章，该国可要求该船提供关于该船的识别标志、登记港口、上次停泊和下次停泊的港口，以及其他必要的有关情报，以确定是否已有违反行为发生。

4. 各国应制定法律和规章，并采取其他措施，以使悬挂其旗帜的船只遵从依据第3款提供情报的要求。

5. 如有明显根据认为在一国专属经济区域或领海内航行的船只，在专属经济区内犯有第3款所指的违反行为而导致大量排放，对海洋环境造成重大污染或有造成重大污染的威胁，该国在该船拒不提供情报，或所提供的情报与明显的实际情况显然不符，并且依案件情况确有进行检查的理由时，可就有关违反行为的事项对该船进行实际检查。

6. 如有明显客观证据证实在一国专属经济区或领海内航行的船只，在专属经济区内犯有第3款所指的违反行为而导致排放，对沿海国的海岸或有关利益，或对其领海或专属经济区内的任何资源，造成重大损害或有造成重大损害的威胁，该国在有充分证据时，可在第7节限制下，按照该国法律提起司法程序，包括对该船的拘留在内。

7. 虽有第6款的规定，无论何时如已通过主管国际组织或另外协议制订了适当的程序，从而已经确保关于保证书或其他适当财政担保的规定得到遵守，沿海国如受这种程序的拘束，应即准许该船继续航行。

8. 第3、第4、第5、第6和第7款的规定也应适用于依据第211条第6款制定的国内法律和规章。

第221条　避免海难引起污染的措施

1. 本部分的任何规定不应妨害各国为保护其海岸或有关利益，包括捕鱼，免受海难或与海难有关的行动所引起，并能合理预期造成重大有害后果的污染或污染威胁，而依据国际法，不论是根据习惯还是条约，在其领海范围以外，采取和执行与实际的或可能发生的损害相称的措施的权利。

2. 为本条的目的，"海难"是指船只碰撞、搁浅或其他航行事故，或船上或船外所发生对船只或船货造成重大损害中重大损害的迫切威胁的其他事故。

第222条　对来自大气层或通过大气层的污染的执行

各国应对在其主权下的上空或悬挂旗帜的船只或在其国内登记的船只和飞机，执行其按照第212条第1款和本公约其他规定制定的法律和规章，并应依照关于空中航行安全的一切有关国际规则和标准，制定法律和规章并采取其他必要措施，以实施通过主管国际组织或外交会议为防止、减少和控制来自大气层或通过大气层的海洋环境污染而制订的可适用的国际规则和标准。

……(略)

参考文献

[1] 冯士筰，李凤岐，李少菁．海洋科学导论[M]．北京：高等教育出版社，2015.

[2] 李加林．1975—2014中国海洋资源环境与海洋经济研究40年发展报告[M]．杭州：浙江大学出版社，2014.

[3] 夏章英．海洋环境管理[M]．北京：海洋出版社，2014.

[4] 刘培桐．环境学概论[M]．北京：高等教育出版社，2013.

[5] 李凤岐，高会旺．环境海洋学[M]．北京：高等教育出版社，2013.

[6] 李凤岐．海洋与环境概论[M]．北京：海洋出版社，2013.

[7] 左玉辉．环境学[M]．北京：高等教育出版社，2012.

[8] 吕华庆．物理海洋学基础[M]．北京：海洋出版社，2012.

[9] 戴树桂．环境化学[M]．北京：高等教育出版社，2012.

[10] 赵淑江．海洋环境学[M]．北京：海洋出版社，2011.

[11] 朱庆林，郭佩芳，张越美．海洋环境保护[M]．青岛：中国海洋大学出版社，2011.

[12] 陈敏．化学海洋学[M]．北京：海洋出版社，2009.

[13] 许小峰．海洋气象灾害[M]．北京：气象出版社，2009.

[14] 徐兴平．海洋石油工程概论[M]．北京：中国石油大学出版社，2007.

[15] 海洋科技名词[M]．2版．北京：科学出版社，2007.

[16] 北京师范大学，华中师范大学，南京师范大学无机化学教研室．无机化学[M]．北京：高等教育出版社，2006.

[17] 地球科学大辞典(基础学科卷)[M]．北京：地质出版社，2005.

[18] 地球科学大辞典(应用学科卷)[M]．北京：地质出版社，2005.

[19] 李传统．新能源与可再生能源技术[M]．南京：东南大学出版社，2005.

[20] 张正斌．海洋化学[M]．青岛：中国海洋大学出版社，2004.

[21] 陈建强，周洪瑞，王训练．沉积学及古地理学教程[M]．北京：地质出版社，2004.

[22] 张培军．海洋生物学[M]．济南：山东教育出版社，2004.

[23] 相建海．海洋生物学[M]．北京：科学出版社，2003.

[24] 雷衍之．养殖水环境化学[M]．北京：中国农业出版社，2003.

[25] 潘懋，李铁锋．灾害地质学[M]．北京：北京大学出版社，2002.

[26] 沈国英，施并章．海洋生态学[M]．2版．北京：科学出版社，2002.

[27] 周光召，范元炳．21世纪学科发展丛书·海洋科学——海洋与全球环境[M]．济南：山东人民出版社，2001.

[28] 崔清晨，孙秉一．海洋化学辞典[M]．北京：海洋出版社，1993.

[29] 严似松．海洋工程导论[M]．上海：上海交通大学出版社，1987.

[30]《中国大百科全书：大气科学·海洋科学水文科学》[M]．北京：大百科全书出版社，1987.

[31] 陈德昌，刘涛，顾宏堪．海洋化学手册[M]．北京：海洋出版社，1987.

[32] R. A. 霍恩(著)，厦门大学海洋系海洋化学教研室(译)．海洋化学(水的结构与水圈的化学)[M]．北京：科学出版社，1976.

[33] 国务院：《全国海洋主体功能区规划》[S]．国发〔2015〕42号．

[34] 国家海洋局：2015年全国海水利用报告[R]．

[35] 刘霞．海洋植物的固碳潜力不容忽视[N]．科技日报，2009 - 10 - 17(002).

[36] 崔利芳，张利权．海平面上升影响下长江口滨海湿地脆弱性评价[D]．上海：华东师范大学，2016.

[37] 乔倩，王朝晖．不同氮源对典型赤潮藻类生长的影响[D]．广州：暨南大学，2016.

[38] 林伟宁，周名江，颜天．东海大规模赤潮危害的现场及实验研究[D]．北京：中国科学院大学，2015.

[39] 美拉，高晓露．中国海洋环境保护立法对刚果布的启示[D]．大连：大连海事大学，2015.

[40] 蒋启明，付秀梅．海洋环境污染对我国水产品出口贸易的影响[D]．青岛：中国海洋大学，2015.

[41] 张震，韩树宗．海底缆线工程对海洋环境的影响及对策研究[D]．青岛：中国海洋大学，2015.

[42] 刘翰林，张捍民．围填海工程对海洋环境影响的 Meta 分析[D]．大连：大连理工大学，2014.

[43] 崔红艳，乔方利．北极海冰变化对北半球气候影响研究[D]．青岛：中国海洋大学，2014.

[44] 米丽丽，季顺迎．渤海海冰动力过程的改进离散单元方法[D]．大连：大连理工大学，2014.

[45] 赵昊辰，尹宝树．台风期间浪流相互作用对海浪影响的数值模拟[D]．北京：中国科学院大学，2014.

[46] 罗时龙，王厚杰，蔡锋．海岸侵蚀风险评价模型构建及其应用研究[D]．青岛：中国海洋大学，2014.

[47] 王侯，陈佳琪．海水资源利用的生态伦理问题与对策研究[D]．锦州：渤海大学，2013.

[48] 徐淑颂，王亚玲．海洋环境因素对沿海公路桥梁的影响及防治对策的研究[D]．西安：长安大学，2013.

[49] 冯友良，高强．海洋灾害影响我国近海海洋资源开发的测度与管理研究[D]．青岛：中国海洋大学，2013.

[50] 张成林，陈佳琪．中国海洋石油污染问题及政策研究[D]．锦州：渤海大学，2013.

[51] 赵丽玲，盖美．辽宁沿海经济带经济与海洋环境可持续发展研究[D]．大连：辽宁师范大学，2013.

[52] 张浩，张志剑，罗毅远．集约化海水养殖废水多介质土壤滤层(MSL)与人工湿地技术处理效能的对比研究[D]．浙江：浙江大学，2013.

[53] 李艳冰，马英杰．加拿大的海洋环境立法及其对我国的启示[D]．青岛：中国海洋大学，2013.

[54] 张浩，巩宁．黄海绿潮爆发机制分析及防治研究[D]．大连：大连海事大学，2013.

[55] 蔺智泉，高从堦．海水淡化对海洋环境影响的研究[D]．青岛：中国海洋大学，2012.

[56] 丁冉，邵秘华．大连凌水湾填海工程对海洋环境的影响研究[D]．大连：大连海事大学，2012.

[57] 水玉跃，丁天明，刘志刚．舟山航道整治工程对海洋环境胡影响[D]．宁波：浙江海洋学院，2012.

[58] 杨凡，李凤岐．航道工程疏浚倾倒活动对湛江临时性海洋倾倒区海洋环境的影响研究[D]．青岛：中国海洋大学，2011.

[59] 葛震，贾红雨．区域经济发展与海洋环境关联关系分析研究[D]．大连：大连海事大学，2011.

[60] 郭婷婷，高孟春．深圳湾滨海休闲带海洋工程对海洋环境影响的研究[D]．青岛：中国海洋大学，2011.

[61] 郭春锋，姬光荣．中国海常见有害赤潮藻显微图像识别研究[D]．青岛：中国海洋大学，2011.

[62] 文丽琼，王群．防治海洋环境陆源污染法律制度研究[D]．哈尔滨：东北林业大学，2011.

[63] 高伟，王淼．海洋空间资源性资产产权效率研究[D]．青岛：中国海洋大学，2010.

[64] 孙云潭，韩立民．中国海洋灾害应急管理研究[D]．青岛：中国海洋大学，2010.

[65] 马军，林建国．大连围填海工程对周边海洋环境影响研究(以小窑湾创智区填海工程为例)[D]．大连：大连海事大学，2009.

[66] 孙志霞，孙英兰．填海工程海洋环境影响评价实例研究[D]．青岛：中国海洋大学，2009.

[67] 齐丛飞，张忠潮．我国海洋环境管理制度研究[D]．咸阳：西北农林科技大学，2009.

[68] 朱贤姬，郭佩芳，孙书贤．中韩海洋环境管理的比较研究[D]．青岛：中国海洋大学，2008.

[69] 彭丹祺，孙同华．海洋环境有机污染物快速检测技术[D]．上海：上海交通大学，2008.

[70] 朱鹏利，杨俊杰，夏华永．台山核电工程温排水对海洋环境影响预测[D]．青岛：中国海洋大学，2008.

[71] 张宝霞，刘中民．国际海洋环境法律制度与中国——以国际合作和建构国内法律制度为例[D]．青岛：中国海洋大学，2008.

[72] 张更生，易南概，姜谙男．海水入侵机理及防治措施的三维数值模拟[D]．大连：大连海事大学，2007.

[73] 刘勇，张梓太，郑少华等．国际海洋环境保护法律体系简论[D]．上海：华东政法学院，2006.

[74] 王世明，任万超，吕超．海洋潮流能发电装置综述[J]．海洋通报，2016，35(6)：601 – 608.

[75] 赵宗金，谢玉亮．我国涉海人类活动与海洋环境污染关系的研究[J]．中国海洋社会学研究，2015(3)：89 – 98.

[76] 衣雪娟，孙军平，江鹏飞等．航船海洋环境噪声数值模拟 [J]．声学技术，2015，34(6)：120 – 123.

[77] 石琛，刘美玲，王丽坤．赤潮的产生和对环境的影响[J]．绿色科技，2015(6)：210 – 213.

[78] 杜斌．海洋环境监测技术探究[J]．河北环境科学，2012(增刊)：60 – 61.

[79] 张国胜，顾晓晓．海洋环境噪声的分类及其对海洋动物的影响[J]．大连海洋大学学报，2012，27(1)：89 – 92.

[80] 赵广涛，谭肖杰，李德平．海洋地质灾害研究进展[J]．海洋湖沼通报，2011(1)：159 – 164.

[81] 武皓微，庞永杰．海冰的危害及其淡化利用[R]∥第十五届中国海洋(岸)工程学术讨论会论文集，2011.

[82] 孙劢，苏洁，史培军．2010 年渤海海冰灾害特征分析[J]．自然灾害学报，2011，20(6)：87 – 93.

[83] 唐启升，张晓雯，叶乃好等．绿潮研究现状与问题[J]．中国科学基金，2010(1)：5 – 8.

[84] 梁海明．海上钻井与海洋环境保护[J]．海洋科学集刊物，2010(50)：87 – 92.

[85] 邵洪军．论海洋石油开发中的海洋环境保护[J]．中国造船，2010，51(2)：665 – 670.

[86] 赵文津．大陆漂移，板块构造，地质力学[J]．地球学报，2009，30(6)：717 – 731.

[87] 王致．绚丽多彩的海洋植物[J]．齐鲁渔业，2009，26(11)：60 – 61.

[88] 刘刚，盖日忠．海洋植物资源的开发与应用[J]．资源开发，2006，9(10)：70 – 71.

[89] 王荃．板块构造学说的过去和现在以及我国地质学家做出的贡献[J]．中国地质科学院院报，1984(10)：35 – 45.

[90] 李擎．生态文明法制建设[C]∥2014 年全国环境资源法学研讨会(2014.8.21 ～ 22·广州)论文集．2004：611 – 613.

[91] 任新君，王桂青．海水养殖业对我国海洋资源与环境的影响[C]．中国海洋论坛论文集．2009：259 – 264.

[92] 江伟钰．论深海海底资源开发与海洋环境保护[C]∥水资源、水环境与水法制建设问题研究—2003年中国环境资源法学研讨会(年会)(2003.7.24 – 29·青岛)论文集．2003：349 – 356.

[93] 李万盟．我国海底光缆的发展与展望[C]．2003 年光缆电缆学术年会论文集．2003：46 – 49.

[94] GB/T12763.1—2007 海洋调查规范 第 1 部分：总则．

[95] GB/T12763.2—2007 海洋调查规范 第 2 部分：海洋水文观测．

[96] GB/T12763.3—2007 海洋调查规范 第 3 部分：海洋气象观测．

[97] GB/T12763.4—2007 海洋调查规范 第 4 部分：海水化学要素调查．

[98] GB/T12763.5—2007 海洋调查规范 第 5 部分：海洋声、光要素调查．

[99] GB/T12763.6—2007 海洋调查规范 第 6 部分：海洋生物调查．

[100] GB/T12763.7—2007 海洋调查规范 第 7 部分：海洋调查资料交换．

[101] GB/T12763.8—2007 海洋调查规范 第 8 部分：海洋地质地球物理调查．

[102] GB/T12763.9—2007 海洋调查规范 第 9 部分：海洋生态调查指南．

[103] GB/T12763.10—2007 海洋调查规范 第 10 部分：海底地形地貌调查．

［104］　GB/T12763.11—2007 海洋调查规范 第 11 部分：海洋工程地质调查.

［105］　GB17378.1—2007 海洋监测规范 第 1 部分：总则.

［106］　GB17378.2—2007 海洋监测规范 第 2 部分：数据处理与分析质量控制.

［107］　GB17378.3—2007 海洋监测规范 第 3 部分：样品采集、贮存与运输.

［108］　GB17378.4—2007 海洋监测规范 第 4 部分：海水分析.

［109］　GB17378.5—2007 海洋监测规范 第 5 部分：沉积物分析.

［110］　GB17378.6—2007 海洋监测规范 第 6 部分：生物体分析.

［111］　GB17378.7—2007 海洋监测规范 第 7 部分：近海污染生态调查和生物监测.

［112］　GB/T19721.1—2005 海洋预报和警报发布 第 1 部分：风暴潮预报和警报发布.

［113］　GB/T19721.2—2005 海洋预报和警报发布 第 2 部分：海浪预报和警报发布.

［114］　GB/T19721.3—2005 海洋预报和警报发布 第 3 部分：海冰预报和警报发布.

［115］　GB/T 27958—2011 海上大风预警等级.